全国高职高专计算机立体化系列规划教材

基于项目开发的C#程序设计

主　编　李　娟　于　峰
副主编　徐海燕　张克瑜
　　　　崔　宁　王新颖
　　　　李　颖　牟艳霞
　　　　周　伟

北京大学出版社
PEKING UNIVERSITY PRESS

内 容 简 介

本书是在全国进行教育课程教学改革的大环境下，为适应高等职业院校项目化教学改革而编写的，宗旨是培养学习者的实际编程能力。

本书共分为 9 章，每章都是以项目引领，每一项目的展开都以项目实施为逻辑顺序，划分为若干个工作任务，把相关的理论知识以项目进行的顺序有机地融入阐述。通过本书的学习，读者可以初步具备开发 Windows 应用程序的能力。

本书可以作为高等职业院校信息管理及相关专业的教材，也可以作为想快速提高自己 C#编程能力的学习者的参考用书。

图书在版编目(CIP)数据

基于项目开发的 C#程序设计/李娟，于峰主编. —北京：北京大学出版社，2012.5
(全国高职高专计算机立体化系列规划教材)
ISBN 978-7-301-20542-6

Ⅰ.①基… Ⅱ.①李…②于… Ⅲ.①C 语言－程序设计－高等职业教育－教材 Ⅳ.①TP312

中国版本图书馆 CIP 数据核字(2012)第 070277 号

书　　名：基于项目开发的 C#程序设计
著作责任者：李　娟　于　峰　主编
策 划 编 辑：李彦红　刘国明
责 任 编 辑：李彦红
标 准 书 号：ISBN 978-7-301-20542-6/TP・1216
出　版　者：北京大学出版社
地　　址：北京市海淀区成府路 205 号　100871
网　　址：http://www.pup.cn　http://www.pup6.com
电　　话：邮购部 62752015　发行部 62750672　编辑部 62750667　出版部 62754962
电 子 邮 箱：pup_6@163.com
印　刷　者：河北滦县鑫华书刊印刷厂
发　行　者：北京大学出版社
经　销　者：新华书店
787mm×1092mm　16 开本　17 印张　393 千字
2012 年 5 月第 1 版　2012 年 5 月第 1 次印刷
定　　价：32.00 元

前　言

职业教育作为不同于普通教育的另一种类型的教育，是一种研究通过什么样的教育途径来获取合适的职业从业资格的科学。但传统的教学模式造成职业教育实训课与理论课的划分，同时也将理论与实践割裂开来。目前，我国职业教育项目课程改革的高潮已经形成，项目课程是高职课程未来的发展方向。高职项目课程的提出，正是以工作过程为主线整合了理论与实践。相对应的项目课程应该注重理论、实践的一体化，以学生活动为主，建立适合学生活动的教学组织方式。

本书遵循项目课程改革的思路，打破传统的以知识的系统性编写教材的方法，改用项目教学方法，每章都以若干个具体的项目为主线，引导学生对知识和技能的理解和掌握，力求使学生在动手实践的过程中，掌握利用 C#进行程序设计的必备知识和技巧，注重工作过程的系统性，培养学生解决实际问题的能力。

通过本书的学习，读者可以初步具备开发 Windows 应用程序的能力。本书的第 1 章通过创建一个控制台应用程序和一个 Windows 应用程序，帮助读者了解 Visual Studio .NET 2008 的开发环境，学会开发一个应用程序的步骤；第 2 章主要是学习 C#基本语法、基本数据类型及控制结构的知识；第 3 章主要是面向对象的基础知识；第 4 章是 Windows 窗体编程的知识；第 5 章主要讲解程序调试和异常处理；第 6 章主要是通过一个学生管理系统的项目学习数据库编程的基本知识；第 7 章的项目是记事本，主要的教学目标是学习文件的相关知识；第 8 章主要是开发 Web 应用程序的相关知识；第 9 章通过一个图书管理系统的项目学习开发一般应用程序的过程。

本书由李娟、于峰主编。担任各章编写任务的老师有王新颖(第 1 章)、李娟(第 2、4 章)、徐海燕(第 3 章)、张克瑜(第 5 章)、崔宁(第 6 章)、牟艳霞、周伟(第 7 章)、李颖(第 8 章)、于峰(第 9 章)。

由于作者水平有限，书中难免存在不妥之处，欢迎广大读者批评指正。

编　者

2012 年 2 月

目　录

第 1 章 C#与.NET 概述

教学目标

(1) 能够建立 C#应用程序。

(2) 能够认识 C#与.NET 框架。

(3) 能够学会编码习惯和命名规范。

教学要求

知识要点	能力要求	关联知识
.NET	(1) .NET 的发展历史 (2) .NET 概念 (3) .NET Framework 基本组成部分	C#程序的基本框架
控制台应用程序	(1) 熟悉 VS 开发环境 (2) 掌握基本的输入和输出	输入、输出
窗体应用程序	(1) 掌握变量的命名规范 (2) 代码格式 (3) 注释规则 (4) 控件名称	变量、控件

重点难点

- ✧ 控制台应用程序
- ✧ 基本的输入、输出
- ✧ 3 种程序流程控制语句

1.1 项目一 第一个控制台应用程序

1.1.1 项目描述

创建第一个控制台应用程序，输出“我的第一个应用程序!”，效果图如图 1.1 所示。本项目通过一个简单程序的编写及运行，学习如何创建 C#控制台，认识控制台程序的结构，同时，使读者对 Microsoft Visual Studio 2008 的编程环境有一个大体的了解。

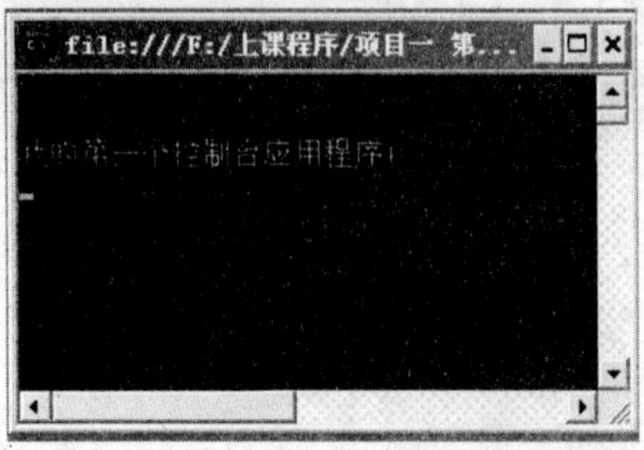

图 1.1 基于控制台应用程序的效果图

1.1.2 实践操作

(1) 选择【开始】|【程序】|【Microsoft Visual Studio 2008】菜单命令，在出现的程序主界面中选择【文件】|【新建】|【项目】命令，此时将出现如图 1.2 所示的对话框。

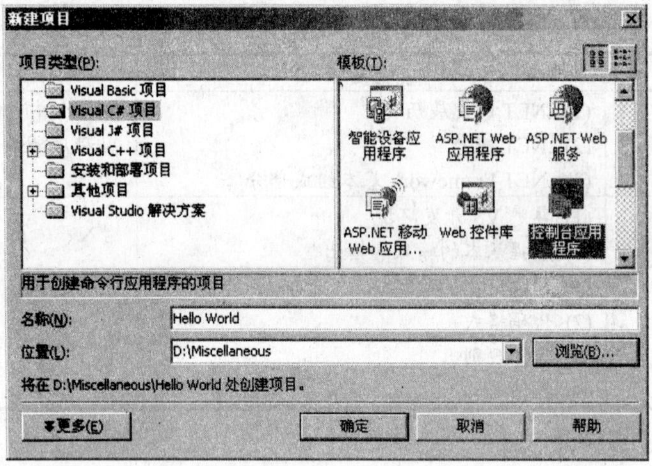

图 1.2 【新建项目】对话框

(2) 在其中选择【Visual C#项目】选项作为项目类型，并选择【控制台应用程序】选项作为模板。

(3) 单击【确定】按钮后，在解决方案资源管理器中将自动显示该项目的内容，具体如下。

① HelloWorld.csproj：执行应用程序时运行的启动项目。在解决方案资源管理器中，此文件显示为粗体。

② App.ico：与项目关联的默认空白图标文件。

③ Assemblyinfo.cs：包含通用程序集信息。所有程序集信息都放置在此文件中。

④ Class1.cs：类声明的文件，也是编程中书写代码的主要文件，并且通常需要将其重新命名。

(4) 在【代码】窗口中，修改代码为如下所示。

```
using System;
using System.Collections.Generic;
using System.Linq;
using System.Text;
namespace 项目一_第一个控制台应用程序
{
    class Program
    {
        static void Main(string[] args)
        {
            Console.WriteLine("\n\n 我的第一个控制台应用程序！ ");
            Console.Read();
        }
    }
```

(5) 编译生成 C#项目。

1.1.3 问题探究

1. C#程序的基本框架

所有的 C#程序都有一个基本框架，所有程序都包括这个框架，它的基本结构如下：

```
using 命名空间
class 类名
{
    ……
    static void Main()
    {
       方法体
    }
}
```

(1) 分号(;)是 C#程序中的语句结束符，除控制语句外，每一个都以“;”结束。

(2) 从 IDE 编译并运行程序。按“F5”键或“Ctrl+F5”组合键运行程序。

2. System.Console 类

Console 类位于命名空间 System，它为控制台程序的开发提供了最基本的输入、输出方法，其中最常用的包括 WriteLine、Write、ReadLine 和 Read。

1) Console.WriteLine 和 Console.Write

Console.WriteLine 和 Console.Write 方法均用在标准输出设备上输出文本，两者的区别在于 Console.WriteLine 输出后自动加一个回车换行，而 Console.Write 不自动换行。

Console.WriteLine 和 Console.Write 方法可输出的数据包括字符、字符串、整型数据和实型数据等多种不同数据。例如：

```
int a=65;
string s="Hello";
```

```
string t="Tom";
Console.WriteLine(a);        //输出 65 后按回车键
Console.Write(s);            //输出字符串 Hello
Console.WriteLine(""+t);
```

执行上面代码后，输出内容如下：

```
65
Hello Tom
```

(1) 格式化输出。Console.WriteLine 和 Console.Write 方法还可以输出格式化信息，格式如下：

```
Console.WriteLine(格式化字符串,输出对象 1,输出对象 2,… …)
Console.Write(格式化字符串,输出对象 1,输出对象 2,… …)
```

其中，格式化字符串的常用格式如下：

```
"… {0}…{1}…"
```

其中，{0}与输出对象 1 的内容相对应，{1}与输出对象 2 的内容相对应，……，其他按原样输出。例如：

```
int a=65;
string s="Hello";
Console.WriteLine("a={0},s={1}",a,s);
```

输出结果为

```
a=65,s=Hello
```

(2) 指定输出宽度。按照下面的格式，通过设置格式化字符串来指定输出的字符串宽度：

```
"… {0,数字}…{1,数字}…"
```

其中，数字指定了该输出对象的最小宽度。当输出对象小于最小宽度时，按右对齐；当输出对象大于最小宽度时，按实际宽度输出。

例如：

```
int a = 65;
string s = "Hello";
Console.WriteLine("a={0,4},s={1,4}", a, s);
Console.Read();
```

输出结果为

```
a=  65,s=Hello
```

由于在格式化字符串中指定输出宽度为 4，变量 a 的内容为 65，宽度小于 4，按右对齐；变量 s 的内容为“Hello”，宽度大于 4，按实际宽度输出。

2) Console.ReadLine 和 Console.Read

System 命名空间中的控制台(Console)类中还有与之对应的输入方法 ReadLine。该方法用于从标准输入设备输入一行字符，返回的结果是 string 类型数据，格式如下：

```
Console.ReadLine();
Console.Read();
```

由于它要返回一个值，所以通常要把它返回的值存放起来，以备后面使用。通过用如下方式来使用它：

```
string str;
str=Console.ReadLine();
```

> 注意：
> Console.ReadLine 只能用于输入字符串，如果需要输入数值，则可以将输入的字符串以 Convert 类的方法转换为相应的数值。

Console.Read 方法也可用于从输入设备输入字符，不过它只接受一个字符，并且返回的结果是一个 int 型数值，即该字符的 ASCII 码。

1.1.4 知识拓展

1. .NET 的发展历史

20 世纪 90 年代中后期，软件开发工具市场正经历着一场革命，微软为了能保住在 Windows 平台上开发工具的霸主地位，开始着手.NET(dot-net)平台的计划。

微软推出.NET 开发平台主要是用于开发 Web Services 应用程序，它希望 Web Services 能够成为吸引程序员在新的平台上主流的应用程序类型，正如 20 世纪 90 年代初，微软以它能够开发带有图形用户界面的桌面应用程序一样吸引了大批程序员；微软本身也计划使用该平台开发它自己的公共 Web Services(称作.NET My Services)，它将给 Internet 上的客户提供数据存储以及其他的功能。于是在这种前提背景下，1998 年，微软决定着手建立一个新的.NET 平台。

2. .NET 概念

根据微软的定义，.NET=新平台+标准协议+统一开发工具。

.NET 代表一个集合，一个环境，一个可以作为平台支持下一代 Internet 的可编程结构，新一代互联软件和服务战略，可以使微软现有的软件不仅适用于传统的个人计算机，而且能够满足新设备(如移动设备)的需要。.NET 的最终目的就是让用户在任何地方、任何时间以及利用任何设备都能访问所需的信息、文件和程序。用户不需要知道这些文件放在什么地方，只需要发出请求，然后接收就可以了，而所有后台的复杂性是完全屏蔽起来的。.NET 的典型特征是联通性和敏捷性。

.NET 平台主要包含 4 个部分的内容：底层操作系统、.NET 企业服务器、.NET 框架和集成开发工具 Visual Studio.NET。

1) 底层操作系统

微软借助在桌面操作系统的领导地位，把 Windows 系列操作系统纳入到.NET 平台中。目前 Windows 2000、Windows XP、Windows 2003、Vista 操作系统都支持.NET 平台。

2) .NET 企业服务器

.NET 平台还提供了系列服务器供企业使用。

(1) Exchange 2005 Server：Exchange 不只是单纯的 Email Server，它更是一套不折不扣的信息平台。

(2) SQL Server 2005：SQL Server 提供完善的数据处理功能。包含数据挖掘，XML 的直接 Internet 支持。在 Windows CE 中又推出了 SQL Server 2000 Windows CE Edition。

(3) BizTalk Server 2005：用于企业间交换商务信息，它利用 XML 作为企业内部及企业间文档传输的数据格式，可以屏蔽平台、操作系统不同的差异，使商业系统的集成成为可能。

(4) Commerce Server 2005：用于快速创建在线电子商务。

(5) Mobile Information Server：为移动信息解服务器提供可靠而且具有伸缩性的平台。

3) .Net 框架

.Net 框架主要包括公共语言运行库(Common Language Runtime，CLR)和.Net 框架类库(Framework Class Library，FCL)。

4) 集成开发工具 Visual Studio.Net

微软将它的全部开发工具都集成在 Visual Studio.Net 中，在 Visual Studio.Net 中可以用 C#语言、C++语言、Basic 语言、J#语言开发。可以开发桌面应用程序、Web 应用程序、智能设备应用程序等。

3. .NET Framework 基本组成部分

.NET Framework 是由多个组件组成的，如图 1.3 所示。

CLR 是.NET 的虚拟程序执行环境(相当于 Java 中的虚拟机)，在.NET 中生成的代码都在 CLR 中执行，也是.NET 框架的基础。您可以将运行库看做一个在执行时管理代码的代理，它提供核心服务(如内存管理、线程管理和远程处理)，而且还强制实施严格的类型安全以及可确保安全性和可靠性的其他形式的代码准确性。事实上，代码管理的概念是运行库的基本原则。在通用运行库为目标执行的代码称为托管代码，而不在通用运行库为目标执行的代码称为非托管代码。

.NET 框架的另一个主要组件是类库，它是一个综合性的、面向对象的、可重用类型集合，您可以使用它开发包含从传统的命令行应用程序、图形用户界面(GUI)的 Windows 应用程序到基于 ASP.NET 所提供的最新创新的应用程序(如 Web 窗体和 XML Web Services)在内的应用程序。图 1.4 显示了 CLR 的主要功能。

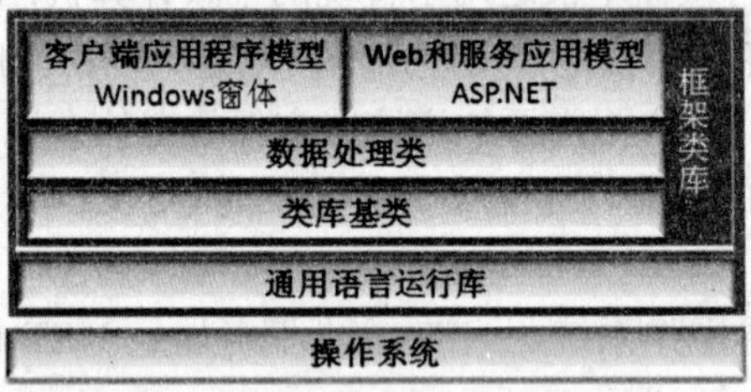

图 1.3 .NET Frame work

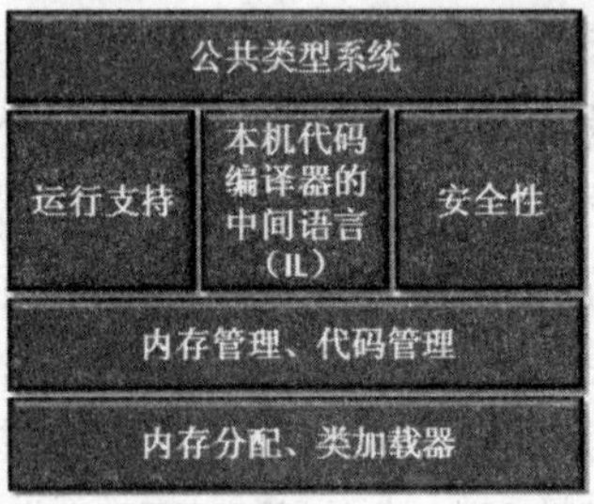

图 1.4 CLR 的主要功能

.NET 框架可由非托管组件承载，这些组件将公共语言运行库加载到它们的进程中并启动托管代码的执行，从而创建一个可以同时利用托管和非托管功能的软件环境。.NET 框架不但提供若干个运行库宿主，而且还支持第三方运行库宿主的开发。例如 ASP.NET 承载运行库并为托管代码提供可伸缩的服务器端环境。ASP.NET 直接使用运行库以启用 Web 窗体应用程序和 XML Web Services。

4. C#语言发展历史

在过去的 20 年里，C 和 C++已经成了在商业软件的开发领域中使用最广泛的语言。它们为程序员提供了十分灵活的操作，不过同时也牺牲了一定的效率。与 Visual Basic 等语言相比，同等级别的 C/C++应用程序往往需要更长时间来开发。由于 C/C++语言的复杂性，许多程序员都试图寻找一种新的语言，希望能在功能与效率之间找到一个更为理想的权衡点。

1998 年，微软公司出于多种原因决定着手建立一个新的.NET 平台。在建立一个如此全新的平台时，微软自然而然地想到要开发一种新的语言来充分利用这个平台的优势。在当时的语言中，要找到功能与效率均满足开发的需求，除了 Java 能够担当此任务，绝没有第二个，微软不可能利用 Java 语言，在这种前提背景下，微软公司的 Anders Hejlsberg 开始着手设计一种新语言 C#(读作 See Sharp)。

C#是一种简单、最新的、面向对象、高安全性的编程语言。它使得程序员可以快速地编写各种基于 Microsoft .NET 平台的应用程序。C#和 Java 都是 C 和 C++家族中的成员，拥有 C 和 C++语言的特征。最重要的是，C#使得 C++程序员可以高效地开发程序，而绝不损失 C/C++原有的强大功能。C#与 C/C++具有极大的相似性，熟悉类似语言的开发者可以很快地转向 C#。

C#语言的发展是随着.NET Framework 的发展而发展的。

5. C#语言的特点

从语法上看，C#非常类似于 C++和 Java，许多关键字都是相同的。于是大多数独立的评论员对其说法是“C#派生于 C、C++和 Java”。这种描述在技术上是非常准确的，但没有涉及该语言的真正优点。C#语言特性如下。

(1) 完全支持面向对象编程，包括接口和继承、虚函数和运算符重载的处理。

(2) 定义完整、一致的基本类型集。

(3) 对自动生成 XML 文档说明的内置支持。

(4) 自动清理动态分配的内存。可以用用户定义的特性来标记类或方法。这可以用于文档说明，对编译有一定的影响(例如把方法标记为只在调试时编译)。

(5) 对.NET 基类库的完全访问权，并易于访问 Windows API。

(6) 可以使用指针和直接内存访问，但 C#语言可以在没有它们的条件下访问内存。

(7) 以 Visual Basic 的风格支持属性和事件。改变编译器选项，可以把程序编译为可执行文件或.NET 组件库，该组件库可以使用与 ActiveX 控件(COM 组件)相同的方式由其他代码调用。

(8) C#可以用于编写 ASP.NET 动态 Web 页面和 XML Web 服务。

1.2　项目二　第一个 Windows 应用程序

1.2.1　项目描述

输入、输出一行文字。创建一个 Windows 应用程序，该程序需要按钮(Button)、标签(Label)和文本框(TextBox)，如图 1.5 和图 1.6 所示，该程序的功能是：单击窗体上的【显示】按钮时，将在标签 lbl_show 上显示文本框输入的内容，单击窗体上的【清除】按钮时，将清除文本框和标签 lbl_show 中的内容。

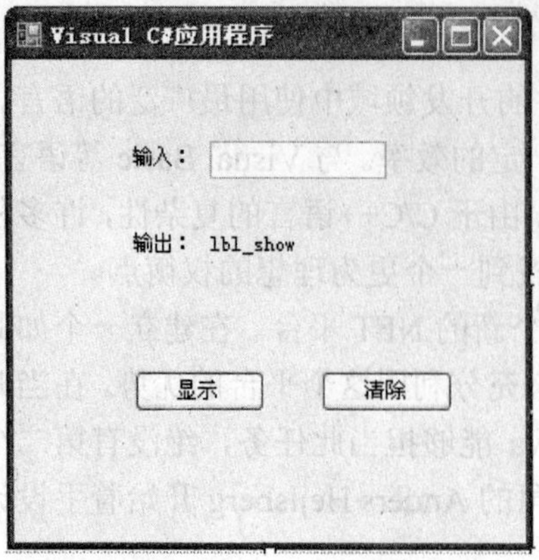

图 1.5 运行界面

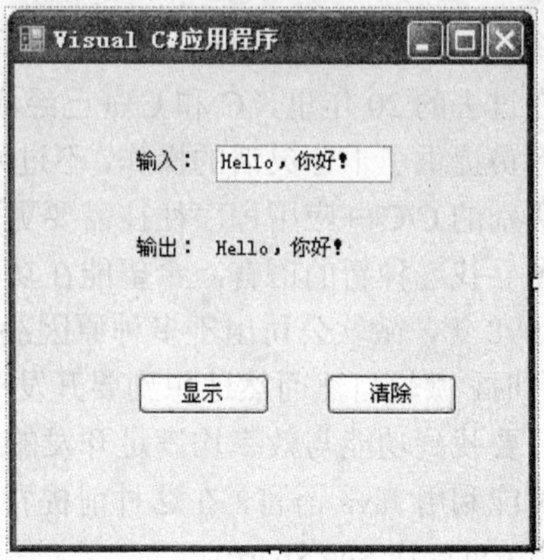

图 1.6 输入、输出一行文字

1.2.2 实践操作

1. 打开程序、新建项目

启动 Visual Studio 2008，在【文件】菜单下选择【新建】|【项目】命令，执行该命令后将打开【新建项目】对话框。

2. 输入项目名称、保存路径

在【项目类型】窗格中选择【Visual C#项目】选项，然后在【Visual Studio 已安装的模板】窗格中选择【Windows 应用程序】选项。在【名称】文本框中输入“Hello”，该项目的名称，在【位置】文本框中输入“D:\ Hello”作为项目将要保存的目录，也可以单击【浏览】按钮选择目录，最后单击【确定】按钮。此时 Visual Studio 2008 将创建一个新项目，并在 Windows 窗体设计器中显示新的 Form1 窗体。

3. 建立可视化的用户界面

用户界面由对象组成，建立用户界面实际上就是在窗体上画出代表各个对象的控件。由如图 1.4 所示界面可知，需要建立 6 个控件，其中两个按钮控件，1 个文本框控件，3 个标签控件，可以按下面的步骤建立用户界面。

(1) 单击工具箱中的命令按钮(Button)图标，然后在窗体的适合位置画一个按钮(按钮 1)，画完后，按钮内自动标有 button1 字样。

(2) 重复上面(1)的步骤，再分别画出第二个按钮，按钮内分别自动标有 Button2 字样。

(3) 单击工具箱中的文本框(TextBox)图标，然后在窗体的适当位置画出文本框控件。

(4) 单击工具箱中的 Label 图标，然后在窗体的适当位置画出 Label 控件，画完后，按钮内自动标有 label1 字样。

(5) 重复上面(4)的步骤，再分别画出第二个和第三个按钮，两个按钮内分别自动标有 label2 和 label3 字样。

(6) 上述 6 个控件画完后，根据具体情况，对每个控件的大小和位置进行适当的调整。设计界面后，窗体的结构如图 1.7 所示。

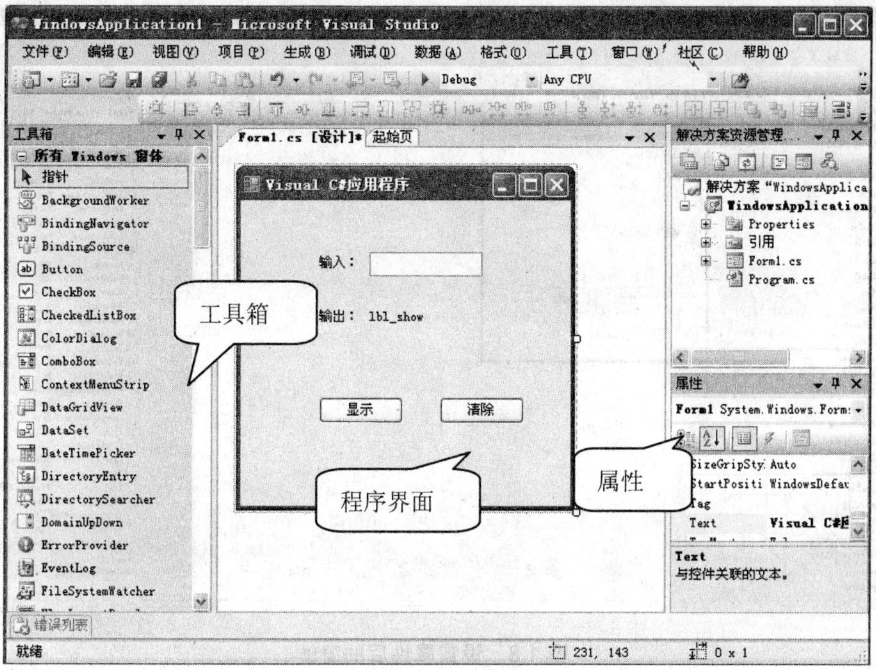

图 1.7　窗体的结构

4. 设置控件的属性

(1) 选择相应的控件，按 F4 键打开【属性】面板，进行控件属性设置，见表 1-1。

表 1-1　控件属性设置

控件名	属性名	设置的值
Form1	Name	Form1
	Text	文本格式框
TextBox1	Name	txt_input
Label1	Name	lbl_show
Label2	Name	lbl_input
	Text	输入：
Label3	Name	lbl_output
	Text	输出：
Button1	Name	btn_show
	Text	显示
Button2	Name	btn_clear
	Text	清除

(2) 如前所述，对象可以有多种属性。在上面的操作中，实际上只设置了两种属性，即 Text 和 Name 属性。设置属性后的窗体如图 1.8 所示。

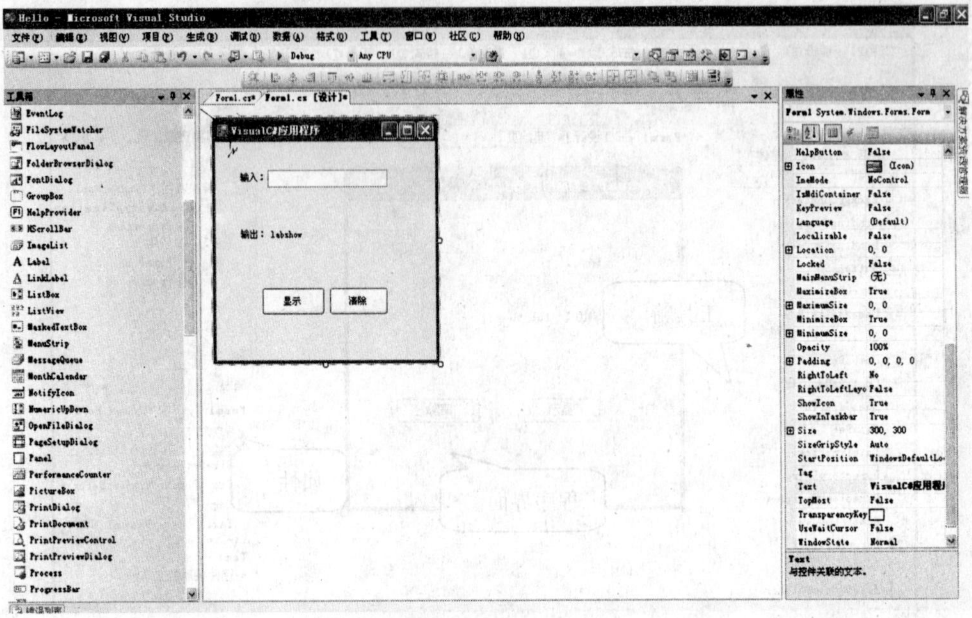

图 1.8　设置属性后的窗体

5. 编写事件驱动代码

Visual C#采用事件驱动机制，与传统的程序设计有着根本的区别，Visual C#的程序设计是针对某个对象事件编写的，每个事件对应一个事件过程。用鼠标单击(Click)或双击(DoubleClick)一个对象是经常用到的事件，可以针对这样的事件编写事件过程。

(1) 程序代码窗口。事件过程在程序代码窗口中输入和编辑。为了输入事件过程中的代码，必须先进入程序的代码编辑窗口。单击已建立好的控件后，选择【视图】菜单下的【代码】命令、按 F7 键或者单击解决方案资源管理器窗口中的【查看代码】按钮。

(2) 编写过程代码。过程代码是针对某个对象事件编写的。为了指明某个对象的操作，必须在方法或属性名称前加上对象名，中间用“.”隔开。其一般表现形式为：

```
对象名称.属性名称=属性值
```

例如：

```
Txtb.Text = "欢迎使用Visual C#";
```

这里的 txtb 是文本框(TextBox)控件名，Text 是文本框的属性。执行上面的语句后，将在 txtb 文本框中显示“欢迎使用 Visual C#”。又如要使文本框 txtb 的背景颜色为红色，则执行下列代码：

```
Txtb.BackColor=Color.Red;
```

如果不指出对象名，则方法或属性是针对当前窗体的。

> **注意：**
>
> 与控件的属性设置不同，当通过代码设置窗体的标题(Text 属性)时，不能用窗体名称(如 Form1)作为对象名。

例如：

```
Form1.Text = "C#程序设计";
```

是错误的，必须写成：

```
this.Text = "C#程序设计";
```

实例代码：

(1) 双击【显示】按钮，为【显示】按钮的 Click 事件添加事件处理程序。此时将打开代码编辑器，插入如下代码：

```
private void btn_show_Click(object sender, EventArgs e)
   {
       lbl_show.Text = txt_input.Text.Trim();
   }
```

(2) 双击【清除】按钮，为【清除】按钮的 Click 事件添加事件处理程序。此时将打开代码编辑器，插入如下代码：

```
private void btn_clear_Click(object sender, EventArgs e)
        {
            lbl_show.Text = "";
            txt_input.Clear();
        }
```

测试应用程序：

(1) 选择【调试】菜单中的【启动】命令或直接按 F5 键(或单击工具栏上的【启动】按钮)，就能执行程序。

(2) 运行应用程序时，单击【显示】按钮并验证显示内容。

(3) 单击【清除】按钮并验证显示的内容已经清除。

(4) 关闭此 Windows 窗体并返回 Visual Studio 2008。

代码分析：

(1) 当单击【显示】按钮时，即触发了【显示】按钮的 Click 事件，执行其事件处理程序 btn_show_Click：

```
  private void btn_show_Click(object sender, EventArgs e)
        {
            lbl_show.Text = txt_input.Text.Trim();
        }
```

在 btn_show_Click 事件处理程序中，语句：

```
lbl_show.Text = txt_input.Text.Trim();
```

将文本框 txt_input 对象的 Text 属性的值赋值给 lbl_show 对象的 Text 属性。

> **注意：**
> 给 Text 属性的值必须是字符串。

(2) 当单击【清除】按钮时，即触发了【清除】按钮的 Click 事件，执行其事件处理程序 butclear_Click：

```
private void btn_clear_Click(object sender, EventArgs e)
    {
        lbl_show.Text = "";        //清除 lbl_show 显示的内容
        txt_input.Text = "";       //清空文本框
    }
```

(3) 解决方案资源管理器。解决方案资源管理器不但提供项目及其文件的有组织的视图，而且提供对项目和文件相关命令的快捷访问。若要访问解决方案资源管理器，则在【视图】菜单中选择【解决方案资源管理器】命令，或按 Ctrl+Alt+L 组合键即可。如果要显示 Form1 窗体，在【解决方案资源管理器】对话框中，双击 Form1.cs 文件，就可在窗体设计器中显示 Form1 窗体。

想一想：如何在文本框里输入并用消息对话框 MessageBox 显示文本框的内容？

1.2.3 问题探究

Visual Studio 2008 与以往的 Visual Studio.NET 具有一样特点，就是以最快的速度和效率开发具有良好用户界面的应用程序。如前所述，在 Visual Studio 2008 开发环境中具有窗体和控件，这些可以直接使用，因而大大简化了程序的设计时间。一般来说，在用 Visual Studio 2008 开发应用程序时，需要以下 7 个过程步骤。

(1) 打开 Visual Studio 2008，新建项目。

(2) 输入项目名称、保存路径。

(3) 建立可视化的用户界面。

(4) 设置用户界面特点。

(5) 编写事件驱动代码。

(6) 运行、调试程序。

(7) 保存、部署。

1. 打开 Visual Studio 2008，新建项目

Visual Studio 2008 开发环境的打开方法以及项目的建立在前面项目介绍开发环境的时候已经详细介绍过了，这里就不再一一列出。

> **注意：**
>
> 在打开 VS2008 新建项目的时候要注意在项目类型中是否选择的是 Visual C#，在项目模板中是否选择了正确的应用程序类型。

2. 输入项目名称、保存路径

输入一个该项目的名称，并选择该项目保存的路径。在一切输入正确并检查无误后，再单击【确定】按钮进入开发环境中。然后 Visual Studio 2008 会自动生成文件和 C#代码，并自动产生第一个步骤中所选择的相关类型项目的基本框架。

3. 建立可视化的用户界面

一个项目包含两部分内容，即对象和代码(Code)，其中对象通常指的是窗体(Form)和控件(Control)。窗体是程序运行的背景和对话框，控件是放置在窗体中的具体的对象，而代码则是

控制运行的程序。在一般情况下，每个可以执行的项目至少包含一个窗体，可以根据应用程序的设计要求来改变其位置和大小。

用户界面由窗体和控件组成，控件放在窗体上，程序中的所有信息都要通过窗体显示出来，它是应用程序的最终用户界面。在应用程序中要用到哪些控件，就在窗体上建立相应的控件。程序运行后，将在屏幕上显示由窗体和控件组成的用户界面。

在 Visual C#中建立一个新的“Windows 应用程序”项目后，屏幕上将会显示一个窗体，默认名称为 Form1，可以在这个窗体上设计用户界面。如果要再建立一个新的窗体，可以通过【项目】菜单中【添加 Windows 窗体】命令来实现。

4. 设置用户界面属性

设置用户界面特点即设置窗体和控件的属性。建立界面后，就可以设置窗体和控件的属性。在实际的应用程序设计中，建立界面和设置属性可以同时进行，即每放置一个控件，接着就设置该控件的相应属性。当然，也可以在所有的控件建立完之后再回过头来设置每个控件的属性。究竟用哪种方法，可以根据自己的习惯选定。可以通过不同的方式设置窗体或控件的属性，具体操作前面已有详细介绍。

5. 编写事件驱动代码

Visual C#采用事件驱动编程机制，因此大部分程序是针对窗体中各个控件所能支持的方法或事件编写的，这样的程序称为事件过程。例如按钮可以接受鼠标单击事件，程序运行后，如果单击该按钮，鼠标单击事件就调用相应的事件过程来做出响应。

在多数情况下，特别是小型应用程序所编写的程序通常由事件过程组成，即针对控件或窗体的事件编写代码。

6. 运行、调试程序

程序设计完以后，就可以运行程序了。运行程序通过【调试】菜单中的【启动】命令，也可以用工具栏上的【启动】按钮或快捷键 F5 来实现。运行程序主要有两个目的：一是发现程序中的错误，二是输出结果。在 Visual Studio 2008 中运行一个程序时必须先经过编译后才能执行。在编译一个程序时，Visual Studio 2008 读取程序中的每个语句，对于这些语句进行解释，并转换成微处理指令，因此在执行过程时就不必解释一句执行一句，运行的速度也就相应提高了。

在应用程序开发过程中，无论是初学者还是编程高手，在编写程序的时候总避免不了各式各样的错误发生。查找应用程序中的错误并修改程序的过程就称为调试。Visual Studio 2008 提供了一组方便的调试工具，利用这些调试工具，开发人员可以方便快捷地找到应用程序中存在的问题，开发出满意的应用程序。

7. 保存、部署

1) 保存程序

在建立一个新的应用程序(项目)时，Visual Studio 2008 要求用户提供项目的名称以及存放的路径，Visual Studio 2008 将根据所提供的项目名称在指定的文件夹中建立一个子文件夹，并在这个子文件夹中保存与应用程序有关的所有信息，包括解决方案文件名(.sln)、项目文件名(.proj)和窗体文件名(.cs)等。

在文件夹中，除了以上的几个文件外，还建立其他多个子文件，同时建立了 bin、obj 和 Properties 3 个子文件夹。这些文件和文件夹是 Visual C#自动建立和维护的，用户不必关心它们的内容，也不要对它们进行任何修改。子文件夹 bin 存放的是可执行文件(.exe)，在子文件夹 obj 中存放的是在调试过程中产生的一些临时文件，而子文件夹 Properties 存放的是程序集文件。

在程序设计的过程中，为了避免因断点或其他原因造成信息丢失，在程序设计过程中应该学会随时保存的习惯，及时将正在编辑的代码或正在设计的窗体存盘，这可以通过【文件】菜单中的【保存】(Ctrl+S)命令或单击工具栏上的【保存】按钮来实现。而如果执行【文件】菜单中的【全部保存】(Ctrl+Shift+S)命令或单击标准工具栏上的【全部保存】按钮，则可以保存当前项目中的所有文件。

2) 部署

编译源代码并测试完后，开发的整个过程并没有结束。在这个阶段，需要把应用程序提供给用户。用通俗的话说就是一个打包的过程。这里称为部署。部署过程对于一个大型的应用程序来说是非常复杂的。作为 C#初级开发者来说，这一过程不是本书的要求。

1.2.4 知识拓展

1. 命名规范

本节将讨论变量、类、方法等的命名规则。注意本节所介绍的有些规则不仅是规则，也是 C#编译器强制使用的。程序文件(*.cs)中的变量命名规则如下。

程序中变量名称 = 变量的前缀 +代表变量含义的英文单词或单词缩写。

见名知义，不使用关键字。

(1) 类模块级的变量可用“m_”作前缀，如下代码：

```
public class hello
{
   private string m_Name;
   private DateTime m_Date;
}
```

(2) 类的属性所对应的变量，采用属性名前加“m_”前缀的形式，如下代码：

```
public class hello
{
   private string m_Name;
   public string Name;
   {
      get
      {
        return m_Name;
      }
   }
}
```

(3) 过程级的变量不使用前缀，如下代码：

```
public class hello
{
   void say()
   {
```

```
        string SayWord;
    }
}
```

(4) 过程的参数使用“p_”作为参数，如下代码：

```
public class hello
{
    void say(string p_SayWord)
    {
        …
    }
}
```

(5) 鉴于大多数控件名称都是通过连接若干单词构成，可使用大小写混合的格式以简化它们的阅读。每个单词的第一个字母都是大写。

(6) 即使对于可能仅出现的几个代码行中的生存期很短的变量，仍然使用有意义的名称。仅对于短循环索引使用单字母变量名称，如 i 或 j。

(7) 在变量名中使用互补对，如 min/max、begin/end 和 open/close。

(8) 不要使用原义数字或原义字符串，如 For　i = 1 To 7。而是使用命名常数，如 For　i = 1 To NUM_DAYS_IN_WEEK 以便于维护和理解。

2. 控件名称规则

控件命名=Web 控件缩写前缀+“_”+变量名，见表 1-2。

表 1-2　控件命名规则

控　　件	缩　　写
Label1	lbl_变量名
TextBox1	txt_变量名
Button1	btn_变量名
ListBox1	lst_变量名

1) 常量命名规范

常量名也应当有一定的意义。常量名均为大写，字之间用下划线分隔。变量名和常量名最多可以包含 255 个字符，但是，超过 25 个到 30 个字符的名称比较笨拙。此外，要想取一个有实际意义的名称，清楚地表达变量或常量的用途，25 个或 30 个字符应该足够了。

2) 类(Class)命名规范

(1) 名字应该能够标识事物的特性。

(2) 名字尽量不使用缩写，除非它是众所周知的。

(3) 名字可以由两个或 3 个单词组成，但通常不应多于 3 个。

(4) 在名字中，所有单词第一个字母大写。

(5) 使用名词或名词短语命名类。

(6) 少用缩写。

(7) 不要使用下划线字符“_”。

3) 方法命名规范、名称空间命名规范

方法命名规范、名称空间命名规范和类命名规范相同。

3. 代码格式

代码的编写也应该具有良好的编码格式，下面介绍编码应注意的问题。

(1) 所有的缩进为 4 个空格，使用 Visual Studio 2008 的默认设置。

(2) 在代码中垂直对齐左括号和右括号。

当一行被分为几行时，通常将串联运算符放在每一行的末尾而不是开头，清楚地表示没有后面的行是不完整的。

(3) 每一行放置的语句避免超过一条。

(4) 在大多数运算符之前和之后使用空格，这样做时不会改变代码的意图却可以使代码容易阅读。

(5) 将大的复杂代码节分为较小的、易理解的模块。

(6) 编写 SQL 语句时，对于关键字全部使用大写，杜绝数据库元素(如表、列和视图)使用大小写混合。

(7) 将每个主要的 SQL 子句放在不同的行上，这样更容易阅读和编辑语句。

4. 代码注释规范

代码间注释分为单行注释和多行注释。

单行注释为：

```
// 单行注释
```

多行注释为：

```
        /*多行注释 1
        多行注释 2
        多行注释 3*/
```

注释的主要作用是能够说明此语句块的作用和实现手段(所用算法等)。

5. 编码习惯

(1) 用 C#预定义的类名，而不要用别名。

```
String  username;而不是 System.string  userName;
Int  number; 而不是 System.Int32;
```

(2) 一行代码尽量不要超过 80 个字符。

(3) 尽量不要手工更改机器生成的代码，若必须更改，一定要改成和机器生成的代码风格一样。

(4) 关键字的语句(包括声明关键字的变量)必须要写注释。

(5) 尽量不使用 goto 系列语句。

(6) 始终使用“{}”包含 if 下的语句，即使只有一条语句。

(7) switch 语句一定要有 default 来处理以外情况，记得用 break 跳出。

(8) 尽量少使用三元运算符(条件运算符)“ ？：”，而要用 if 语句。

遵从以下良好的习惯以写出好程序。避免使用大文件。如果一个文件里的代码超过 300～400 行，必须考虑将代码分开到不同类中。避免写太长的方法。一个典型的方法代码在 1～25 行之间。如果一个方法发现代码超过 25 行，应该考虑将其分解为不同的方法。方法名需能看出它做什么。别使用会引起误解的名字。如果名字一目了然，就无须用文档来解释方法的功能了。

1.3　练　　习

1. 编写 Windows 应用程序，在文本框中输入姓名，单击【确定】按钮，在标签中显示“某某，欢迎您来到 C#精彩世界！”。

2. 编写一个控制台应用程序，输出字符串“Hello，Word!”。

3. 编写程序，输入自己的姓名“***”，输出“你好***”。

第2章 C#基础

教学目标

(1) 能够掌握C#语言的基本数据类型、变量及常量。
(2) 会准确计算表达式的值。
(3) 能够掌握C#语言3种基本结构的程序设计方法。
(4) 会使用复杂的数据类型。
(5) 能够掌握函数的定义和调用方法。

教学要求

知识要点	能力要求	关联知识
常量和变量	(1) 了解常量和变量的类型 (2) 掌握常量和变量的应用	程序中的定义
数据类型	(1) 掌握基本的数据类型 (2) 掌握数据的用法	值类型、引用类型
表达式和运算符	(1) 掌握表达式和运算符的应用 (2) 运算符的优先级与结合性	在程序中的应用
流程控制语句	(1) 理解分支和循环结构的含义 (2) 掌握分支结构语句的应用 (3) 掌握循环结构语句的应用 (4) 掌握跳转控制语句的应用	程序设计语言基础
数组	(1) 理解一维数组的定义 (2) 掌握二维数组的声明与使用方法 (3) 掌握数组的应用	复杂的变量类型
函数	(1) 函数的概念及定义方法 (2) 函数参数传递的方式 (3) 函数的嵌套调用 (4) 递归的实现	函数的用法
面向对象程序设计	(1) 理解面向对象的基本概念 (2) 掌握类的声明方法 (3) 掌握类的构成	正确调用类的方法和属性

重点难点

- ✧ C#基本数据类型
- ✧ 运算符与表达式
- ✧ 3 种程序流程控制语句
- ✧ 复杂数据类型的定义和使用

2.1 数 据 类 型

数据是程序处理的对象，是程序必不可少的重要组成部分。对不同的数据有不同的处理方法，每种数据都有适合自身运算规则的表达式。C#语言的类型划分为三大类：值类型、引用类型和指针类型。

值类型表示该数据存储的是一个数据值，值类型的变量直接包含值。即将一个值类型变量赋给另一个值类型变量的时候，将复制所包含的值。

引用类型的变量又称为对象，可存储对实际数据的引用，即表示该数据类型不是直接存储数据值而是指向它所引用值的地址。引用类型变量的赋值只复制对对象的引用，而不复制对象本身。

指针类型是指向值类型或引用类型数据的指针，类似 C/C++中的指针。

2.1.1 值类型

值类型(value type)，包含了变量中的值或数据，即使同为值类型的变量也无法相互影响。在 C# 语言的领域里，值类型主要包括以下几种数据类型：简单类型(simple type)、结构类型(struct type)、枚举类型(enums type)。

1. 简单类型

C# 提供了一般语言都拥有的数据类型，称为简单数据类型(simple type)。每个简单数据类型都有一个保留字作为其专有的名称，如 int(整数)、char(字符)。实际上，这些以保留字方式定义好的数据类型，都是 System 命名空间里的结构类型。由于它们比较常用，而且为了减少使用上与其他语言的差异，便采用了简单数据类型的用法，见表 2-1。

1) 布尔类型

布尔类型只能是布尔逻辑量，取值只能是 true 或 false，分别表示“真”和“假”这两个概念。布尔类型定义如下。

bool b1=true;//声明布尔变量并赋值，值为真或 bool b1;//声明布尔变量

b1=true;//赋值为真

bool b2=false;// 声明布尔变量并赋值，值为假

表 2-1　简单数据类型

数据类型	说　　明	取值格式	示　　例
bool	布尔型	True 或 False	bool val = True;

C#中布尔类型对应.NET 中的 System.Boolean 结构。虽然它们只有两个取值，但它们在计算机中的二进制数据仍然占了 4 个字节，即 32 位存储空间。此外，布尔类型和其他的数据类型不存在任何对应关系。

> **注意：**
>
> 在 C 语言中，用 0 来表示“假”，用其他任何非 0 值来表示“真”。但是这种表达方式在 C# 中已经被放弃。在 C# 中，true 值不能被其他任何非零值所代替。整数类型与布尔类型之间不再有任何转换，将整数类型转换成布尔型是不合法的。

```
例如：bool WrongTransform=1;    // 错误的表达式，不能将整型转换成布尔型
```

2) 整数类型

数学上的整数可以从负无穷到正无穷，但是计算机的存储单元是有限的，所以计算机语言提供的整数类型的值总是在一定范围之内的。C# 有 8 种数据类型：短字节型(sbyte)、字节型(byte)、短整型(short)、无符号短整型(ushort)、整型(int)、无符号整型(uint)、长整型(long)、无符号长整型(ulong)。划分的依据是该类型的变量在内存中所占的位数，各种类型的数值范围及所占内存空间，见表 2-2。

表 2-2　各种类型的数值范围及所占内存空间

数据类型	说　　明	允许的取值范围	示　　例
sbyte	8 位有符号整型(signed)	在-128～127 之间的整数	sbyte val = 12;
byte	8 位无符号整型(unsigned)	在 0～255 之间的整数	byte val1 = 12; byte val2 = 34u;
short	16 位有符号整型(signed)	在-32768～32767 之间的整数	short val = 12;
ushort	16 位无符号整型(unsigned)	在 0～65535 之间的整数	Ushort val1 =12; ushort val2=34u;
int	32 位有符号整型(signed)	在-2147483648～2147483647 之间的整数	int val = 12;
uint	32 位无符号整型(unsigned)	在 0～4294967295 之间的帧数	uint val = 12; uint val = 12u;
long	64 位有符号整型(signed)	在-9223372036854775808～9223372036854775807 之间的整数	long val1 = 12; long val2 = 34l;
ulong	64 位无符号整型(unsigned)	在0～18446744073709551615之间的整数	ulong val1 = 12; ulong val2=34ul;

> **注意：**
>
> 表中的 U、L、UL 为后缀，表示制定想要的数据类型，U 表示无符号，L 表示长整型，UL 表示无符号长整型，可大小写混用。

3) 实数类型

实数有两种表示形式：十进制小数形式和指数形式。十进制小数形式由数字和小数点组成(注意必须有小数点)例如 123.、123.0、0.5、563.4 都是十进制小数形式。指数形式，例如，123e3 或 123E3 都代表 123×10^3。

> **注意：**
> 字母 e(或 E)之前必须有数字，且 e 后面的指数必须为整数。

如 e3、3.1e2.6 等都不是合法的指数数字。

(1) 浮点数。数学中的实数不仅包括整数，而且包括小数，主要用于需要使用小数的数据。小数的形式分为单精度(float)和双精度(double)。其主要差别在于取值范围和精度不同。程序如果用大量的双精度类型的话，虽然说数据比较精确，但是将会占用更多的内存，程序的运行速度会比较慢。

(2) 十进制类型(decimal)。C＃还专门定义了一种十进制类型，主要用于方便在金融和货币方面的计算。在现代的企业应用程序中，不可避免要涉及大量的这方面的计算和处理，而十进制类型是一种 128 位的高精度数据类型，它所表示的范围从大约±1.0×10e-28 到±7.9×10e28 的 28～29 位有效数字。十进制类型的取值范围比 double 类型的范围小很多，但它更精确。

当定义一个 decimal 变量并赋值给它时，使用 m 下标以表明它是一个十进制类型，如：

```
decimal d_value=10m;
```

如果省略了 m，在变量被赋值之前，它将被编译器当做双精度(double)类型来处理。实型数据类型见表 2-3。

表 2-3　实型数据类型

数据类型	说　　明	取值范围	示　　例
float	32 位单精度浮点型(7 位)	在±1.5e−45 到±3.4e38 之间	float val = 12345678F;
double	64 位双精度浮点型(15-16 位)	在±5.0e−324 到±1.7e308 之间	double v = 12345678D;
decimal	128 位高精度小数(128 位)	±1.0×10−28 到±.9×10e28 的 28 到 29 位有效数字	decimal v = 12345678M;

> **注意：**
> 表中的 F、D、M 为后缀，表示制定想要的数据类型，F 表示单精度，D 表示双精度，M 表示十进制类型，不区分大小写。

(3) 实型数据的舍入误差。由于实型变量是用于有限的存储单元，因此能提供的有效数字总是有限的，在有效位以外的数字将被舍去，由此可能会产生一些误差。

(4) 实型常量。许多编译器将实型常量作为双精度来处理。例如，已定义一个实型变量 f，有如下语句：

```
f=2.654321*4563.98
```

系统将 2.654321 和 4563.98 按双精度数据存储(占 64 位)运算，得到一个双精度的乘积，然后取前 7 位给实型变量 f。这样做可以保证计算结果更精确，得到一个双精度的乘积，但是运算速度降低了。可以在数的后面加字母 f 或 F(如 1.65f，654.98F)这样编译系统就会按单精度(32 位)处理。

一个实型变量可以赋给一个 float 型、double 型或 long double 变量。根据变量的类型截取实型变量中相应的有效数字。假如 a 已指定为单精度实型变量：

```
float a;
a=12345.674123;
```

由于 float 型只接收 7 位有效数字，因此最后 4 位不起作用。如果改为 double 型，则能全部接收上述数字并存储在变量 a 中。

4) 字符类型(char)

除了数字外，计算机处理的信息还包括字符，是各种文字与符号的总称，是计算机文字信息的基本单位，字符主要包括数字字符、英文字符、表达符号和中文等。C＃提供的字符类型按照国际上的公认的标准，采用 Unicode 字符集。字符型数据见表 2-4。

在 C#中，字符也是通过整型数据与在内存中的存储形式相对应的，在使用相应的数据类型时 C#就实现类型的对应转换。

表 2-4　字符型数据

数据类型	说　明	允许取值范围	示　例
char	一个 Unicode 字符	0～65535 之间的整数	char va1 ='C';

可以按下面的方法给一个字符变量赋值：

```
char c='C';                //给字符变量赋值
```

表示字符时要用单引号将字符引起来，而当数据是字符串类型时就用双引号。

在 C#字符有两种表示方法：一种是用该字符的图形符号，如'b'、'y'、'*'。另外还可以用字符的 ASCII 码表示，即用反斜符(\)开头，后跟字符的 ASCII 码，这种方法也称为转移序列表示法，具体有两种形式：一种是用字符的八进制 ASCII 码，表示为\ddd，这里，ddd 是八进制值；另一种使用字符的十六进制 ASCII 码值，表示为\xhh，这里 hh 是两位十六进制值。如'A'，'\101'和'x41'都表示同一个字符常量。

在 C#中，还有一种特殊的字符常量，它是以反斜杠“\”开头的字符序列，称为转义字符，见表 2-5。

表 2-5　转义字符

字符形式	ASCII 值	功　能
\a	0x07	响铃
\n	0x0a	换行
\t	0x09	水平制表符
\v	0x0b	垂直制表符
\b	0x08	退格
\r	0x0d	回车
\\	0x5c	字符\
\”	0x22	字符”
\’	0x27	字符’
\ddd	d 是八进制	1～3 位的八进制数
\xhh	h 是十六进制	1～2 位的十六进制数

2. 结构类型

利用简单数据类型，可以进行一些常用的数据运算、文字处理。但是日常生活中，经常要碰到一些更复杂的数据类型，如一个学生的数据包括了学号、姓名、性别、出生年月等，在一个学生的信息数据里又包含了字符型、整型等数据类型。为了满足现实中简单数据的复杂利用，计算机中就产生了结构的概念。

结构类型是指把各种不同类型数据信息组合在一起形成的类型，而一个结构类型变量内所有数据可以作为一个整体进行处理。结构的定义形式如下：

```
struct 结构名
{
  public  类型  成员变量名1;
  public  类型  成员变量名2;
  public  类型  成员变量名3;
  …
};
```

> 注意：
> 关键字 struct 用于定义结构类型，public 是变量修饰符，表示公有的，只有将成员变量定义为公有的，才能在结构变量中访问。

结构成员变量的类型可以是普通的数据类型，也可以是数组、枚举、已定义的结构体等其他数据类型。如可以定义如下学生信息：

```
struct student
{
   public string ID;
   public string name;
   public int score;
}
student stu1;//定义了一个结构体变量stu1
```

stu1 就是一个 student 结构类型的变量。对结构成员的访问通过结构变量名加上访问的“.”号，再跟成员名，例如：

```
stu1.name="白云";
```

这行代码就是将结构体变量 stu1 的 name 成员赋值为“白云”。

3. 枚举类型

枚举类型 enum 实际上是一组在逻辑上密不可分的整数值提供便于记忆的符号。如声明一个代表星期的枚举类型的变量：

```
enum weekDay{Sunday,Monday,Tuesday,Wednesday,Thursday,Friday,Saturday};
WeekDay day1;
```

结构是由不同类型的数据组成的一组新数据类型，结构类型的变量的值是由各个成员的值组合而成的，而枚举则不同，枚举类型的变量在某一时刻只能取枚举中某一个元素的值，比如

day1 这个表示星期的枚举类型的变量，它的值要么是 Sunday，要么是 Monday 或是其他的星期元素，但它在一个时刻只能代表具体的某一天，不能既是星期一又是星期二。

系统默认枚举中的每个元素类型都是 int 型，且第一个元素的值为 0，它后面的每个连续的元素的值按照加 1 递增。因此在枚举中也可以给元素直接赋值如下，把 Sunday 的值设为 7，Monday 赋值为 1，其后的元素的值分别为 2，3…。例如：

```
enum weekDay{Sunday=7,Monday=1,Tuesday,Wednesday,Thursday,Friday,Saturday};
```

> **注意：**
> 在枚举中，每个元素之间的相隔符为逗号“，”，这与结构类型不同，结构类型一般是用分号来分隔各个成员的。

2.1.2 引用类型

引用类型保留了变量中数据的相关信息，同为引用类型的两个变量，可以指向同一个对象，也可以针对同一个变量产生作用，或者被其他同为引用类型的变量所影响。总的来说，C#中的值类型都比较简单，对更加复杂的数据处理效率很低。于是 C#引入了引用类型数据的概念，引用类型主要用来描述结构复杂、抽象能力比较强的数据，它与值类型数据是相并列的。

1. 类类型

类类型定义包含数据成员、函数成员和嵌套类型的数据结构，其中数据成员包括常量和字段，函数成员包括方法、属性、事件、索引器、运算符、构造函数、析构函数和静态构造函数。类类型支持继承，继承是派生类可用来扩展和专门化基类的一种机制。

某些预定义类类型在 C#语言中有特殊含义，见表 2-6。

表 2-6　类类型

类类型	说　明
System.Object	所有其他类型的最终基类
System.String	字符串类型
System.ValueType	所有值类型的基类
System.Enum	所有枚举类型的基类
System.Array	所有数组类型的基类
System.Delegate	所有委托类型的基类
System.Exception	所有异常类型的基类

2. 对象类型

object 类类型是所有其他类型的最终基类。C#中的每种类型都是直接或间接从 object 类类型派生出来的。

关键字 object 只是预定义类 System.Object 的别名。

3. string 类型

string 类型是直接从 object 继承的密封类类型。string 类的实例表示 Unicode 字符串。string 类型的值可以写为字符串。

关键字 string 只是预定义类 System.String 的别名。

4. 接口类型

一个接口定义一个协定。实现某接口的类或结构必须遵守该接口定义的协定。一个接口可以从多个基接口继承，而一个类或结构可以实现多个接口。

5. 数组类型

数组是一种数据结构，它包含可通过计算索引访问的零个或更多个变量。数组中包含的变量(又称为数组的元素)具有相同的类型，该类型称为数组的元素类型。

6. 委托类型

委托是一种数据结构，它引用一个或多个方法，对于实例方法，还引用这些方法所对应的对象实例。

在 C 或 C++中与委托最接近的是函数指针，但函数指针只能引用静态函数，而委托则既可以引用静态方法，也可以引用实例方法。在后一种情况中，委托不仅存储了一个对该方法入口点的引用，还存储了一个对相应的对象实例的引用，该方法就是通过此对象实例被调用的。

2.1.3 指针类型

指针类型(pointer type)，在 C＃里可以为程序代码加上特殊的标记：unsafe，在程序里指针，并指向正确的内存位置，其中所用的数据类型就是指针类型了。此初级教程不作详细讲解。

2.2 常量与变量

2.2.1 标识符及其规则

C#中用来标识变量名、常量名、函数名、数组名、类型名、文件名的有效字符序列称为标识符，它是给变量、用户定义的类型(如类和结构)和这些类型的成员指定的名称。标识符区分大小写，所以 interestRate 和 InterestRate 是不同的变量。确定在 C#中可以使用什么标识符有如下规则。

(1) 标识符可以包含数字、字母和下划线，但它必须以字母或下划线开头。

(2) 不能把 C#关键字用做标识符。

(3) 命名要有意义，便于记忆和阅读。

下面将一些 C#包含的保留关键字罗列出来，见表 2-7。

表 2-7　C#包含的保留关键字

abstract	do	in	protected	true
as	double	int	public	try
base	else	interface	readonly	typeof
bool	enum	internal	ref	uint
break	event	is	return	ulong
byte	explicit	lock	sbyte	unchecked
case	extern	long	sealed	unsafe
catch	false	namespace	short	ushort
char	finally	new	sizeof	using
checked	fixed	null	stackalloc	virtual
class	float	object	static	volatile
const	for	operator	string	void
continue	foreach	out	struct	while
decimal	goto	override	switch	
default	if	params	this	
delegate	Implicit	private	throw	

最后，标识符也可以包含 Unicode 字符，用语法\uXXXX 来指定，其中 XXXX 是 Unicode 字符的 4 位 16 进制代码。

下面是有效标识符的一些例子。

正确：
(1) Name
(2) uberflu
(3) _Identifier
(4) \u005f

错误：
(1) 32345
(2) 3ert_et
(3) In
(4) throw

2.2.2 常量

常量即在程序运行过程中不会发生改变的量。常量的声明，就是声明程序中要用到的常量的类型、名称和其值，可以在常量定义形式前加上 const 关键字或 readonly 关键字。常量声明的格式如下：

```
const  数据类型 常量名=值表达式;
readonly  数据类型 常量名=值表达式;
```

其中常量修饰符可以是 new、private 、protected、internal 和 public。可以在一行声明多个常量，不过如果每行只声明一个常量，代码会更具有可读性。

例如可以按如下方式定义常量：

```
public const float pi=3.1415f;
public const int x=1,y=2;
```

> **注意：**
>
> const 关键字与 readonly 关键字不同。const 可以用于任意位置，但只能在该常量的声明中初始化；readonly 常量只能在类成员中使用，可以在类声明或类构造函数中初始化，根据所使用的构造函数，readonly 常量可以有不同的值。

2.2.3 变量

变量是用来描述一条信息名称的，可用变量来表示和存储各种类型的信息。变量代表存储地址，当定义了一个变量后，系统会给该变量分配一定的存储空间，因此变量在使用之前必须先定义后使用。

其定义格式一般如下,其中变量修饰符为可选字符：

```
[变量修饰符] 数据类型 变量名 1=初值 1，变量 2=初值 2，……；
```

如声明一个整数类型的变量，可书写如下语句。

```
int  x;                  //变量的声明，此处声明为整型变量
x=1;                     //变量的赋值
```

也可以同时声明变量并赋值：

```
int x=1;
```

可以一行声明多个变量：

```
int x=1,y=2;             //不同变量用逗号隔开
```

变量声明后就可以直接使用，使用过程中，无需考虑变量所存储的数据值。

程序给出了 3 个整型变量的定义，并给其中两个赋值，然后将前两个变量求和赋给第三个变量，最后将结果输出。

```
namespace 两个数求和
{
    class Program
    {
        static void Main(string[] args)
        {
            int a, b, c;                        //定义三个整型变量
            a = 2;                              //给变量赋值
            b = 3;
            c = a + b;                          //计算变量 a 和 b 的和
            Console.WriteLine("c="+c);          //输出 c 的值
            Console.Read();
        }
    }
}
```

该段代码的运行结果为：

c=5

在计算机程序中从变量中取值，实际上是通过变量名找到相应的内存地址，从其存储单元中读取数据。好像在一堆大小不同编号的盒子中，查看盒子中所放的东西。假设一个盒子对应唯一的编号，变量的存储空间好比这个盒子，变量名好比盒子名称，变量内存首地址好比盒子编号，变量的数据类型好比盒子的空间大小，变量值好比我们寻找的盒子里边放的物品。变量存储模型如图 2.1 所示。

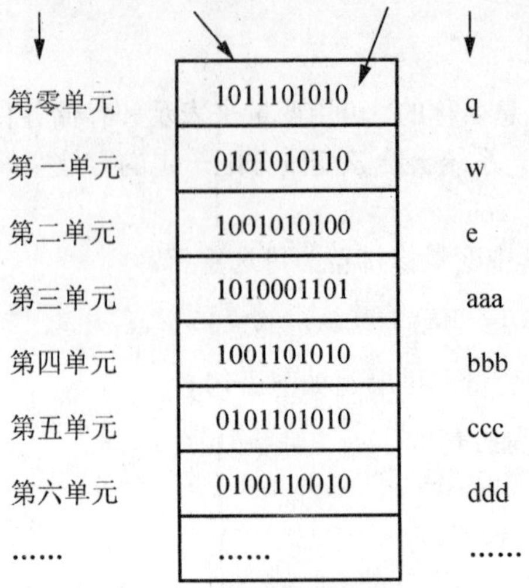

图 2.1　变量存储模型

C#中定义了 7 种类型的变量：静态变量、实例变量、数组元素、值参数、引用参数、输出参数和局部变量。

C#中对变量的命名要求有以下几个方面。

(1) 变量名必须以字母开头。

(2) 变量名只能由字母、数字、下划线组成，不能包含空格、标点符号、运算符号等。

(3) 变量名不能使用 C#中的关键字(如 using、int 等)。

(4) 变量名不能使用 C#中库函数名称(如 Main、write 等)。

在 C#中，如果在关键字、库函数名前加“@”作为一个变量命名则是合法的，但不推荐使用这种方式来命名一个变量。

在变量命名中应尽量体现变量的性质、内容等信息的名字，应尽可能做到见名识义，这样利于程序的阅读。

在面向对象程序设计中由访问修饰符来对变量进行访问限制，C#提供了下面几种访问修饰符。

(1) public：表示对变量的访问不受任何限制。

(2) protected：表示可以在类的内部访问该变量。只允许本类和派生类的成员对变量进行访问。

(3) internal：表示变量的访问范围只能在当前模块内。

(4) private：表示变量的访问只能在包含它的类中。

(5) static：表示变量为静态变量。

(6) ref：表示变量为形式参数变量。

变量的数据类型为 C#中对应的关键字。例如：

```
class demo
   {
    public static int x;
    int y;
    void Fun(int a, ref int b, out int c)
        {
          int i=2 ;
```

```
            c=a+b-- ;
        }
    }
```

x 是静态变量，y 是实例变量，a 是值参数，b 是引用参数，c 是输出参数，i 是局部变量。

(1) 静态变量。用 static 修饰符声明的变量为静态变量。所谓静态变量指变量只需创建一次，在后面的程序中可以多次引用。如果类中的一个成员变量被定义为静态的，那么类中的所有成员都可以共享这个变量。静态变量的初始值就是该变量类型的默认值。

(2) 实例变量。未用 static 修饰符声明的变量为实例变量。当类的实例被创建后，直到实例在内存中被释放，该实例变量就一直存在。

(3) 局部变量。指在一个独立的程序中声明的变量，它只在该程序块中有效，程序离开这个范围变量就失效。如 for 循环语句中控制循环次数的变量。局部变量不会被自动初始化，因此，它没有默认值，在其有效范围内也同样要先声明后使用。

(4) 值参数。未用 ref 或 out 修饰符声明的参数为值参数。值参数在调用该参数所属的函数成员时开始存在，并用调用中给定的自变量的值进行初始化。

(5) 引用参数。用 ref 修饰符声明的参数是引用参数。变量作为引用参数在函数成员调用之前必须先赋值，在函数成员内部，引用参数被视为已赋值。在结构类型的实例方法或实例访问器内部，关键字 this 的行为与该结构类型的引用参数相同。

(6) 输出参数。用 out 修饰符声明的参数是输出参数。输出参数不会被保存到新的存储位置。变量作为输出参数在函数成员调用中传递之前不一定要显式赋值。在函数成员内部，输出参数被视为未赋初始值。函数成员的每个输出参数在该函数返回前都必须明确赋值。关键字 this 的行为与该结构类型的输出参数相同。

2.2.4　类型转换

在程序中，当混合使用不同类型的数据时，需要对数据类型进行转换。C#语言中数据类型的转换可以分为两类：隐式转换和显式转换。

1. 隐式转换

隐式转换是系统默认的、不需要加以声明就可以进行的转换，是指将低精度数值转换为高精度数值。在隐式转换过程中，编译器不需要对转换进行详细检查就能够安全地执行转换。下面是隐式类型转换表，见表 2-8。

表 2-8　隐式类型转换表

源类型	目标类型
sbyte	short、int、long、float、double、decimal
byte	short、ushort、int、uint、long、ulong、float、double、decimal
short	int、long、float、double、decimal
ushort	int、uint、long、ulong、float、double、decimal
int	long、float、double、decimal
uint	long、ulong、float、double、decimal
char	ushort、int、uint、long、ulong、float、double、decimal
float	double
ulong	float、double、decimal
long	float、double、decimal

其中，从 int、uint 或 long 到 float 以及从 long 到 double 的转换可能会导致精度下降，但不会引起数据的错误，其他的隐式数值转换则不会丢失信息。

2. 显式转换

在程序中，需要将表达式的值转换为某一特定类型时，自动转换就不一定能产生正确的结果，例如：

```
float a=2.0f,b=3.0f
int c;
c=a/b;
```

在上面代码中，当编译语句 c=a/b 时将出错，因为 a 和 b 均为 float 型，而 c 为 int 类型，不能将 float 类型隐式转换为 int 类型，这里就要用显示转换，也就是强制类型转换。

C#语言提供的强制类型转换是用( )表示，格式如下：

```
(类型名)操作数
```

注意：

类型转换符( )在对变量进行强制转换时，仅对变量的值的类型进行转换，而不是转换变量本身的类型。

3. System.Convert 类

System.Convert 类位于命名空间 System，它为数据转换提供了一整套方法，可以将一个基本数据类型转换为另一个基本数据类型。

使用 Convert 类的方法可以方便地执行显示、隐式数据类型转换的功能以及不相关数据类型的转换。Convert 类常用方法见表 2-9。

表 2-9　Convert 类常用方法

名　称	说　明
Equals	确定两个 object 实例是否相等
GetTypeCode	返回指定对象的数据类型
IsDBNull	指定对象是否为 DBNull 类型
ToBoolean	将指定的值转换为等效的布尔值
ToByte	将指定的值转换为 8 位无符号整数
Tochar	将指定的值转换为 Unicode 字符
ToDateTime	将指定的值转换为 DateTime
ToDecimal	将指定的值转换为 Decimal 数字
ToDouble	将指定的值转换为双精度浮点数字
ToInt16	将指定的值转换为 16 位有符号整数
ToInt32	将指定的值转换为 32 位有符号整数
ToInt64	将指定的值转换为 64 位有符号整数
ToSByte	将指定的值转换为 8 位有符号整数
ToSingle	将指定的值转换为单精度浮点数字
ToString	将指定的值转换为等效的 string 表示形式
ToUInt16	将指定的值转换为 16 位无符号整数
ToUInt32	将指定的值转换为 32 位无符号整数
ToUInt64	将指定的值转换为 64 位无符号整数

2.3　运算符与表达式

运算符又称为操作符，是数据间进行运算的符号，它是表示数据间进行操作的方式。一个运算符可以是一个字符，也可以是由两个或 3 个字符所组成的，还有的是 C#的保留字。例如赋值号(=)是一个字符，等号(==)是两个字符，测类型长度运算符(sizeof)是一个保留字。

按操作数的多少，可将运算符分为单目(一元)运算符、双目(二元)运算符和三目(三元)运算符 3 类。

1. 单目运算符

位于操作数前或后，形如：

```
<单目运算符> <操作数>    或    <操作数> <单目运算符>
```

例如-a，i++，--j

2. 双目运算符

一般位于两个操作数之间，形如：

```
<左操作数> <双目运算符> <右操作数>
```

例如 a+b，i*j

3. 三目运算符

在 C#中三目运算符仅有一个，即条件运算符，它含有两个字符，可以将 3 个操作数分开。

由操作数和运算符连接而成的式子称为表达式。其目的是用来说明一个计算过程。表达式根据某些约定、求值次序、结合性和优先级规则来进行计算。

读者可以从以下 3 个方面理解和掌握运算符。

(1) 运算符与操作数的关系。要注意运算符要求操作数的个数和类型。

(2) 运算符的优先级别。优先级高的先运算，优先级低的后运算。

(3) 运算符的结合性。指表达式中出现同等优先级的操作符时，该先作哪个操作的规定。如果一个运算符对其运算对象的操作是从左向右进行的，就称此运算符为左结合；反之称为右结合。

2.3.1　算术运算符与算术表达式

1. 基本的算术运算符

算术运算是用于对操作数进行算术运算，其结果为数值类型。C#中的算术运算符及其功能见表 2-10。

表 2-10　算术运算符及其功能

运算符	功　能	结合性	目	实　例
+	加法	左结合	双目	a+b
−	减法	左结合	双目	a−b
*	乘法	左结合	双目	a*b

续表

运算符	功　能	结合性	目	实　例
/	除法	左结合	双目	a/b
%	求余	左结合	双目	a%b
+	正号	右结合	单目	+a
-	负号	右结合	单目	-a
++	自增	右结合	单目	++i,i++
--	自减	右结合	单目	--j,j--

其中+、-、*、/以及%又称为基本的运算符，它们都是二元运算符，而++和--则是一元运算符。使用基本的算术运算符可以对操作数施加基本的加减乘除四则运算，这里需要说明以下两点。

1) 除法运算符

对于除法运算符来说，整数相除的结果也是整数，比如 9/7 或者 8/5 的结果都为 1，而不是 1.3 及 1.8，计算结果要舍弃小数部分。

如果除法运输法规两边的数据有一个是负数，那么得到的结果在不同的计算机上有可能不同，例如-7/5 在一些计算机上结果为-1，而在另一些计算机上的结果可能就是-2。通常除法运算符的取值有一个约定俗成的规定，就是按照趋向于 0 的结果，即-7/5 的结果为-1。如果是一个实数与一个整数相除，那么运算结果为实数。

2) 模运算符

对于求模运算来说，要求运算符的两边的操作数都是整型数据，否则将产生错误。计算的结果是两数相除后得到的余数。如表达式 7%5、8%6、55%3 都是正确的表达式，它们的结果分别为 2、2、1。而表达式 7.0%5 则是错误的，如下语句：

```
float b=10, a;
a=b%3;
```

就是错误的语句。

2. 自增运算符和自减运算符

除了几种基本的算术运算符以外，还有两种特殊的算术运算符：++(自增运算符)和--(自减运算符)，其作用是使变量的值自动加 1 或自动减 1。++(自增运算符)和--(自减运算符)都是一元运算符，只能用于变量，而不能用于常量或表达式，如 12++或--(x+y)都是错误的。使用这两种运算符对变量进行运算有两种不同的表达方式，如：

```
++a;          //先进行 a+1 的运算，再使用 a 的值
--a;          //先进行 a-1 的运算，再使用 a 的值
a++;          //先使用 a 的值，再进行 a+1 的运算
a--;          //先使用 a 的值，再进行 a-1 的运算
```

解释：

从运算的结果来看，a++和++a 都相当于 a=a+1。其不同之处在于：a++是先使用 a 的值，再进行 a+1 的运算；++a 则是先进行 a+1 的运算，再使用 a 的值。a--和--a 的运算不同之处类似于 a++和++a。

3. 算术表达式

算术表达式是用算术运算符和括号将操作对象(操作数)连接起来的符合语法规则的式子，其中操作对象可以是常量、变量，也可以是函数等。

在任何一个算术表达式中，算术运算有一定的优先运算顺序。在求表达式的值时，需要按照运算的优先级别进行计算。由于乘法、除法运算的优先级高于加法、减法运算，所以在求算术表达式的结果时，首先要进行乘除运算，然后再进行加减运算。如果一个表达式中包含连续两个或两个以上优先级别相同的运算符，则要遵循自左向右的顺序进行运算。

自增运算符和自减运算符的优先级别高于其他的算术运算符。如对于表达式“6+a++”，由于“++”运算符的优先级别高于“+”运算符，所以表达式“6+a++”应当看做“6+(a++)”。如果 a 的原值为 2，则表达式“6+a++”的值为 8，运算结果后表达式的值为 8，运算结束后 a 的值为 3。

【例 2-1】 算术表达式及运算符的优先级应用实例。

```
using System;
using System.Collections.Generic;
using System.Linq;
using System.Text;
namespace 算术运算符及其表达式
{
class Program
{
    static void Main(string[] args)
    {
        int i = 3, j = 6, k = 4;
        int x, y, z;
        x = i + j - k;
        Console.WriteLine("x={0}", x);
        y = i + j * k / 2;
        Console.WriteLine("y={0}", y);
        Console.WriteLine("y={0}", y++ );
        Console.WriteLine("y={0}", ++y);
        Console.WriteLine("y={0}", y);
        z = (i + j) * k % 3;
        --z;
        Console.WriteLine("z={0}", z);
        Console.Read();
    }
}
}
```

例 2-1 运行结果如图 2.2 所示。

图 2.2　例 2-2 运行结果

如果自增、自减的运算不参与运算的话，那么++和--放在变量前或后的效果是一样的，但如果继续参与其他运算，那么这两种运算符后置的结果是取变量原来的值参与运算，前置的结果是变量的值先自增或自减，然后参与运算。

2.3.2 赋值运算符与赋值表达式

C#提供了两类赋值运算符：基本赋值运算符和复合赋值运算符。由赋值运算符将表达式连接起来的有效式子称为赋值表达式，其一般格式为：

```
变量  赋值运算符 表达式
```

赋值表达式的作用就是把赋值运算符右边表达式的值赋给左边的变量。赋值运算符的优先级为：只高于逗号运算符，比其他运算符的优先级都低。表 2-11 列出了赋值运算符及其功能。

表 2-11 赋值运算符及其功能

运算符	功　能	结合性	目	实　例
=	赋值	右结合	双目	a=2*b
+=	加赋值	右结合	双目	a+=2*b
-=	减赋值	右结合	双目	a-=2*b
*=	乘赋值	右结合	双目	a*=2*b
/=	除赋值	右结合	双目	a/=2*b
%=	模赋值	右结合	双目	a%=2*b

在赋值表达式中，赋值运算符左边的操作数叫左操作数，赋值运算符右边的操作数叫右操作数。左操作数通常是一个变量。 复合赋值运算符，如*=、/=、%=、+=、-=等。

对赋值表达式求解的过程就是表达式的结果赋给变量。在赋值表达式中，表达式又可以是赋值表达式。例如：

```
x = (y = 14 + 5)
```

括号内的“y=14+5”是一个赋值表达式，它的值等于 14+5。“x=(y=14+5)”相当于“y=14+5”和“x=y”两个赋值表达式，因此 y 的值等于 14+5 即 19，整个赋值表达式的值也为 19。由于赋值运算的结合性是自右向左的，所以“x=(y=14+5)”和“x=y=14+5”是等价的。下面是赋值表达式的例子：

```
x=y=z=5             赋值表达式的值为 5，x、y、z 的值均为 5
x=5+(z=6)           表达式的值为 11，x 的值为 11，z 的值为 6
x=(y=4)+(z=6)       表达式的值为 10，x 值为 10，y 的值 4，z 的值 6
x=(y=10)/(z=2)      表达式的值为 5，x 的值 5，y 的值 10，z 的值 2
```

赋值表达式也可以是复合赋值运算符。如：

```
a + = a - = a * a
```

也是一个赋值表达式。如果 a 的初值为 12，此赋值表达式的求解步骤如下：

先进行 a-=a*a 的运算，它相当于 a=a-a*a=12-144=-132。

再进行 a+=-132 的运算，它相当 a=a+(-132)=-132-132=-264。

【例 2-2】 赋值表达式及运算符应用实例。

```
using System;
```

```
using System.Collections.Generic;
using System.Linq;
using System.Text;
namespace 赋值运算符及其表达式
{
    class Program
    {
        static void Main(string[] args)
        {
            int a = 6, b = 4, c;
            c = (++a) - (b--);
            Console.WriteLine("c={0}",c);
            int x, y, z = a;
            x = (y = z + 1);
            Console.WriteLine("x={0}", x);
            int m = 1, n = 2, p = 3;
            m += n *= p -= 1;
            Console.WriteLine("m={0},n={1},p={2}", m,n,p);
            Console.Read();
        }
    }
}
```

例 2-2 运行结果如图 2.3 所示。

图 2.3 例 2-2 运行结果

2.3.3 关系运算符与关系表达式

关系运算符用于关系表达式中，产生的结果类型为布尔类型值。符号是>、<、>=、<=、= =、!=，依次为大于、小于、大于等于，小于等于、等于、不等于。用于字符串的关系运算符只有相等“= =”与不等“!=”运算符。例如：

```
int a = 4;
int b = 1;
bool c = a < b;
```

在本例中，a<b(其结果是 false)的结果存储在变量 c 中。在 C#语言中，要注意下面的几条语句。在 C# 中，这些语句必须写成下面这样：

```
int done =0;
if(done == 0)
if(done != 0)
```

> **注意：**
>
> 在C#中，真值、假值是非数字的，它和0或非0联系不到一起。因此，为了测试0值或非0值，必须明确地用一个或多个关系运算符。

用于关系运算符将两个表达式连接起来的式子被称为关系表达式。关系表达式的值只有两个逻辑值，即为真(true)或假(false)。

可以进行关系运算的数据类型包括整型、实型、布尔型、字符型、枚举、引用和委托。其中，整型、实型和枚举型可以使用全部关系运算符进行运算，布尔型、字符型、引用和委托只能使用= =和！=运算符来判断左右表达式是否相等。例如：

```
bool b1,b2;
int a=3,b=10;
b1=a>b;
b2=a<=b;
```

上面的代码运行后，变量b1的值为false，变量b2的值为true。

> **注意：**
>
> 对于字符串的比较，下列条件之一成立则认为两个字符串相等。
>
> (1) 两个字符串值为null。
>
> (2) 两个字符串的字符串长度相同，且为对应的字符序列也相同的非空字符串。

【例2-3】 关系表达式及运算符应用实例。

```
namespace 关系运算符及表达式
{
    class Program
    {
        static void Main(string[] args)
        {
            int a=3,b=4,c;
            float x,y,z;
            c=(a=b);
            Console.WriteLine("c={0}", c);
            c = Convert .ToInt16 (a==b);
            Console.WriteLine("c={0}", c);
            x = Convert .ToSingle (1.0 / 3.0 * 3.0 == 1.0);
            Console.WriteLine("x={0}", x);
            y = Convert .ToSingle ((2 + 8) == 2 * 5);
            Console.WriteLine("y={0}", y);
            z =Convert .ToSingle(10 > 4 );
            Console.WriteLine("z={0}", z);
            Console.Read();
        }
    }
}
```

例 2-3 运行结果如图 2.4 所示。

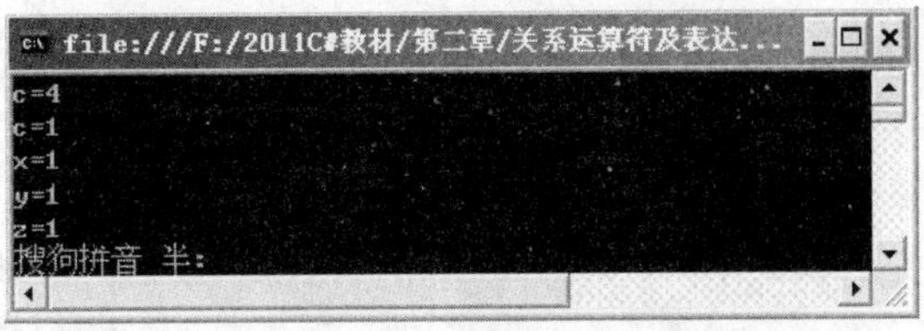

图 2.4　例 2-3 运行结果

注意：

(1) 区分运算符=和= =的使用。

(2) 不同数据间的类型转换，比如 c = Convert .ToInt16 (a= =b)，不能写成 c=(a= =b)，也就是必须将布尔型的值转换成整型。

2.3.4　逻辑运算符与逻辑表达式

逻辑运算符是对两个逻辑量间进行运算的运算符。由逻辑运算符将表达式连接起来的有效式子称为逻辑表达式，其运算对象是逻辑量。在 C#中，最常用的逻辑运算符是!(非)、&&与、||(或)。表 2-12 列出了逻辑运算符及其实例。

表 2-12　逻辑运算符及其实例

运算符	功能	结合性	目	实例
!	逻辑非	右结合	单目	!a
&&	逻辑与	左结合	双目	(j>=1)&&(j<=10)
||	逻辑或	左结合	双目	(j<=1)||(j>=10)

逻辑运算符的优先级从高到低为!(非)→&&(与)→||(或)。表 2-13 给出了逻辑运算符的运算规则。

表 2-13　逻辑运算符的运算规则

a	b	!a	a&&b	a||b
0	0	1	0	0
0	1	1	0	1
1	0	0	0	1
1	1	0	1	1

注意：

(1) C#中在给出一个逻辑表达式的最终计算结果值时，用 1 表示真，用 0 表示假。但在进行逻辑运算的过程中，凡是遇到非零值时就当真值参加运算，遇到 0 值时就当假值参加运算。

(2) 对于数学上的表示多个数据间进行比较的表达式，在 C#中要拆成多个条件并用逻辑运算符连接形成一个逻辑表达式。例如要表示一个变量 j 的值处于 1～10 之间时，必须写成 j>=1&&j<=10。

(3) 逻辑非！不能用在整型的数之前。

【例 2-4】 逻辑表达式计算实例

```
namespace 逻辑运算符及其表达式
{
    class Program
    {
        static void Main(string[] args)
        {
            int a=3,b=5,c;
            c=Convert .ToInt16 ((a>1)||(b<10));
            Console.WriteLine ("c={0}",c);
            c=Convert .ToInt16 ((a==0)&&(b<10));
            Console.WriteLine ("c={0}",c);
            c=Convert .ToInt16 (!(a==b));
            Console.WriteLine("c={0}", c);
            Console.Read();
        }
    }
}
```

例 2-4 运行结果如图 2.5 所示。

图 2.5　例 2-4 运行结果

2.3.5　条件运算符与条件表达式

C#中提供的唯一的三目运算符即条件运算符(？：)。由条件运算符将 3 个表达式连接起来的有效式子称为条件表达式。其格式如下：

```
表达式 1? 表达式 2：表达式 3
```

条件运算符的规则是：首先判断表达式 1 的值，若其值为真(非 0)，则取表达式 2 的值为整个表达式的值；若其值为假(0)，则取表达式 3 的值为整个表达式的值。

条件运算符的优先级高于赋值，低于关系和算术运算符，结合方式为从右向左结合。

说明：

(1) 运算符执行的顺序：先求解表达式 1 的值，若为真则值为表达式 2 的值，此时表达式 2 的值为整个运算符的值。若为假，则求值为表达式 3 的值，表达式 3 的值为整个运算符的值。

(2) 条件运算符的结合方向为“自右向左”。如果有以下条件运算：

```
a > b ? a : c > d ? c : d
```

相当于

```
a > b ? a :(c > d ? c : d)
```

(3) 其中表达式 1 的只必须为逻辑值，且条件表达式始终只运算两个表达式其中的一个。

【例 2-5】 条件表达式计算实例。

```
namespace 条件表达式
{
    class Program
    {
        static void Main(string[] args)
        {
            float x=12.25f,y=3.6f,max;
            max=x>y?x:y;
            Console.WriteLine("max={0}",max);
            Console.Read();
        }
    }
}
```

例 2-5 运行结果如图 2.6 所示。

图 2.6 例 2-5 运行结果

2.3.6 运算符号的优先级

1. 优先级

(1) 一元运算符的优先级高于二元和三元运算符。

(2) 不同种类运算符的优先级有高低之分，算术运算符的优先级高于关系运算符，关系运算符的优先级高于逻辑运算符，逻辑运算符的优先级高于条件运算符，条件运算符的优先级高于赋值运算符。

(3) 有些同类运算符优先级也有高低之分，在算术运算符中，乘、除、求余的优先级高于加、减；在关系运算符中，小于、大于、小于等于、大于等于的优先级高于相等与不等；逻辑运算符的优先级按从高到低排列为非、与、或。

可以使用圆括号明确运算顺序。例如：

```
string s=x>y ?"greater than":x==y?"equal to":"less than";
string s=x>y?"greater than":(x==y?"equal to":"less than");
```

括号还可以改变表达式的运算顺序。例如：

```
b*c+d  b*(c+d)
```

2. 结合性

在多个同级运算符中，赋值运算符与条件运算符是由右向左结合的，除赋值运算符以外的二元运算符是由左向右结合的。例如 x+y+z 是按(x+y)+z 的顺序运算的，而 x=y=z 是按 x=(y=z)的顺序运算(赋值)的。

优先级和结合性见表 2-14。

表 2-14 优先级和结合性

优先级	说明	运算符	结合性
1	括号	()	从左到右
2	自加、自减运算符	++、--	从右到左
3	算术乘除运算符	*、/、%	从左到右
4	算术加减运算符	+、-	从左到右
5	关系运算符	<、<=、>、>=、==、!=	从左到右
6	逻辑运算符	！、&&、||	从左到右
7	赋值运算符和快捷运算符	=、+=、*=、/=、%=、-=	从右到左

当操作数出现在具有相同的优先级的两个运算符之间时，运算符的左右结合性控制运算符的执行顺序。

除了赋值运算符外，所有的二元运算符都是左结合的，就是从左向右执行运算。例如 a+b+c 按(a+b)+c 来运算。

赋值运算符和条件运算符(?:)都是右结合的，就是从右向左执行运算。例如 a=b=c 按 a=(b=c) 来运算。

优先级和左右结合性都可以用括号来控制。例如 a+b*c，先将 b 乘以 c 然后将结果与 a 相加，而(a+b)*c 是(a+b)相加，然后再将结果乘以 c。

例如表达式 4+18+(3+(81-79)*5%12)-22)的计算步骤为：

```
4 + 18 + (3 + (81 - 79) * 5 % 12) - 22)
4 + 18 + (3 + (2 * 5 % 12) - 22)
4 + 18 + (3 + (10 % 12) - 22)
4 + 18 + (3 + 10 - 22)
4 + 18 + (13 - 22)
4 + 18 + (-9)
22 + (-9)
```

得到结果为 13。

上面表达式中的“2 * 5 % 12”，乘除运算符和取模数运算符的运算级别相同，这里计算表达式的方式是按照从左向右的顺序计算。

2.4 流程控制语句

2.4.1 算法思想

程序是由算法和数据结构组成的。

数据结构是程序对数据的描述，数据是按一定的方式组织起来的，体现了数据与数据之间的关系。可以从两个角度来分类：一个是存储结构，另一个是逻辑结构。逻辑结构是数据的内在联系，存储结构是逻辑结构的具体实现。

算法就是一组明确的、可以执行的、有步骤的有序集合。注意，这个算法的概念要求步骤集是有序的。这意味着算法中的各个步骤必须拥有定义完好的顺序执行的结构。这并不意味着这些步骤必须从第一步开始，然后执行第二步，等等。

一个算法应该具有以下 5 个重要的特征。

(1) 有穷性：一个算法必须保证执行有限步后结束。

(2) 确切性：算法的每一步骤必须有确切的定义。

(3) 输入：一个算法有 0 个或多个输入，以刻画运算对象的初始情况。

(4) 输出：一个算法有一个或多个输出，以反映对输入数据加工后的结果。没有输出的算法是毫无意义的。

(5) 可行性：算法原则上能够精确地运行，而且人们用笔和纸做有限次数的运算后即可完成。

对于同一个问题,可以有很多种不同的解答方法，在这些解答方法中有好有坏,有高效率也有低效率，通常来说，我们都会找到并采用一种步骤很少、方法简单以及效果很好的解决方法。这也就要求算法的正确性和质量，所以对于多种算法我们应当选择一个最合适的。

在计算机内部，算法大概可以分为数值算法和非数值算法。数值算法主要是求数值解，如求方程的根；非数值运算包括的方面则非常广，如图书检索、人事管理等。

从某方面来说，数值算法比起非数值算法更容易让初学者理解，下面就来看一个简单的例子。

实例：求 n！。

按照我们最常用的思维方式：

第一步：先算 1*2，得到 2。

第二步：将步骤一的结果乘以 3，得到 6。

……

第 n 步：将 n−1 步的结果乘以 n，得到最终结果。

这样的算法显然是没有错误的，但可以看出其执行的次数是由 n 的值决定的，如果 n 的值足够大的话，每次都必须使用上一次的值，这样运算非常不方便，所需的步骤就非常多。

在计算机中，我们可以用一个变量存储乘数，一个变量存储被乘数，在算法的过程中，我们可以将前两次的运算结果放在下一次计算要用的一个乘数变量中，具体过程如下：

第一步：设 p=1；S1:1→p。

第二步：设 i=2；S2:2→i。

第三步：将 p*i 的结果放在 p 中，S3:i*p→p。

第四步：将 p*(i+1)的结果放在 p 中，S4: (i+1)*p→p。

……

第 n 步：将 p*n 的结果放在 p 中，p 即为返回结果，Sn:p*n→p。

明显，这样的算法更有于利于读者对算法的理解。

2.4.2　常见的流程结构

程序的基本组成单位是语句，任何一个程序都是由若干条语句组成的。语句的执行顺序即程序的控制结构，而程序的控制结构有以下 3 种。

(1) 顺序结构。所有的程序均按照其语句先后顺序自上而下地执行，执行完一行语句才去执行下一行的语句。每条语句执行且只执行一次。这样的结构称为顺序结构。顺序结构是最基本的程序结构。

(2) 分支结构。在程序的执行过程中，需要进行逻辑判断，若满足条件则去执行相应的语句。这样程序可以通过一个条件在多个可能的运算或处理步骤中选择一个来执行，从而使得计算机根据条件的真假能够作出不同的反应。因此分支结构提高了程序的灵活性，强化了程序的功能。

在 C#中，两种语句可以实现分支结构：if 语句和 switch 语句。

(3) 循环结构。程序执行过程中，有时候对于一些语句需要连续的执行多次，这时可以使用循环结构。

循环结构也可以通过两种语句来实现：for 语句和 while 语句。对于 while 语句来说，还存在多种不同的组织形式。

为了更加准确地表述程序的 3 种控制结构，给出 3 种结构对应的程序流程图，如图 2.7 所示。其中，(a)表示顺序结构，(b)表示分支结构，(c)表示循环结构。

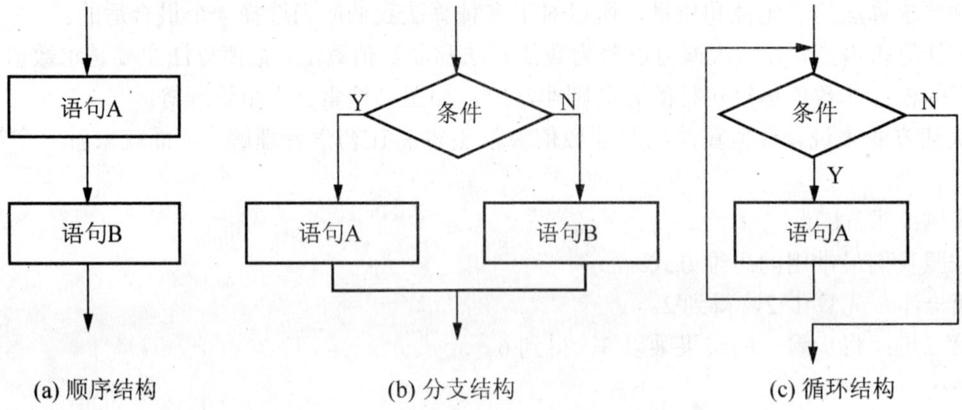

图 2.7　3 种结构对应的程序流程图

2.4.3　分支控制语句

当程序中需要有两个或两个以上的选择时，可以使用条件语句判断要执行的语句段。C#提供了两种选择语句：一种是条件语句，即 if 语句；另一种是开关语句，即 switch 语句。它们都可以用来实现多路分支，从一系列可能的程序分支选择要执行的语句。

1. if 语句

if 语句根据布尔类型的表达式的值选择要执行的语句，该语法结构与 C/C++一样，最简单的 if 语句只设置一条选择路径，语法为：

```
if(表达式)
  {语句;}
```

该结构中当表达式的值为 true 时，执行大括号里的表达式，否则语句结束。如果大括号里的语句只有一行，大括号可以省略，这种结构称为单 if 结构。

用 if…else 结构的选择语句语法为：

```
if(表达式)
  {语句 1; }
else
  {语句 2; }
```

如果表达式值为 true，执行语句 1，否则执行语句 2。

当需要实现多条选择路径的时候，可以在 if…else 语句中嵌入多个 else if 分支，结构为：

```
if(表达式 1)
   语句 1;
else if(表达式 2)
   语句 2;
else if(表达式 3)
   语句 3;
…
else
   语句 n;
```

当表达式 1 的值为 True 时，执行语句 1，执行完后 if 语句结束；否则若表达式 2 的值为 True 时，则执行语句语句 2，执行完后 if 语句结束；以此类推，如果以上条件都不成立，则执行最后一个 else 语句后的语句 n。else 分支总是与最近的一个 if 语句配对。

【例 2-6】 实现猜数游戏，每次系统自动生成一个数，然后用户来猜这个数的大小。若猜的数大于最大数或小于最小数，则给出相应的提示。否则，根据猜的数不断缩小范围并显示，直至猜对该数为止。猜数游戏界面如图 2.8 所示。

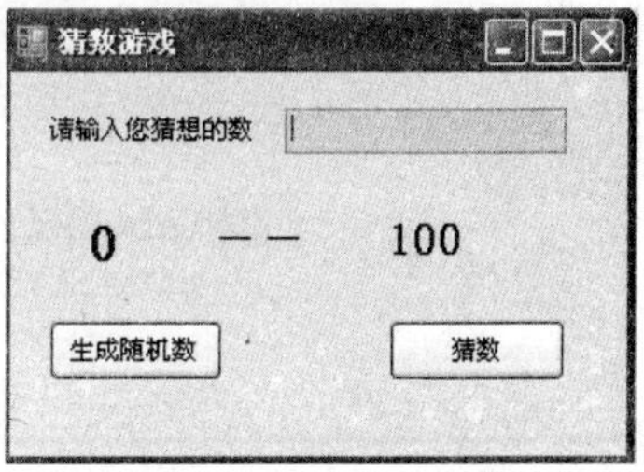

图 2.8　猜数游戏界面

分析：

(1) 生成随机数按钮：单击此按钮，如何生成一个 0～100 之间的随机数。

(2) 每次在文本框中输入相应的值，如何根据值来调整显示范围。默认的范围是0～100，当用户选中复选框时，可以单击数据范围，设定一个新的范围，随机数在这个新范围内产生。

思考：如何生成一个从 0～100 的随机数？Random( ) * (last - first) + first

原理：生成随机数的原理是每次生成一个种子，根据该种子进行一定的变化，从而产生随机数。由于每次生成的种子都是一样的，所以随机数的产生顺序是固定的。因此，还需要一个随机生成种子的函数。Random( )：表示用系统时间做随机数种子，因此保证每次运行时产生的随机数不重复。项目名称为 guessnumber，代码如下：

```
namespace guessnumber
{
     public partial class form1 : Form
   {
      int source;            //生成的随机数
      int mynum;             //猜想数
      int first, last;       //当前范围
      int times;             //猜测次数
      public form1()
      {
         InitializeComponent();
      }
      private void button1_Click(object sender, EventArgs e)
      {
         Random rsource = new Random();        //生成随机数
         source  = rsource.Next(100);
         first = 0;
```

```
            last = 100;
            label2.Text = first.ToString();
            label4.Text = last.ToString();
            textBox1.Focus();
            times = 0;
        }
        private void button2_Click(object sender, EventArgs e)
        {
            times += 1;
            mynum = Convert.ToInt16(textBox1.Text);
            textBox1.Text = "";
            if (mynum < first)
                MessageBox.Show("比最小的数都小，不知道怎么想的");
            else if (mynum > last)
                MessageBox.Show("比最大的数还大，睡着了吧");
            else
            {
                if (mynum > first && mynum <= source)
                {
                    first = mynum;
                    label2.Text = first.ToString();
                    label4.Text = last.ToString();
                }
                if (mynum < last && mynum > source)
                {
                    last = mynum;
                    label2.Text = first.ToString();
                    label4.Text = last.ToString();
                }
                if (mynum == source)
                {
                    MessageBox.Show("恭喜您，猜对了！您共猜了" + times + "次");
                }
            }
        }
    }
}
```

注意：

C#语言采用的是最近配对原则，else 子句总是与离它最近的 if 配对。

2. switch 语句

当判断的条件相当多时，使用 else if 语句会使程序变得难以阅读，这时使用 switch 语句进行操作就十分方便，switch 根据一个表达式的多个可能取值来选择执行的代码段。

```
switch(表达式)
{
    case 常量表达式 1;
        语句 1;
        break;
    case 常量表达式 2;
```

```
        语句 2;
        break;
          ...
        default:
        语句 n;
        break;
    }
```

switch 语句的控制类型由 switch 表达式建立。如果 switch 表达式类型为 sbyte、byte、short、ushort、int、uint、long、ulong、char、string 或枚举类型，则这就是 switch 语句的控制类型。也可以是用户定义隐式转换语句把 switch 表达式类型转换为 switch 语句的控制类型。每个 switch 语句最多只能有一个 default 分支，也可以没有。

switch 语句执行规则如下。

(1) 计算出 switch 表达式的值并转换为主导类型。

(2) 如果 switch 表达式的值等于某一个 switch 分支的常量表达式的值，那么程序将转换到这个 case 标号后的语句列表中。

(3) 如果 switch 表达式的值无法与 switch 语句中任何一个 case 常量表达式相匹配，并且有 default 分支，则程序会跳转到 default 标号后的语句列表中。

(4) 如果 switch 表达式的值无法与 switch 语句中任何一个 case 常量表达式相匹配，并且没有 default 分支，则程序会跳转到 switch 语句的结尾。

注意：

与 C/C++不同，C/C#允许 switch 语句中 case 标签后不出现 break 语句；但 C#不允许这样，它要求在每个 case 后使用 break 语句(或 goto)，即不允许从一个 case 执行到其他 case(但有一个例外，当一个 case 语句中没有任何代码时，可以执行紧跟它后面的 case 中的代码)，否则编译时将报错。

【例 2-7】　通过多分支语句判断成绩等级。

```
namespace _2_6 多分支语句
{
    class Program
    {
        static void Main(string[] args)
        {
            Console.WriteLine("请输入 5 分制一个分数");
            switch (Console.ReadLine())
            {
                case "5":
                    Console.WriteLine("优");
                    break;
                case "4":
                    Console.WriteLine("良");
                    break;
                case "3":
                    Console.WriteLine("中");
                    break;
                case "2":
                    Console.WriteLine("及格");
```

```
                break;
            case "1":
                Console.WriteLine("不及格");
                break;
        }
        Console.Read();
    }
  }
}
```

> 注意：
> 如果同一 switch 语句中有两个以上的 case 标签指定了同一个常数值，将发生编译错误。另外，一个 switch 语句最多只能有一个 default 标签。

2.4.4 循环控制语句

循环结构是程序设计的基本结构之一。其特点是：在给定条件成立时，反复执行某程序段，直到条件不成立为止。给定的条件称为循环条件，反复执行的程序段称为循环体。

循环语句可以实现程序的重复执行，C#提供了 3 种循环语句：while 语句，do…while 循环语句、for 语句，程序员可根据实际需要进行选择。

1. while 循环语句

while 循环语句的语法格式为：

```
    while(表达式)
        {
            循环体;
        }
```

while 语句执行过程如下：首先计算表达式，当表达式的值为真时，执行一次循环体中的语句，重复上述操作到表达式的值为假时才退出循环。如果条件开始时就为假，那么不执行循环体语句直接退出循环。其特点是：先判断表达式，后执行语句。While 循环流程图如图 2.9 所示。

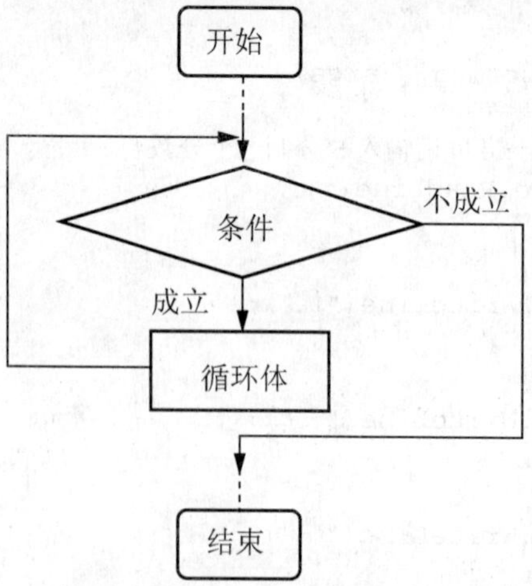

图 2.9 while 循环流程图

【例 2-8】　用 while 循环从 1 加到 100，当 i 大于 100 时退出循环。

```
class sum
{
      public static void Main ( )
    {
       int i=0 ;
       int s=0;
       while(i<=100)
       {
          s+=i;
          i++;
       }
       Console.WriteLine("s={0}",s);
       Console.Read();
    }
   }
```

该程序的执行结果为：s=5050。

在 while 语句中可以使用 break 语句结束循环，也可以用 continue 语句来停止执行本次循环，继续进行下一次的 while 循环。

> **注意：**
>
> 在使用 while 语句时要注意以下几点。
>
> (1)如果循环体包含一个以上的语句，应该用花括号括起来，以复合语句形式出现。如果不用花括号，则 while 的范围只到 while 后面的第一条语句。
>
> (2)循环条件中使用的变量要经过初始化(例如此例中 i=1)，以保证循环控制表达式(例如此例中 i<=100)中的所有变量都有确定的值。while 循环主体中的语句必须修改循环条件的值(例如此例中 i++)，以便使循环判断条件表达式的值能由“真”变为“假”，保证循环能达到结束条件，正常退出。否则会形成死循环，如语句“while(true);”将形成死循环。

2. do…while 循环

do…while 语句的特点是先执行循环体，然后对循环条件进行判断是否成立，其一般形式为：

```
do
    {
       循环体;
    } while (条件);
```

功能：与 while 类似，但有区别，do…while 循环中即使条件为假时也至少执行一次该循环体中的语句。

do…while 语句执行过程如下：首先执行一次循环体，然后在计算表达式，如果表达式的值为“真”，则再执行一次循环体，重复上述操作，直到表达式的值为“假”时，退出循环。如果条件在开始时就为“假”，那么执行一次循环体就退出。do…while 循环流程图如图 2.10 所示。

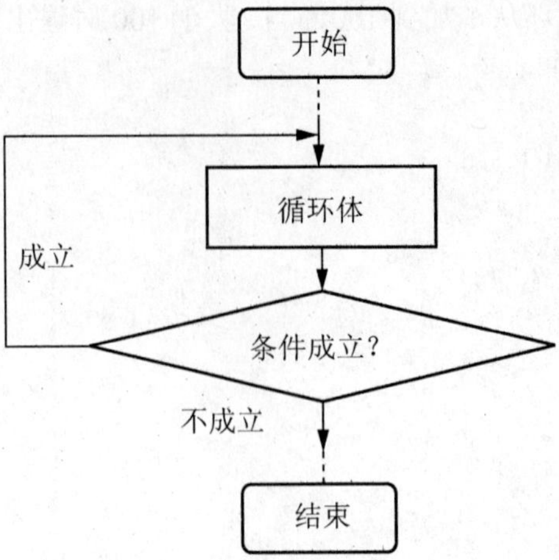

图 2.10　do…while 循环流程图

【例 2-9】　用 while 循环从 1 加到 100，当 i 大于 100 时退出循环。

```
namespace do_while
{
    class Program
    {
        static void Main(string[] args)
        {
        int i=100 ;
        int s=0;
        do
        {
            s += i;
            i++;
        } while (i <= 100);
        Console.WriteLine("s={0}",s);
        Console.Read();
        }
}
```

该程序的执行结果为：s=100。

3. for 循环语句

for 语句是 C#语句中使用最广泛、最灵活的一种循环控制语句。

for 语句的一般形式为：

```
    for(表达式 1; 表达式 2; 表达式 3)
     {
         循环体
     }
```

for 后面括号内的 3 个表达式之间用分号“ ; ”隔开。其中，

表达式 1：一般为赋值表达式，为循环控制变量赋初值。

表达式 2：一般为关系表达式或逻辑表达式，作为控制循环体结束的条件。当表达式值为“真”时，循环继续；当表达式值为“假”时，循环停止。

表达式 3：一般为赋值表达式，为循环控制变量增量或减量。

for 中的语句为循环体，可以是单语句，也可以是复合语句。

for 语句的执行过程如下。

(1) 首先计算表达式 1，为循环控制变量赋初值。

(2) 计算表达式 2，检查循环控制条件，若表达式 2 的值为“真”，则执行一次循环体；若为“假”，则控制转出循环结构。

(3) 执行完一次循环体后计算表达式 3，对控制变量进行增量或减量操作，再重复步骤(2)的操作。

例如用 for 循环计算 1～100 的累加值，伪代码如下：

```
int j,sum;
sum = 0;
for(j = 1;j <= 100; j++)
{
  sum = sum + j;
}
```

表达式 1：j=1 设置循环体控制变量 j 的初始值为 1。

表达式 2：j<=100 是执行循环体的条件，当 j <= 100 时执行语句“sum=sum+j”。

表达式 3：j++变量 j 的增值，每循环一次，执行一次运算 j++。

这是 for 语句最简单的应用形式，可以按如下形式来理解：

```
    for(初始化表达式；循环条件表达式；增量表达式)
      {循环体；}
```

注意：

使用 for 语句时应该注意下面几点。

for 语句的任何一个表达式都可有省略，但是不能省略分号“；”，省略表达式后，for 语句有几种变化形式，增强了它的灵活性和实用性。

(1) 省略表达式 1：此时应在 for 语句之前给循环变量赋初值。例如：

```
x = 1;
for(; x <= 100; x++)        //分号不能省略
sum = sum + x;
```

(2) 省略表达式 3：但此时应另外设法让循环变量递进变化，以保证循环正常退出。例如：

```
for(x = 1; x < 101;)        //分号绝对不能省略
sum += x++;                 //同时改变循环变量 x 的值
```

(3) 省略所有的表达式

当 for 语句中没有表达式 2 时，编译程序将解释为表达式 2 的值“真”。循环体判断条件将无限进行下去，称为死循环。

```
for(; ; )
```

【例 2-10】　编写控制台程序打印出乘法表，乘法表效果如图 2.11 所示。

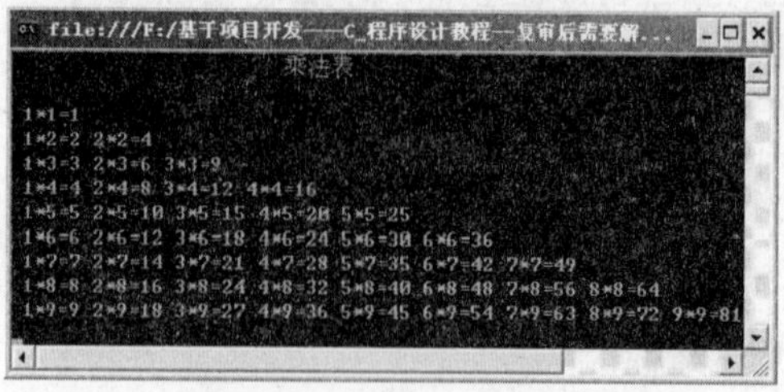

图 2.11　乘法表效果

代码如下：

```
namespace MultiplicationTable
{
    class Program
    {
        static void Main(string[] args)
         {
           int n, i, j;
           Console.WriteLine("                      乘法表\n");
           for (i = 1; i <= 9; i++)
           {
              for (j = 1; j <= i; j++)
              {
                 n = i * j;                                   //计算乘法值
                 Console.Write("{0,2}*{1}={2}",j,i,n);      //格式化输出
                 Console.Write("  {0,4}",n);                 //格式化输出
              }
              Console.WriteLine();                   //换行，相当于Console.Write("\n")
           }
           Console.Read();
         }
    }
}
```

2.4.5　break 语句与 continue 语句

break 与 continue 称为跳转语句，作用是使程序无条件地改变执行的顺序。

break 语句称为中断语句，用于以下两种情况的中断。

(1) 用在 switch 结构中，当某个 case 子句执行完后，使用 break 语句跳出整个 switch 语句。

(2) 用在循环结构中，当程序执行到 break 语句时，会自动跳出 break 所在的循环，改去执行循环后面的语句。

【例 2-11】　判断正整数 n 是不是素数。

分析：根据素数的定义，若 n 不能够被 2～$\sqrt{n}$ 之间的任一个数整除，则 n 为素数。一旦找到一个数可以整除 n，则 n 为非素数，因此没有必须再继续执行循环，直接退出循环执行后面的语句即可。引入 flag 标记 n 是否为素数，flag=1 为素数，flag=0 为非素数。

程序代码如下：

```
namespace 素数
```

```
{
    class Program
    {
        static void Main(string[] args)
        {
           int i,flag,n;
           Console .WriteLine("请输入要判断的数n:");
           n=Convert .ToInt16 ( Console.ReadLine ( ));
           flag=1;
           for(i=2;i<Math.Sqrt(n);i++)
              if(n%i==0)
                 {
                   flag=0;
                   break;
                 }
         if(flag==1)
          Console .WriteLine ("{0}是素数",n);
         else
          Console .WriteLine ("{0}不是素数",n);
         Console.ReadLine();
         }
    }
}
```

例 2-11 运行结果如图 2.12 所示。

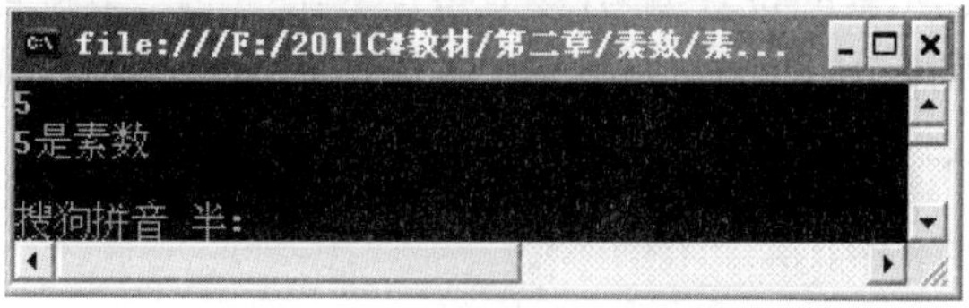

图 2.12　例 2-11 运行结果

continue 语句只能用在循环中。和 break 不同的是，当程序遇到 break 语句时，程序跳出 break 所在的整个循环，而当程序遇到 continue 时，跳过 continue 后面的语句转去进行循环控制条件的判断，以决定是否进行下一次循环，即 continue 语句只结束一次循环的执行。

【例 2-12】　求 100 以内的偶数的和。

分析：逐个取出自然数 i 判断它是不是偶数。若 i 为奇数，则结束本次循环，不进行加法运算，继而判断下一次循环条件；若 i 为偶数，则执行加法运算。

程序源代码如下：

```
namespace 偶数的和
{
    class Program
    {
        static void Main(string[] args)
        {
            int i = 1, sum = 0;
            for (i = 1; i <= 100; i++)
            {
```

```
            if (i % 2 != 0)
                continue;
            sum += i;
        }
        Console.WriteLine("sum={0}",sum );
        Console.ReadLine();
    }
  }
}
```

例 2-12 运行结果如图 2.13 所示。

图 2.13　例 2-12 运行结果

2.5　数　　组

数组是一组名称和类型完全相同的变量的集合。程序要引用一个数组的任何元素时，只需指定数组名，随后将指定元素的位置编号(该值指定数组中的一个特定的位置，即该元素在数组中所占的位置)放在一对[ ]中即可。方括号中的编号称为“下标”或“索引”。下标必须是一个整数或是整数表达式。

2.5.1　数组的定义

数组是占用的内存空间，所以程序员要指定数组的类型，数组的类型可以是 C#中的任意一种数据类型，并用 new 运算符动态分配每个数组所需要的元素个数。数组是 C#程序中的一个对象，所以要用 new 来进行分配，而且所有的对象都必须用 new 来创建。

常见的数组的声明格式为：

```
数组类型[ ]  数组名=new 数组类型[数组元素个数]{初始化列表};
```

或

```
数组类型[ ]  数组名=new 数组类型[数组元素个数];
```

例如：

```
int[ ]  myArray=new int[10];
```

这里定义了一个类型为 int 类型的数组 myArray ，并对数组分配了 10 元素的内存空间。如何对数组进行初始化呢？可以在声明数组的同时对其初始化，也可以在以后对其初始化。例如：

```
int[]  myArray=new  int[10]  {0,1,2,3,4,5,6,7,8,9};
```

这里定义的是 10 个元素，并依次对数组进行初始化。如果在声明时不对其进行初始化，那么数组的元素将默认为 0。针对 bool 类型的变量，默认为 false；针对引用类型，则默认为 null。同样地，上面定义的数组也可以写成如下格式：

```
myArray[0]=0;
myArray[1]=1;
    :
myArray[9]=9;
```

需要注意的是数组的下标是从 0 开始的，这里只分配了 10 个元素，所以就不存在 myArray[10]，而是到 myArray[9]数组就结束了。如下所示：

myArray [0]	myArray [1]	myArray [2]	myArray [3]	myArray [4]	myArray [5]	myArray [6]	myArray [7]	myArray [8]	myArray [9]
0	1	2	3	4	5	6	7	8	9

数组类型可以是 C#中的任意类型，但对其他的类型的数组是同样的道理。

【例 2-13】 定义一个数组，并依次输出数组中的元素。

```
private void Form1_Load(object sender, EventArgs e)
    {
        string str="";
        int[] a = new int[10] { 0,1,2,3,4,5,6,7,8,9};
        for (int i = 0; i < 10; i++)
        {
            str += a[i].ToString()+"\n";
        }
        MessageBox.Show(str);
 }
```

按 F5 键运行该应用程序，可以得到如图 2.14 所示的输出。

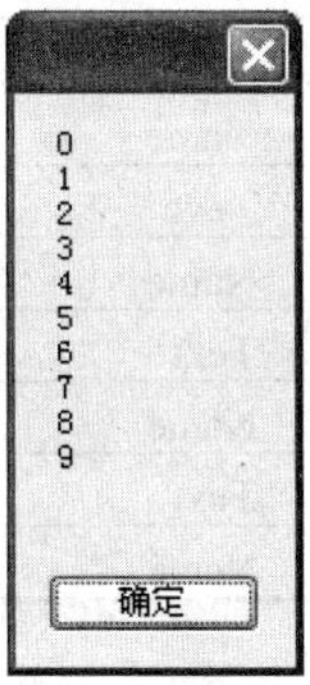

图 2.14　例 2-13 运行结果

代码分析：

(1) 数组的声明。首先声明了一个 int 型的数组 a 并对其进行初始化。

```
int[] a = new int[10] { 0,1,2,3,4,5,6,7,8,9};
```

(2) 赋值在 for 循环里将数组的元素值依次添加到 string 类型变量 str 中。

```
str += a[i].ToString()+"\n";
```

2.5.2 数组的使用

数组是一组名称和类型完全相同的变量的集合，所以数组的访问和变量的访问是一样的，访问数组元素之前必须对数组元素进行初始化。访问数组元素的表示形式为：

```
数组名 [下标]
```

下标可以是整型常量或是整型表达式。访问数组元素的结果是与下标相对应的数组元素的值。

需要注意的是像上节所讲的C#数组是从0开始建立索引，即数组索引从0开始。如果超出数组元素下标的最大值，将会抛出超出索引错误(IndexOutOfRangeExeption)。

【例2-14】 查看一年里任意一月份的天数，这里不考虑平年和闰年的2月。

分析：首先定义一个还有13个元素的int型数组用来存放每个月的天数。再从界面上输入需要查看的月份，用它作为数组的下标来查看相应的数组元素的值。

实现步骤：

(1) 启动Visual Studio 2008。

(2) 从【文件】菜单上选择【新建】|【项目】，命令打开【新建项目】对话框。

(3) 在【项目类型】窗体中选择【Visual C#项目】选项，然后在【模板】窗体中选择【Windows应用程序】选项。

(4) 在【名称】文本框中键入“day_num2”作为该项目的名称。在【位置】文本框中，输入要将项目保存的目录，或单击【浏览】按钮选择目录。

(5) 在程序窗体设计器上添加两个Button控件、一个TextBox控件和3个Lable控件，设置见表2-15。

表2-15 例2-14属性表

对　象	属　性	属性值
Button1	Name	btn_look
	Text	查看
Button2	Name	btn_close
	Text	关闭
Lable3	Name	Lbl_outlook
	Text	
TextBox1	Name	txt_month

例2-14设计效果如图2.15所示

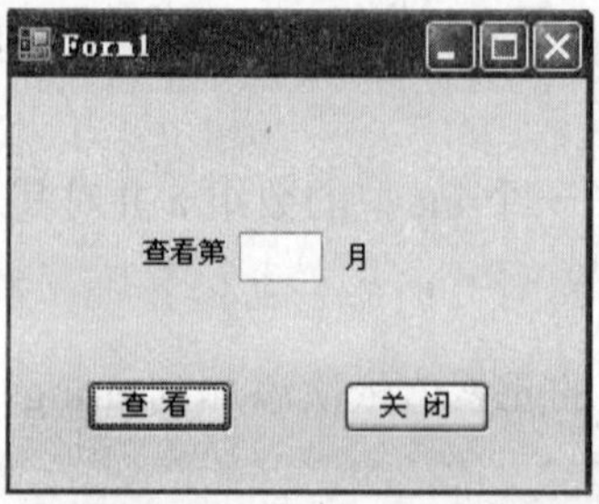

图2.15 例2-14设计效果

双击【查看】按钮，添加如下代码：

```
private void btn_look_Click(object sender, EventArgs e)
{
  int monthday;
  monthday=int.Parse(txt_month.Text.Trim());
  if(monthday >12|| monthday <=0)
   {
        MessageBox.Show("请输入 1~12 之间的数！");
        return;
   }
  int[] month = new int[] { 0, 31, 28, 31, 30, 31, 30, 31, 31, 30, 31, 30, 31 };
  Lbl_outlook.Text = "第" + monthday + "月有" + month[monthday] + "天";
}
```

再返回到窗体界面并双击【关闭】按钮，添加如下代码：

```
private void btn_close_Click(object sender, EventArgs e)
{
    Close();
}
```

按 F5 键运行该应用程序，可以得到如图 2.16 所示的输出。

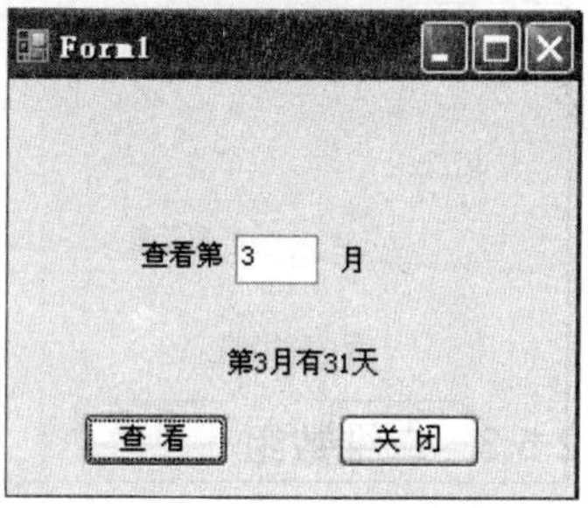

图 2.16　例 2-14 运行结果

在数组的排序上冒泡排序法就是一个比较常用的排序方法，当然还有其他的方法。本节主要给大家介绍冒泡排序法。

【例 2-15】　用冒泡法对 10 个数排序(从小到大)。

冒泡排序是将数组中的第一个数和后面的每个数进行比较，如果满足交换的条件则借助中间变量来进行值的交换。首先在程序开始随意定义一个含有 10 个元素的数组并对其进行初始化，然后使用冒泡排序法进行排序。实现步骤：

(1) 启动 Visual Studio 2008。

(2) 从【文件】菜单上选择【新建】|【项目】命令，打开【新建项目】对话框。

(3) 在【项目类型】窗体中选择【Visual C#项目】选项，然后在【模板】窗体中选择【Windows 应用程序】选项。

(4) 在【名称】文本框中，键入该项目的名称，并在【位置】文本框中，输入要将项目保存的目录，或单击【浏览】按钮选择目录。

双击窗体添加如下代码：

```
private void Form1_Load(object sender, EventArgs e)
  {
      int[] a = new int[] { 5, 7, 12, 74, 85, 62, 76, 64, 24, 35 };
      int temp;
      string str="";
      for (int i = 0; i <=9; i++)
      {
         for (int j = 0; j < 9 - i; j++)
         {
            if (a[j] > a[j + 1])
```

```
                {
                    temp = a[j];
                    a[j] = a[j + 1];
                    a[j + 1] = temp;
                }
            }
        }
        for (int k = 0; k <10; k++)
        {
            str += a[k].ToString()+"\n";
        }
        MessageBox.Show(str);
    }
```

按 F5 键运行该应用程序，可以得到如图 2.17 所示的输出。

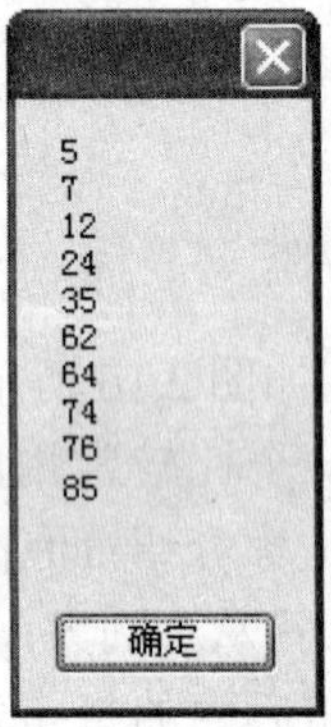

图 2.17　例 2-15 运行结果

2.5.3　二维数组

前面介绍的数组只有一个下标，称为一维数组，其数组元素也称单下标变量。在实际问题中有很多是二维或多维，因此 C#允许构造多维数组。多维数组具有多个下标，以标示它们在数组中的位置，所以也称为多下标变量。本节主要介绍二维数组，多维数组可以由二维数组类推得到。

二维数组的定义和一维数组差不多，二维数组的定义一般格式为：

```
数组类型[,] 数组名=new  数组类型[数组的行数,数组的列数];
```

其中行数和列数为整型或整型表达式。数组行数表示一维下标的长度，数组列数表示二维下标的长度。

比如园丁在记录胡萝卜的重量时就可以使用二维数组，int[,] a=new int[3,4]；该数组的下标变量共有 3×4 个，即

```
a[0,0],a[0,1],a[0,2],a[0,3]
a[1,0],a[1,1],a[1,2],a[1,3]
a[2,0],a[2,1],a[2,2],a[2,3]
```

引用二维数组必须指定两个下标，即行下标和列下标，如 a[1,3]。读者应该严格区分在定义数组时使用的 a[3,4]和应用元素时 a[3,4]的区别。前者 a[3,4]用来定义数组的维数和各维的大

小，后者 a[3,4]中的 3 和 4 是下标值，a[3,4]是代表一个元素，这里并不存在 a[3,4]这个元素。

在定义二维数组时，也可以对数组元素赋初值。

分行赋初值的格式为：

类型名[,] 数组名=new 类型名[行长度,列长度]{{初值表达式 0},{初值表达式 1}…{初值表达式 N}}；把初值表达式中的 K 中的数据依次赋给第 K 行的相应的元素。例如：

```
    int[,] a=new int[3,3]{{1,2,3},{4,5,6},{7,8,9}};
```

初始化数组 a。此时，a 数组中的各个元素为：

```
a[0,0]=1   a[0,1]=2   a[0,2]=3
a[1,0]=4   a[1,1]=5   a[1,2]=6
a[2,0]=7   a[2,1]=8   a[2,2]=9
```

二维数组的初始化也可以只针对部分元素，例如：

```
int[,] b=new int[3,3]{{1,2,3},{},{8,9}};
```

只对数组 b 的 0 行的全部元素和最后一行的前两个元素赋初值，其余的元素的初值为 0。

数组初始化后，数组元素为：

```
b[0,0]=1   b[0,1]=2   b[0,2]=3
b[1,0]=0   b[1,1]=0   b[1,2]=0
b[2,0]=8   b[2,1]=9   b[2,2]=0
```

【例 2-16】 假设某班 50 人，一次考试每名同学参与 5 门考试，成绩如下：

```
考生 1：78   67    72   87   60
考生 2：67   98    56   75   64
   ……
```

考生 50: 50 69 61 71 63

要求计算这个班每科的平均成绩？

解题思路：用二维数组来存放学生的成绩，每个学生的成绩占一行，所以每行的相同列的元素为相同的科目，将相同的科目的成绩相加，再除以学生的人数即能得到每科的平均成绩。

```
private void Form1_Load(object sender, EventArgs e)
     {
        int[,] a = new int[,]{{78,67,72,87,60},{67,98,56,75,64},
              //........../这里只是给大家做个如何使用二维数组的示例，所以中间的省略
                      {50,69,61,71,63}};
        int[] b = new int[5];
        string str = "";
        for (int i = 0; i < 5; i++)
        {
           int sun = 0;
           int Aver = 0;
           for (int j = 0; j < 3; j++)//这里列举了 3 个人的成绩
           {
              sun += a[j, i];
           }
           Aver = sun / 3;
           b[i] = Aver;
```

```
        }
        for (int i = 0; i < 5; i++)
        {
            str += b[i]+"\n";
        }
        MessageBox.Show(str);
    }
```

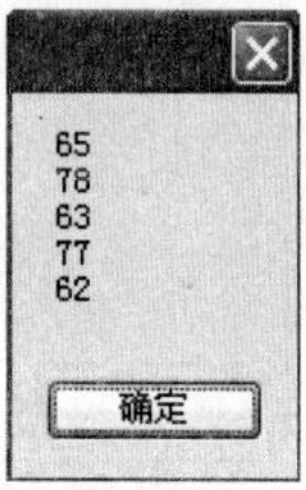

图 2.18　例 2-16 运行结果

按 F5 键运行应用程序，得到如图 2.18 所示的运行结果。

代码分析：

首先定义了一个 3 行 5 列的二维数组 a，int[,] a = new int[,]{{…},{…},{…}};和一个长度为 5 的一维数组 b，int[] b = new int[5];它的作用是用来存放每科的平均成绩。在 for 循环里，将每一科的总成绩都存放到一个变量 sun 里，然后再把平均成绩放到一维数组 b 里。最后将一维数组输出。

【例 2-17】　对学生成绩进行统计，计算最高成绩、最低成绩和平均成绩，学生成绩管理界面如图 2.19 所示。

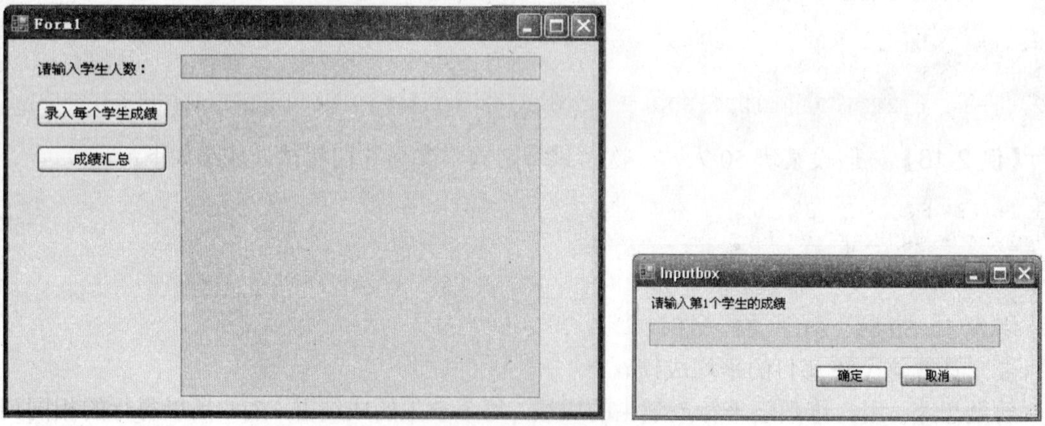

图 2.19　学生成绩管理界面

分析：

(1) 在“解决方案资源管理器”中选中项目后右击，在弹出的快捷菜单中选择【添加】命令，然后在列表框中选择“Windows 窗体”选项。

(2) 在弹出的对话框中输入窗体名称为 Inputbox，单击【确定】按钮。

(3) 为新窗体编写代码。

显示新窗体方法如下：

```
Inputbox input1 = new Inputbox();
DialogResult dresult = input1.ShowDialog()
```

在此例中，由于要求显示窗体时设置 label 的值，即不同的窗体显示内容不一样，所以需要重写 showdialog 函数。

```
public DialogResult ShowDialog(string labeltext)
 {
     label1.Text = labeltext;           //设置文本框的文本
```

```
    return this.ShowDialog();          //执行原来showdialog中的内容
}
```

单击 inputbox 的【确定】按钮后，窗体关闭，但需要保留文本框中的输入值，因此，为 inputbox 新增一个属性 score 来保留文本框的值，即在单击按钮时为其赋值。

```
public string score;
private void button1_Click(object sender, EventArgs e)
    {
      score = textBox1.Text;
    }
```

主窗体的代码如下：

```
namespace 学生成绩管理
{
   public partial class Form1 : Form
   {
      int stucount;
      int[] score = new int[100];
      public Form1()
      {
         InitializeComponent();
      }
      private void button1_Click(object sender, EventArgs e)
      {
         stucount = Convert.ToInt16(txtcount.Text);
         score[0] = stucount;
         for (int i = 1; i < stucount + 1; i++)
         {
            Inputbox input1 = new Inputbox();
            DialogResult dresult = input1.ShowDialog("请输入第" + i + "个学生的成绩");
            if (dresult == DialogResult.OK)
            {
               score[i] =Convert.ToInt16( input1.score);
               txtshow.Text +="第"+i+"个学生的成绩为："+ score[i].ToString() + "\r\n";
            }
         }
      }
      private void button2_Click(object sender, EventArgs e)
      {
        int total=0;
         int min=100, max=0;
         for (int i = 1; i < stucount + 1; i++)
         {
            total += score[i];
            if (score[i] > max)
               max=score[i]  ;
            if (score[i] < min)
                min =score[i];
         }
         MessageBox.Show("总成绩为："+total+"  平均成绩为："+total/stucount +"   最
高成绩为："+max+"   最低成绩为："+min);
```

2.6 函　　数

2.6.1 函数的定义

灵活使用顺序结构、分支结构和循环结构可以实现所有的复杂程序。但越复杂的程序，其对应的代码也就越长，这大大降低了程序的可读性，很不利于程序的维护。实际生活中，当人们面临一个比较复杂的问题时，往往喜欢将其不断细化，分而治之。把比较复杂的问题划分为比较简单的若干个子问题，当每个子问题都正确解决时，原来的复杂问题也得以解决。于是，C#借鉴了这种解决问题的思路，引入了模块化程序设计的思想。

模块化程序设计是指将一个大的程序划分为若干个功能模块，每个模块实现一个小任务，各个模块相互配合最终共同完成指定的功能。

模块化的根本方法是将每个功能模块实现为一个函数。一个 C#程序即是函数的集合，它至少包含一个 main 函数，此外还可以包含若干子函数。main 函数作为主函数可以调用任何一个子函数，各子函数之间也可以相互调用。这样，原来全部放在 main 函数里的内容根据功能被划分了多个函数，从而使得整个程序结构清晰，可读性提高，易于软件的维护与功能扩充。

函数定义的一般格式如下：

```
函数类型 函数名(参数表)
{
   函数体
}
```

说明：

(1) 函数名是用户为函数起的名字，其命名规则与一般的变量命名规则相同。

(2) 函数可以返回一个数值。当函数需要返回一个数值时，函数类型为函数返回值的类型。若函数不需要返回数值，则函数类型为空类型 void。

(3) 参数表为函数的参数列表。函数可以有 0 个、1 个或多个参数。参数用于向函数传递数据或者从函数带回数据。参数列表中的每个参数都需要说明其数据类型及参数名。和变量定义不同的是，即使多个参数具有相同的类型，也不能够一起定义，必须每个参数单独定义，多个参数之间使用逗号隔开。

```
void f1()  //定义了一个函数，计算 5 的阶乘，该函数没有参数
{
    int i,f=1;
   for(i=1;i<=5;i++)
   f*=i;
}
void f2(int n)  //定义了一个函数计算 n 的阶乘，该函数有一个参数
{
   int i,f=1;
   for(i=1;i<=n;i++)
   f*=i;
}
void mul(int x,int y)  //定义函数求两个数的乘积，函数有两个参数
```

```
{
  int area;
  area=x*y;
}
```

2.6.2 函数的返回

函数如果有返回的数值，则返回语句的格式为：

```
return <返回值>;
```

return 语句后面的返回值可以省略，表示函数不带有任何返回值。一个函数内使用 return 语句最多只能返回一个数值。但 return 语句可以有多个，当程序遇到第一个 return 语句时即返回。若函数没有返回值，也可是省略 return，此时函数遇到“}”时返回。例如：

```
int multiplication (int x,int y)
//定义函数求两个数的乘积，函数有两个参数，返回值为整型
{  int area;
  area=x*y;
  return area;                        //使用 return 语句返回计算结果
}
void max(float a,float b)
//定义一个函数输出两个数中较大的数，该函数没有返回值
{   if(a>b)
      Console.WritrLine("{0}",a);
    else
      Console.WritrLine("{0}",b);
    return;                           //此时 return 可以省略
}
```

> **注意：**
>
> 函数体需要使用大括号括起来；函数体包括程序执行语句和 return；函数的定义不允许嵌套，即一个函数定义内不能出现另一个函数的定义。

2.6.3 函数的调用

定义函数的目的是为了使用函数，使用函数通过函数调用来实现。函数调用指的是一个函数去调用另一个函数，其中，调用者称为主调函数，被调用者称为被调函数。

函数调用的格式如下：

```
函数名();              //无参函数的调用
函数名(实参表);        //有参函数的调用
```

当在主调函数中调用被调函数时，程序在调用处暂时离开主调函数，转入被调函数的程序执行。执行时先使用实参表中的实际参数代替被调函数参数表中的形式参数，然后开始执行被调函数的函数体，执行完毕返回主调函数的调用处，继续执行主调函数中后面的代码。

【例 2-18】 编写函数，计算两个数中较大的数，并在 main( )函数中通过调用该函数求出 3 个数中的最大数。

分析：定义一个函数，因为要计算两个数的较大值，所以该函数需要有两个参数。通过对

两个参数的比较，返回较大的数即可。

```
namespace 函数的定义
{
    class Program
    {
       static  int max( int  x,int y) //定义一个函数返回两个整数中的较大值
        {
            if (x > y)
                return x;
            else
                return y;
        }
        static void Main(string[] args)
        {
            int m,n,s,maxnumber;
            Console .Write("请输入第一个数 m 的值: m=");
            m=Convert .ToInt16 ( Console .ReadLine ());
            Console .Write("请输入第二个数 n 的值: n=");
            n=Convert .ToInt16 ( Console .ReadLine ());
            Console .Write("请输入第三个数 m 的值: s=");
            s=Convert .ToInt16 ( Console .ReadLine ());
            maxnumber=max(m, n);  //调用函数max求m与n的较大数,并将返回值赋给maxnumber
            maxnumber=max(  maxnumber, s);//调用 max 函数求 maxnumber 与 s 中的较大值
            Console.WriteLine("最大数为: maxnumber={0}", maxnumber);
            Console.ReadLine();
        }
    }
}
```

例 2-18 运行结果如图 2.20 所示。

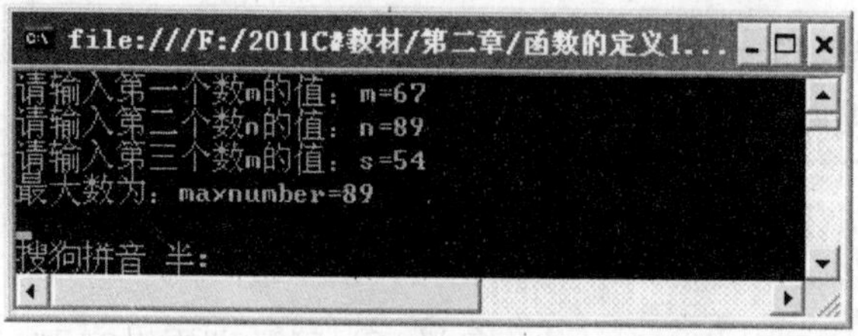

图 2.20　例 2-18 运行结果

函数的调用形式是多样的，以下调用都是正确的。

```
max(m,n);                      //直接调用
maxnumber=max(m,n);            //将函数调用作为表达式
maxnumber=max(max(m,n),s)      //将函数调用作为函数参数
```

2.6.4　函数的参数传递

函数定义中的参数是形式参数，简称形参。函数调用时的参数是实际参数，简称实参。函数之间的数据传递通过实参与形参来实现。函数调用时，实参的名称与形参的名称可以不一致，但要保证二者的类型一致，个数相同，顺序相同。

函数调用发生时，实参与形参之间有两种参数传递方式：赋值调用和引用调用。

1. 赋值调用

默认情况下，C#中的函数参数为赋值调用。函数将实参的值复制一份传递给形参，从而实现参数的传递，在程序的运行过程中，形参的变化不会影响实参。

> **注意：**
>
> 形参只在定义它的函数中存在，当从函数返回时，将释放形参所占的存储空间。

【例 2-19】 函数赋值调用应用实例。

```
namespace 赋值调用
{
    class Program
    {
        static void swap(int x, int y)  //定义 swap 函数交换变量的值
        {
            int t;
            t = x;
            x = y;
            y = t;
            Console.WriteLine("在函数中 x={0},y={1}", x, y);
        }
        static void Main(string[] args)
        {
            int a, b;
            a = Convert.ToInt16(Console.ReadLine());
            b = Convert.ToInt16(Console.ReadLine());
            Console.WriteLine("函数调用之前 a={0},b={1}", a, b);
            swap(a, b);
            Console.WriteLine("函数调用之后 a={0},b={1}", a, b);
            Console.ReadLine();
        }
    }
}
```

例 2-19 运行结果如图 2.21 所示。

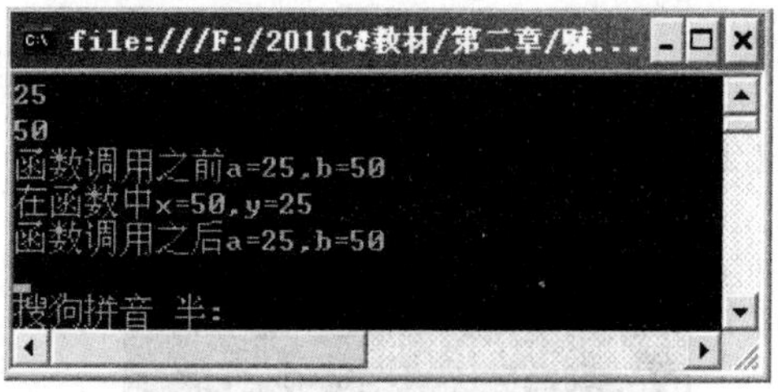

图 2.21 例 2-19 运行结果

注意：

在程序中，由于是赋值调用，因此只是将实参 a、b 的值复制了一份，赋给函数 swap( )中的形参 a、b。而在函数 swap( )内部，对形参 x、y 的内容进行了交换。这种交换并不对主函数中的实参 a、b 的值产生影响。

2. 引用调用

引用调用是指在函数调用中改变实参的值。引用调用时，实参和形参都是指向同一存储空间，因此这种改变将引起实参内容的改变。

注意：

引用调用需要在函数调用时使用关键字 ref 对每个需要引用的形参进行显示说明，同时，在调用时还需要使用关键字 ref 对对应的实参进行显示说明。

【例 2-20】 函数引用调用应用实例。

```
namespace 引用调用
{
    class Program
    {
      static void swap(ref int x, ref int y)  //定义 swap 函数交换变量的值
        {
            int t;
            t = x;
            x = y;
            y = t;
            Console.WriteLine("在函数中 x={0},y={1}", x, y);
        }
        static void Main(string[] args)
        {
            int a, b;
            a = Convert.ToInt16(Console.ReadLine());
            b = Convert.ToInt16(Console.ReadLine());
            Console.WriteLine("函数调用之前 a={0},b={1}", a, b);
            swap(ref a, ref b);
            Console.WriteLine("函数调用之后 a={0},b={1}", a, b);
            Console.ReadLine();
        }
    }
}
```

例 2-20 运行结果如图 2.22 所示。

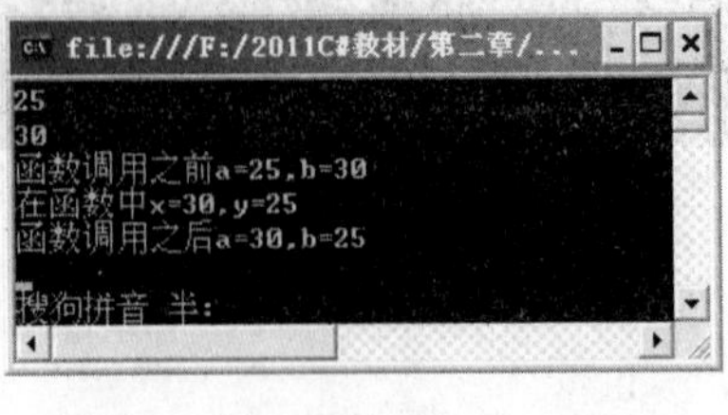

图 2.22　例 2-20 运行结果

3. 函数的嵌套调用

函数的调用可以嵌套，即当一个函数调用另一个函数时，被调用的函数又可以调用其他的函数。其调用关系如图 2.23 所示。

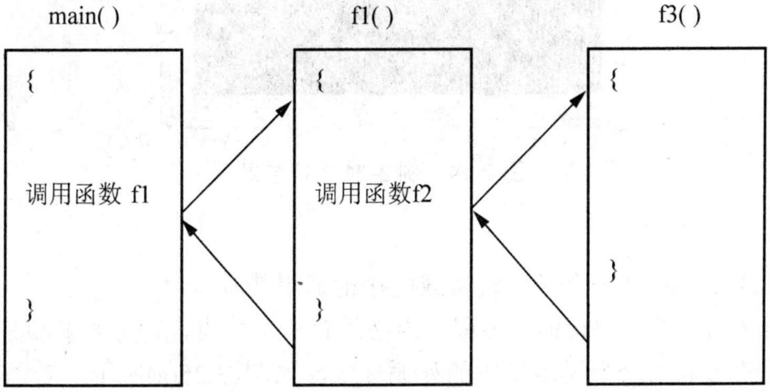

图 2.23　调用关系

【例 2-21】　编写程序计算 1!+2!+3!+…+n!。

分析：首先编写子函数 factorial( )计算 n!。然后编写子函数 calculate( )计算各个阶乘的和，最后在 main( )函数中接收用户输入的 n，并调用 calculate( )计算即可。

程序源代码如下：

```
namespace 嵌套调用
{
    class Program
    {
        static void Main(string[] args)
        {
             int n;
             Console .Write ("请输入n的值：n=");
             n=Convert .ToInt16 ( Console.ReadLine());
             Console.WriteLine("{0}",calculate(n));// 主函数中调用calculate计算结果
             Console.ReadLine();
        }
       static  int factorial(int n)
        {
            int i, t = 1;
            for (i = 1; i <= n; i++)
                t *= i;
            return t;
        }
        static int calculate(int n)
       {
            int i,sum=0;
            for (i = 1; i <= n; i++)
                sum +=factorial(i);// calculate中调用 factorial求每个数的阶乘
            return sum;
       }
    }
}
```

例 2-21 运行结果如图 2.24 所示。

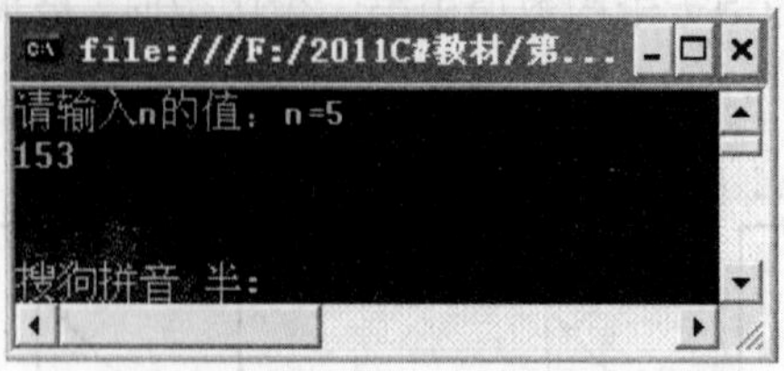

图 2.24　例 2-21 运行结果

4. 函数的递归调用

函数的递归调用指的是一个函数直接或间接地调用其本身。

当一个函数递归地调用自己时，该程序内必须有一个终点，因为如果没有终点，一旦开始了对自身的调用就会陷入一个无限调用的死循环中，如图 3.25(a)所示。若函数内存在一个终点，即当满足某个条件时就会停止往下递归调用，随后再层层向上地返回每一级的调用处，从而保证程序的继续执行，如图 3.25(b)所示，在最后一个 f1( )函数中，满足了终点条件直接返回上一层程序，因此后面的调用语句执行不到，从而结束了递归的过程。

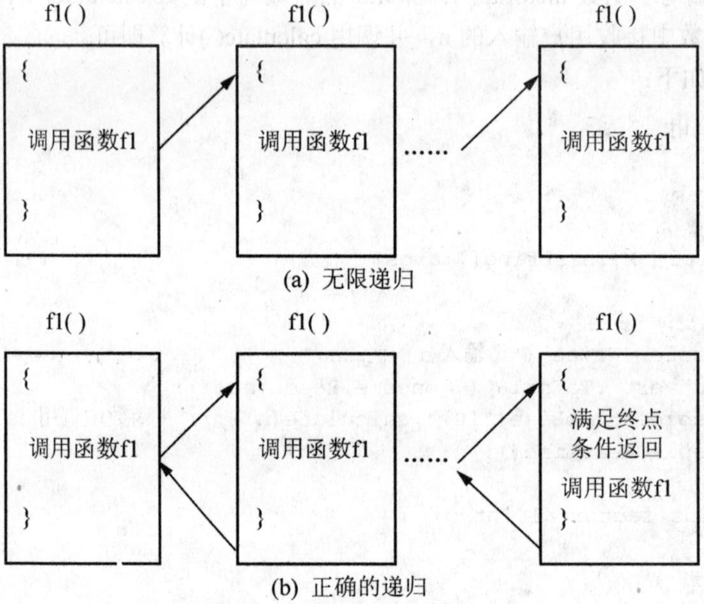

(a) 无限递归

(b) 正确的递归

图 2.25　函数的递归

【例 2-22】　使用递归计算数的阶乘。

分析：可以将 n!看成 n*(n−1)!，因此要计算 n!必须先求出(n−1)!，而(n−1)!=(n−1)*(n−2)!，因此要先求出(n−2)!，以此类推，最后计算 2!=2*1!，而 1!=1，所以当递归到 1 时，程序中止自身的调用，直接返回 1。使用返回的 1 可以计算出 2!，使用 2!可以计算出 3!，这样层层回推，最终可以计算出 n!。

程序源代码如下：

```
namespace 递归调用
{
```

```
    class Program
    {
        static void Main(string[] args)
        {
            int n;
            Console .Write("n=");
            n=Convert .ToInt16 (Console .ReadLine ());
            Console .WriteLine ("n={0},n!={1}",n,fact(n));
            Console.ReadLine();
          }
        static  int fact(int n)
        {
           if(n>1)
           return(n*fact(n-1));
           else
           return (1);
        }
  }
}
```

例 2-22 运行结果如图 2.26 所示。

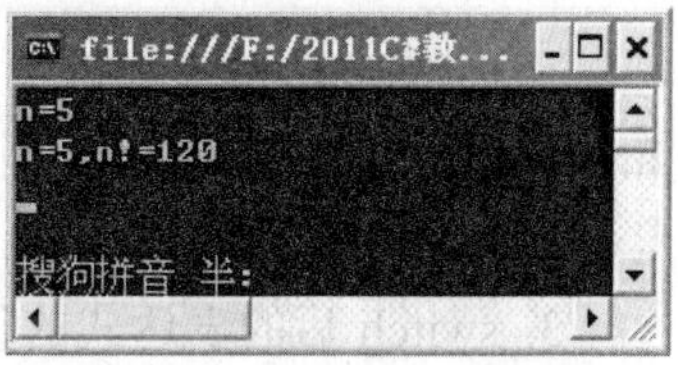

图 2.26　例 2-22 运行结果

递归实现的程序其时间复杂度和空间复杂度往往都很高，因此尽量避免。但是有一些问题只有通过递归的方式才能够解决，比如汉诺塔问题等。

【例 2-23】　猴子吃桃问题：猴子第一天摘了很多桃子，当即吃了一半，随后，又多吃了一个，以后每天都这样，到了第 10 天准备吃时发现只剩下一个桃子。问共有多少个桃子？

分析：根据题意，设原来有 n 个桃，则第 1 天剩余的桃子为 x=n/2-1，则 n=(x+1)*2，只要知道第一天剩余的个数 x，即可求出 n 的值。同理，只要知道第 2 天剩余的桃子数 y，即可知道第 1 天总共的桃子数 x，……，以此类推，知道第 10 天剩余的桃子数，就可以求出第 9 天的桃子数。所以使用递归来实现程序，用 i 表示天数，则程序的结束条件为 i=10 时，返回 1。

程序代码如下：

```
namespace 猴子吃桃
{
   class Program
   {
       static int peach(int i)
          {
            int n;
            if (i>= 10)
               return 1;
            else
               return  n = 2 * (peach(i + 1) + 1);
          }
       static void Main(string[] args)
       {
           int i=0;
           Console .Write("原来的桃子数为：{0}",peach(0));
```

```
            Console.ReadLine();
        }
    }
}
```

例 2-23 运行结果如图 2.27 所示。

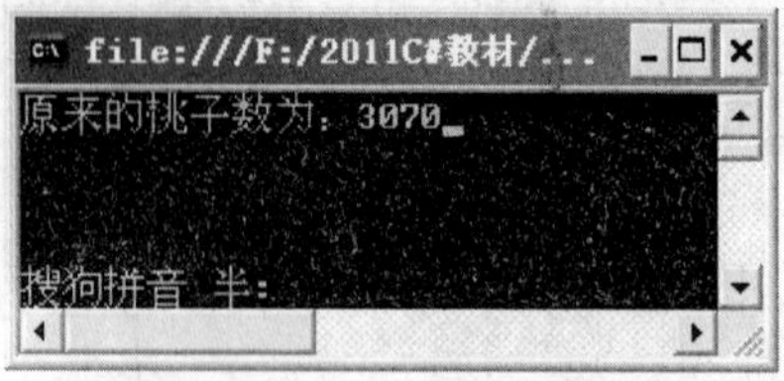

图 2.27　例 2-23 运行结果

2.7　练　　习

一、填空题

1. C#为程序设计提供了丰富的数据类型，可以分为三大类：________、________和指针类型。

2. 结构化程序由________、________、________3 种基本结构组成。

3. switch 后的表达式的值是整型或字符型等，不能是________或________。

4. 语句 while(!e)中的条件!e 等价于________。

5. for(x=0，y=0；(y!=123)&&(x<4)；x++)，这个 for 循环执行________次。

6. 设 x=4.5,y=1.5,表达式(x+y)/3-(int)x%(int)y 的结果为________。

7. 数组是一组具有________的元素组成的有序的数据集合，在内存中按元素的________进行存储。

8. C#定义了一个基本的________类，专门用于对字符串的操作。

9. ________运算符用于引用结构体的成员。

10. while 语句的一般形式为________。

二、选择题

1. 对 for(表达式 1；；表达式 3)可以理解为(　　)。

   A. for(表达式 1；；表达式 3)

   B. for(表达式 1；1；表达式 3)

   C. for(表达式 1；表达式 1；表达式 3)

   D. for(表达式 1；表达式 3；表达式 3)

2. 选择合法的 if 语句(设 int x，a，b，c)(　　)。

   A. if(a=b) x++;　　　　B. if(a=<b) x++;

   C. if(a〈〉b) x++;　　　　D. if(a=>b) x++;

3. 循环控制语句 while 和 do…while 的主要区别是(　　)。

   A. do…while 的循环体至少无条件执行一次

B. while 的循环控制条件比 do…while 的循环控制条件严格

C. do…while 允许从外部转到循环体内

D. do…while 的循环体不能是复合语句

4. 为了避免嵌套的 if…else 语句的二义性，规定 else 总是与(　　)组成配对关系。

A. 缩排位置相同的 if

B. 在其之前未配对的 if

C. 在其之前未配对的最近的 if

D. 同一行上的 if

5. 下面有关 for 循环的正确描述是(　　)。

A. for(表达式 1；0；表达式 3)

B. for 循环是先执行循环语句，后判定表达式

C. 在 for 循环中，不能用 break 语句跳出循环体

D. for 循环语句中，可以包含多条语句，但要用花括号括起来

三、程序设计题

(1) 编写程序来处理储蓄账户取款。程序要求以当前余额与取款量作为输入，然后显示新的余额。如果取款数大于原余额，程序显示“你的余额不足”，如果余额小于 10 元，应显示“余额不足 10 元”。

(2) 编写一个应用程序，使用 if 语句求 3 个整数的最大值和最小值。

(3) 编写程序，利用跳转语句和循环语句求两个正整数的最大公约数和最小公倍数。

(4) 编写程序，利用循环语句将一个十进制正整数转换为二进制整数形式的字符串。

(5) 编写一个应用程序求 1 到 99 的所有奇数和。

第 3 章 面向对象知识

教学目标

(1) 能够理解面向对象分析与面向对象程序设计的概念。
(2) 学会类和对象之间的关系。
(3) 学会类、类成员、构造函数、析构函数、方法重载、对象创建等基本知识。
(4) 具备自定义类的基本技能。
(5) 能够理解类继承和多态等知识。
(6) 能够掌握继承时派生类的创建、虚方法、抽象方法和密封方法。

教学要求

知识要点	能力要求	关联知识
类的定义	掌握类的基本概念	class
类的修饰符	掌握类的修饰符	public　protected　private
属性和方法	掌握如何声明类的属性和方法	get　set
构造函数 析构函数	(1) 掌握构造函数的用法 (2) 掌握析构函数的用法	与类名同名的成员函数
方法重载	掌握方法重载的用法	重载的方法名称必须相同 重载的方法形参的个数或类型必须不同
继承	(1) 掌握继承的概念 (2) 继承的实现 (3) 继承中的重载	继承的核心是代码的重用
多态	(1) 掌握多态的概念 (2) 虚方法	virtual
抽象类	(1) 掌握抽象类的概念 (2) 抽象方法	abstract

重点难点

- ✧ 类的定义
- ✧ 类的修饰符
- ✧ 属性和方法
- ✧ 构造函数和析构函数
- ✧ 继承、多态与抽象类

3.1 项目一 猫的问题

3.1.1 项目描述

本项目设计一个猫类，运行程序后可以修改猫的颜色和名字，还可以给猫喂食，根据喂食的不同显示猫的满意状态。猫的问题效果如图 3.1 所示。

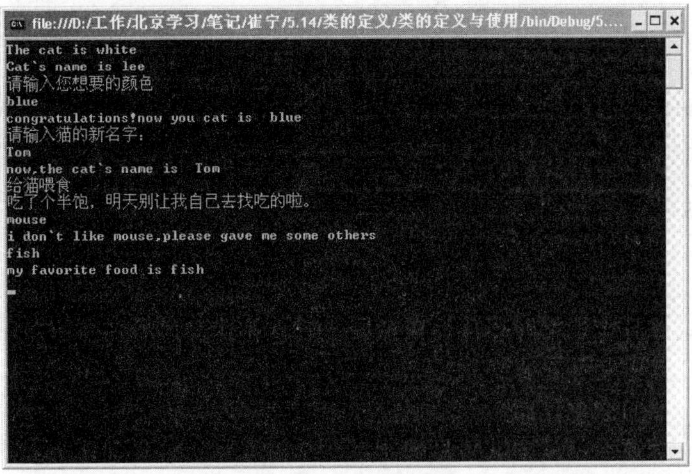

图 3.1 猫的问题效果图

3.1.2 实践操作

项目分析：

(1) 使用面向对象的方法编程，即将问题涉及的事物抽象为类。将与解决问题有关的变量设置为类的属性和域，将与解决问题有关的函数设置为类的方法。这里是要对猫进行各种操作，因此需要设置猫类 Cat。

(2) 对于猫类来说，由于要考察猫的姓名、颜色和是否吃饱，因此需要设置 3 个域：color、name、full。为了提高程序的安全性，不允许用户随便访问类的字段，因此需要设置相应的属性 Color、Name 来获取和设置字段的值。

(3) 由于 Cat 的对象在生成时应该有一个初始的颜色，所以需要在初始化对象，也就是构造函数中为属性 Name 与 Color 赋值，也就是要重写构造函数。

(4) 通过为对象的 Color 属性赋值来修改其颜色值。

(5) 构造 rename( )方法来重命名对象的 Name。

(6) 构造 eat( )方法来实现对象的进食。这里写了两个 eat( )方法，从而体会重载的实现。第一个 eat( )没有参数，调用该 eat 显示喂食过的提示即可；第二个 eat( )带有 String 参数，用户输入不同的喂食内容，根据内容的不同显示不同的提示。

项目名称为 Cat1，代码如下：

```
    namespace Cat1
{
      class Cat                                      //猫类
   {
       private string color = "white";              //声明私有域 color
       private string name = "lily";                //声明私有域 name
       public bool full = false;                    //声明公有域 full
       public string Color                          //设置 Color 的属性
       {
          get
          {
             return color;
          }
          set
          {
             color = value;
          }
       }
       public string Name
       {
          get
          {
             return name;
          }
       }
       public Cat(string color, string name)    //有参数的构造函数
       {
          this.color = color;
          this.name = name;
          this.full = false;
       }
       public  void   rename( )
       {
         this.name = Console.ReadLine();
       }
       public void eat()                            //无参数的构造函数
       {
          Console.WriteLine("吃了个半饱，明天别让我自己去找吃的啦。");
       }
       public void eat(string food)                 // 构造 eat()方法来实现对象的进食
       {
          if (food == "fish")
          {
```

```
            Console.WriteLine("my favorite food is fish");
            full = true;
         }
         else if (food == "mouse")
            Console.WriteLine("i don`t like mouse,please give me some others");
         else if (food == "")
            Console.WriteLine("不能饿着我。");
         else
         {
            Console.WriteLine("凑合着吃吧。");
            full = true;
         }
      }
    class Program
   {
         static void Main(string[] args)
      {
         Cat mycat = new Cat("white", "lee");
         Console.WriteLine("The cat is " + mycat.Color);
         Console.WriteLine("Cat`s name is" + mycat.Name);
         Console.WriteLine("请输入您想要的颜色");
         string newcolor = Console.ReadLine();
         mycat.Color = newcolor;
         Console.WriteLine("congratulations!now you cat is " + mycat.Color);
         mycat.rename();
         Console.WriteLine("now,the cat`s name is " + mycat.Name);
         mycat.eat();
         do
         {
            string myfood = Console.ReadLine();
            mycat.eat(myfood);
         } while (mycat.full == false);
         Console.ReadLine();
      }
      }
   }
}
```

可以将食物修改为一个类，代码如下：

```
class Food
   {
      private int weight = 1;
      private string kinds = "fish";
      public int Weight
      {
         get
         {
            return weight;
         }
         set
         {
```

```
            weight = int.Parse(Console.ReadLine());
        }
    }
    public string Kinds
    {
        get
        {
            return kinds;
        }
        set
        {
            kinds = Console.ReadLine();
        }
    }
}
```

此时需要重新定义 cat.eat( )，代码如下：

```
public void eat(Food todayfood)
    {
        if (todayfood.Kinds == "fish")
        {
            Console.WriteLine("my favorite food is fish");
            full = true;
        }
        else if (todayfood.Kinds == "mouse")
            Console.WriteLine("i don`t like mouse,please give me some others");
        else if (todayfood.Kinds == "")
            Console.WriteLine("不能饿着我。");
        else
        {
            Console.WriteLine("凑合着吃吧。");
            full = true;
        }
}
```

3.1.3 问题探究

面向对象的程序设计(Object-Oriented Programming，OOP)立意于创建软件重用代码，具备更好的模拟现实世界环境的能力，这使它被公认为是自上而下编程的优胜者。它通过给程序中加入扩展语句，把函数“封装”进编程所必需的“对象”中。面向对象的编程语言使得复杂的工作条理清晰、编写容易。

1. 类的定义

类是计算机用来创建对象的模板。与蓝图描述构成建筑相比较，类以同样的方式描述组成对象的属性、字段和方法等。就像一幅蓝图可以用于建成多座建筑一样，一个类也可以根据需要创建多个对象。如果使用蓝图作比喻，那么类就是蓝图，对象就是基于该蓝图的建筑。又如人是一个类，每一个人都是人类的实例和对象。一个类描述一类事物，描述这些事物应该具有的属性，如人有姓名、性别、年龄、民族等。一个对象是人类的一个实例，它具有确定的属性，如李晓明(人的实例)年龄 18，男，汉族。人类只有一个，而人类的实例可以有无数多个。类可以定义对象属性和可执行的操作(方法、事件)，并定义保存对象属性的值。

在面向对象的概念里，现实世界的个体将抽象化为程序中的对象，而个体的数据抽象化为程序对象的数据成员，个体的特性抽象化为程序对象的属性，个体的行为及处理问题的方法成为程序对象的方法。

类的实例是对象。对象可以执行类定义的操作，处理属于类的数据，可以通过调用对象的方法并访问其属性、事件和字段来访问对象的功能。

在类声明中需要使用关键字 class,其完整的定义格式为：

```
类修饰符 class 类名:基类名
{
    . . .                //类的成员定义
}
```

> **注意：**
>
> (1) 类体是以一对大括号开始和结束的，在一对大括号后面可以跟一个分号，也可以省略分号。
>
> (2) 除了 class 和类名外，其他的属性集、类修饰符、基类名等都是可选的。
>
> (3) 类的所有成员的声明均需在类体中。

在本项目中定义的猫类的格式如下：

```
class Cat                                       //猫类
 {
   private string color = "white";             //声明私有域 color
   private string name = "lily";               //声明私有域 name
   public bool full = false;                   //声明公有域 full
   public string Color                         //设置 Color 的属性
      {
         get
         {
            return color;
         }
         set
         {
            color = value;
         }
      }
   public void eat()                           //类的方法
      {
         Console.WriteLine("吃了个半饱，明天别让我自己去找吃的啦。");
      }
}
```

定义了一个名为 Cat 的类，此时类体中定义了成员、属性和方法。在下面将通过学习对猫类的字段、属性、方法和事件逐步完善。

2. 类的修饰符

类中成员定义时都需要指明访问修饰符，以用于设置类的访问权限，即对类进行封装。可以访问一个成员的代码范围叫做该成员的可访问域(accessibility domain)。访问修饰符用来控制所修饰成员的可访问域。访问修饰符使类或者类的成员在不同的范围内具有不同的可见性，用于实现数据和代码的隐藏。

(1) public：表示公有的，访问不受限制，可访问域限定于在类内和任何类外的代码中。

(2) protected：表示受保护的，可访问域限定于所在类和所在类派生的子类中。

(3) private：表示私有的，可访问域限定于它所属的类内。

(4) internal：表示内部的，可访问域限定于类所在的程序内。

(5) new：该修饰符只能用于嵌套的类，表示对继承父类同名类型的隐藏。

(6) abstract：用来修饰抽象类，表示该类只能作为父类被用于继承，而不能进行对象实例化。

(7) sealed：表示该类为密封类，不允许被继承。

(8) protected internal：唯一的一种组合限制修饰符，它只可以被本程序集内所有的类和这些类的继承子类所存取。

在类成员中还有一种较为特殊的成员，静态成员。类的静态成员可以是静态字段、静态方法等。静态成员与非静态成员的不同在于静态成员属于类，即在使用时要通过类名来调用，而非静态成员则总是与特定的对象(实例)联系，通过对象名来调用。

声明静态成员需要使用 static 修饰符。位置一般在访问修饰符的后面。若将类中的某个成员声明时加上 static ，则该成员称为静态成员。类中的成员要么是静态的，要么是非静态的。

注意：

类的非静态成员属于类的实例所有，每创建一个类的实例，都在内存中为非静态成员开辟一块区域；而类的静态成员属于类所有，为这个类的所有实例所共享。无论这个类创建了多少个实例，一个静态成员在内存中只占一块区域，因此，静态成员为类的全程成员，在整个类的使用全程范围内有效。

例如：

```
class STA
    {
        public static int sta;
        public int num;
        public void add(string s)
        {
            sta++;
            num++;
            Console.WriteLine("在变量{0}中 sta={1}", s, sta);
            Console.WriteLine("在变量{0}中 num={1}", s, num);
        }
    }
    class Program
    {
     static void Main(string[] args)
        {
```

```
        STA s1 = new STA();
        STA s2 = new STA();
        STA s3 = new STA();
        STA.sta = 0;                    //对类 STA 的静态成员变量 sta 赋值
        s1.num = 0;                     //对类 STA 的实例 s1 的普通成员变量 num 赋值
        s2.num = 0;
        s3.num = 0;
        s1.add("s1");                   //访问类 STA 的实例 s1 的方法 add
        s2.add("s2");
        s3.add("s3");
        Console.ReadLine();
    }
}
```

静态成员变量示例结果如图 3.2 所示。

在类 STA 中定义了静态成员变量 sta 和普通成员变量 num，并定义了成员函数 add( )，对两个变量进行自增。

语句 STA.sta=0；实现了对静态成员变量 sta 的赋值，这里只能使用 STA.sta 而不能使用 s1.sta，因为静态成员变量不能从类实例中进行访问。

从程序结果来看，对成员变量 num,在类 STA 的实例 s1、s2 和 s3 中都会对其分配不同的存储空间，所以 s1.num、s2.num 和 s3.num 的值都是 1。而静态成员变量 sta 在内存中只为其分配唯一的内存空间，因此值会累积。

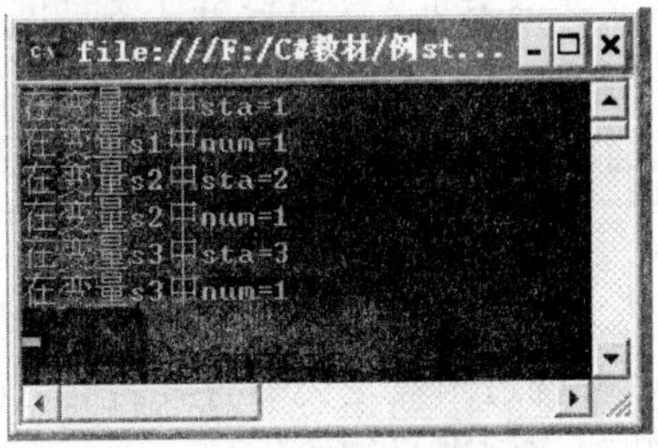

图 3.2　静态成员变量示例结果

3. 属性

属性是对现实世界中实体特征的抽象，它提供了对类或对象性质的访问。类成员一般定义为私有或受保护的，不容许外界访问。若需要外界访问此字段，可以利用属性，提供给外界访问私有或保护字段的途径。

C# 在类中声明属性的语法格式如下：

```
    访问修饰符 数据类型 属性名
{
    get
    {
    return 字段名;                  //获取属性值的代码，用 return 来返回属性值
    }
    set
    {
    字段名= value;                  //设置属性值的代码
    }
}
```

在本项目中，类的属性声明如下所示：

```
public class Cat
{
  private string color;          //字段
  public string Color            //属性
```

```
    {
      get                           //属性可读
       {
            return color;
       }
      set                           //属性可写
       {
        color=value;                //将变量值赋给属性对应的域变量
       }
    }
}
```

实际上属性是一个或两个代码块，表示一个 get 访问器或一个 set 访问器。

> 注意：
>
> 只有 set 访问器时，表明属性的值只能进行设置而不能读出；只有 get 访问器时，表明属性的值是只读的，不能改写；同时具有 set 访问器和 get 访问器表明属性的值既可以读又可以写。

4. 构造函数

构造函数是类中与类名同名的成员函数，当一个类的实例生成时，系统会自动调用构造函数对实例进行初始化。

构造函数是一种特殊的方法成员，其主要作用是在创建对象时初始化对象，每个类都有构造函数，即使没有声明，编译器也会自动地提供一个默认的构造函数，如果声明了构造函数，系统将不再提供默认的构造函数。如果调用的是默认的构造函数，在创建对象时，系统将不同类型的数据成员初始化为相应的默认值。在访问一个类的时候，系统将最先执行构造函数中的语句。默认的构造函数一般不执行什么操作，例如：

```
public class Class1
{
  public Class1()                   //系统默认的构造函数
  { …   }
}
```

> 注意：
>
> (1) 一个类的构造函数通常与类名相同。
>
> (2) 构造函数不声明返回类型。
>
> (3) 一般地构造函数总是 public 类型的，如果是 private 类型的，表明类不能被实例化。
>
> (4) 在构造函数中，除了对类进行实例化外，一般不能有其他操作，也不要尝试显式地调用构造函数。

5. 析构函数

在类的实例超出某个范围时，人们总是希望它所占的存储能被收回，以便能节省出计算机的存储空间做其他的用途，C#提供了析构函数，用于专门释放被占用的系统资源。

析构函数的名字与类名相同，只是在前面加了一个符号“～”，析构函数不接受任何参数，也不返回任何值，若试图声明其他任何一个以符号“～”开头而不与类名相同的方法，或者试图让析构函数返回一个值都是不行的。例如：

```
public class Class1
{
    ~Class1()                    //析构函数
    { …   }
}
```

> 注意：
> 析构函数不能返回值，也不能显式调用，否则会出现错误。析构函数不能被继承，也不能显式地调用，当某个类的实例被认为不再需要使用时，在销毁该实例时，将执行析构函数以对资源进行收回。

6. this 关键字

关键字 this 可用于引用类的当前实例，可在构造函数类的方法和类的实例中使用。在类的构造函数中出现的 this 可作为一个值类型，它表示对正在构造的对象本身的引用；在类的方法中出现的 this 可作为一个值类型，它表示对调用该方法的对象的引用。

```
public Cat(string color, string name)      //构造函数
       {
           this.color = color;
           this.name = name;
           this.full = false;
       }
```

> 注意：
> 在 C#中，this 被定义为一个常量，因此，不能使用 this++、this--这样的语句，但是 this 可以作为返回值来使用。

7. 对象

1) 对象的创建

学习了类的声明，然而类是抽象的，要使用类定义的功能就必须实例化类，即创建类的对象。类与对象的关系可以比喻为猫类和具体的猫：猫类说明了猫应该具备的所有属性和功能；对象就是具体的猫，它具备猫类所描述的属性和功能。

C#使用 new 运算符来创建类的对象，格式如下：

```
类名 对象名 = new 类名([参数表]);
```

也可以使用如下两步完成创建类的对象：

```
类名 对象名;
对象名 = new 类名([参数表]);
```

其中，[参数表]是可选的，根据类模型提供的构造函数来确定。

声明类相当于定义一个模型，在类定义完毕之后使用 new 运算符创建类的对象(实例)，计算机将为对象(实例)分配内存，并且返回对该对象(实例)的引用。

采用下面的语句创建 mycat 对象

```
Cat mycat=new Cat();                //声明对象的同时实例化
```

也可以使用如下语句：

```
Cat  mycat;                         //先声明对象
mycat = new Cat();                  //实例化对象
```

上面的语句 new Cat( )实例化时计算机会自动调用类 Cat 的无参构造函数实例化和初始化各个成员，若采用如下语句：

```
Cat mycat = new Cat("white", "lee");
```

> **说明：**
>
> 此时将会调用类 Cat 的有参数的构造函数实例化对象，并且将颜色指定为 white，名字为 lee，按指定的输入进行初始化。

2) 对象成员的引用

(1) 创建类的对象、创建类的实例、实例化类等说法是等价的，都说明以类为模板生成了一个对象的操作。

(2) 用 new 创建一个类的对象时，将在计算机中为对象分配一块内存，每一个对象都有不同的内存。代表对象的变量存储的是存放对象的内存的地址。因此，两个不同的对象即使它们的所有成员的值或代码都相同，它们也是不相等的。

【例 3-1】 主人去买猫，为了挑到最好的猫，主人让两只猫打架，胜出者为要挑选的猫。编写程序模拟这一过程，帮助主人挑出合适的猫。

任务分析：首先要建立一个猫类。由于不同的猫要进行打架，并选出胜出者，为了能够区分出不同的猫，首先要为猫类定义一个属性：姓名；为模拟这个过程，给每个猫再增加一个属性：力量；比赛的过程转换为进行力量的比较，力量大的猫胜出。代码如下：

```
class Cat
    {
        private string name;
        private int number;
        public string Name
        {
            get
            {
                return name;
            }
        }
      public int  Number
        {
            get
            {
                return number;
```

```
            }
        }
        public Cat(string name)
        {
            this.name = name;
            Random rpower = new Random();      //生成随机数
            number = rpower.Next(100);         //next 中的参数表示生成 100 以内的随机数，
                                                 也可以没有参数，此时的范围为整型的范围
        }
}
```

由于主人挑选猫，所以还应设置主人类。主人要判断到底哪只猫胜出，因此主人类中设置方法 judge，该方法将猫的对象作为参数，进行不同对象的力量比较，然后返回力量大的猫。

```
class Master
    {
        public Cat judge(Cat catA, Cat catB)
        {
            if (catA.Number > catB.Number)
                return catA;
            else
                return catB;
        }
    }
class Program
    {
        static void Main(string[] args)
        {
            Cat cusA = new Cat("Tom");
            Thread.Sleep(100);
            Cat cusB=new Cat("Jacky");
            Master boss =new Master();
            Cat catwinner=boss.judge(cusA, cusB);
            Console.WriteLine(catwinner.Name);
            Console.ReadLine();
        }
    }
…
```

3.1.4　知识拓展

1. 方法

C#实现了完全意义上的面向对象，任何数据都必须封装在类中或是作为类的实例成员，没有全局常数和全局变量，也没用全局方法。在面向对象的程序语言设计中，对类的数据成员的操作都封装在类的成员方法中。

方法是类中用于执行计算或其他操作的成员，就是前面程序中所定义的成员方法，它的定义方式与函数类似。方法的声明包括修饰符、返回值数据类型、方法名、入口参数和方法体。一般方法的声明格式如下所示：

```
修饰符 返回值类型 方法名 ( [ 参数列表] )     { 方法体 })
```

方法的返回值类型必须是C#合法的数据类型，并且在方法体里，用return得到返回值。如果没有返回值，则声明时用关键字void，并且方法体里中不能使用return来返回数值。例如：

```
public string returnString()
{
    ……
    return …… ;                              //用return返回数值
}
public void NoReturn()
{
    ……                                       //没有return返回值
}
```

C#的类定义的方法有两种：静态和非静态。使用了static修饰符的方法为静态方法，否则为非静态方法。

> **注意：**
> 静态方法是一种特殊的成员方法，像静态变量一样，它不属于类的某一个具体的实例。非静态方法可以访问类中的任何成员，而静态方法只能访问类的静态成员。

C#中方法的参数有4种类型。

(1) 值参数，不含任何修饰符。

(2) 引用型参数，以ref修饰符声明。

(3) 输出参数，以out修饰符声明。

(4) 数组型参数，以params修饰符声明。

1) 值参数

当利用值向方法传递参数时，编译程序给实参的值做一份备份，并且将此备份传递给该方法。被调用的方法不会修改内存中实参的值，所以使用值参数时可以保证实际值是安全的。在调用方法时，如果形式化参数的类型是值参数的话，调用的实参的表达式必须保证是正确的值表达式。在下面的例子中并没有实现希望交换值的目的。

```
using System;
class Test
{
    static void Swap(int x, int y)
    {
        int temp = x;
        x = y;
        y = temp;
    }
    static void Main()
    {
        int i = 1, j = 2;
        Swap(i, j);
        Console.WriteLine("i = {0}, j = {1}", i, j);
    }
}
```

编译上述代码程序将输出：

```
i = 1, j = 2
```

2) 引用型参数

和值参不同的是，引用型参数并不开辟新的内存区域。当利用引用型参数向方法传递形参时，编译程序将把实际值在内存中的地址传递给方法。

在方法中，引用型参数通常已经初始化，再看下面的例子：

```
using System;
class Test
{
    static void Swap(ref int x, ref int y)
    {
        int temp = x;
        x = y;
        y = temp;
    }
    static void Main()
    {
        int i = 1, j = 2;
        Swap(ref i, ref j);
        Console.WriteLine("i = {0}, j = {1}", i, j);
}
}
```

编译上述代码程序将输出：

```
i = 2, j = 1
```

Main 函数中调用了 Swap 函数，x 代表 i，y 代表 j。这样，调用成功地实现了 i 和 j 的值交换。

在方法中使用引用型参数，可能会经常导致多个变量名指向同一处内存地址。

```
class A
{
    string s;
    void F(ref string a, ref string b)
    {
        s = "One";
        a = "Two";
        b = "Three";
    }
    void G()
    {
        F(ref s, ref s);
    }
}
```

在方法 G 对 F 的调用过程中，s 的引用被同时传递给了 a 和 b。此时 s、a、b 同时指向了同一块内存区域。

3) 输出参数

与引用型参数类似，输出型参数也不开辟新的内存区域。与引用型参数的差别在于调用方法前无须对变量进行初始化。输出型参数用于传递方法返回的数据。

out 修饰符后应跟随与形参的类型相同的类型声明。在方法返回后传递的变量被认为经过了初始化。程序代码如下：

```
using System;
class Test
{
   static void SplitPath(string path, out string dir, out string name) {
   int i = path.Length;
   while (i > 0)
   {
      char ch = path[i - 1];
      if (ch == '\\' || ch == '/' || ch == ':') break;
      i--;
   }
   dir = path.Substring(0, i);
   name = path.Substring(i);
}
static void Main()
{
   string dir, name;
   SplitPath("c:\\Windows\\System\\hello.txt", out dir, out name);
   Console.WriteLine(dir);
   Console.WriteLine(name);
}
```

程序的输出是：

```
c:\Windows\System\
hello.txt
```

注意到变量 dir 和 name 在传递给 SplitPath 之前并未初始化，在调用之后它们则有了明确的值。

4) 数组型参数

如果形参表中包含了数组型参数，那么它必须在参数表中位于最后。另外，参数只允许是一维数组。比如 string[]和 string[][]类型都可以作为数组型参数，而 string[,]则不能。最后，数组型参数不能再有 ref 和 out 修饰符。例如：

```
using System;
class Test
{
   static void F(params int[] args)
   {
      Console.WriteLine("Array contains {0} elements:", args.Length);
      foreach (int i in args) Console.Write(" {0}", i);
      Console.WriteLine();
   }
   public static void Main()
   {
```

```
        int[] a = {1, 2, 3};
        F(a);
        F(10, 20, 30, 40);
        F();
    }
}
```

程序输出：

```
Array contains 3 elements: 1 2 3
Array contains 4 elements: 10 20 30 40
Array contains 0 elements:
```

在上例中，第一次调用 F 是简单地把数组 a 作为值参数传递；第二次调用把已给出数值的数组传递给了 F；而在第三次调用中 F 创建了含有 0 个元素的整型数组作为参数传递。后两次调用完整的写法应该是：

```
F(new int[] {10, 20, 30, 40});
F(new int[] {});
```

2. 方法重载

在类里，有两个以上的方法名字相同，只是使用的参数类型或者参数个数不同，就叫做方法的重载。方法重载有两点要求。

(1) 重载的方法名称必须相同。

(2) 重载的方法形参的个数或类型必须不同，否则将出现“已经定义了一个具有相同类型参数的方法成员”的编译错误。

使用重载的目的是为了用一个方法的名称即可实现对不同的数据类型进行的某相同属性的操作。

```
public void eat()                        //无参数的构造函数
{
    Console.WriteLine("吃了个半饱，明天别让我自己去找吃的啦。");
}
    public void eat(string food)      // 构造 eat()方法来实现对象的进食
    {
    if (food == "fish")
   {
    Console.WriteLine("my favorite food is fish");
    full = true;
   }
}
```

3.2 项目二 交通工具演变规律

3.2.1 项目描述

在生活中，除了客车还有其他的车，比如出租车等，它们具有相同点又有不同之处，本项目主要是完成在客车类的基础上演变为其他的交通工具。

3.2.2 实践操作

(1) 定义客车类的字段，客车类模型 Passtrain 中定义了四个成员，分别用于保存客车的重量、可容纳的乘客数、轮子数和车牌号。

```
class Passtrain                               //类名为 Passtrain （客车）
{
  //以下为成员字段
   int weight;                                //客车的重量
   private int passengers;                    //私有成员，标准容纳乘客数
   public int wheels;                         //公有成员，该客车的轮子数
   public string plate;                       //公有成员，车牌号
   public int Weight                          //公有访问属性以访问 weight 成员
   {
      get { return weight; }                  //提供对 weight 的读权限
      set { weight = value; }                 //提供对 weight 的写权限
   }
   //以下声明公有访问属性以访问私有的 passengers 成员
   public int Passengers
   {
      get { return passengers; }              //提供对 passengers 的读权限
   }
}
```

(2) 建立以客车类作为基类的出租车类。

```
class Taxis : Passtrain
{
      private float price;                    //声明每公里价格字段
      public float Price                      //声明每公里价格属性
       {
          get { return price; }
          set { price = value; }
        }
      public float Money(float dis)           //根据公里数计算应付金额的方法
       {
         return dis * Price;
      }
}
```

对于 Taxis 类中的成员以及每个成员的访问权限，见表 3-1。

表 3-1　Taxis 类中的成员以及每个成员的访问权限

Taxis 类中的成员	访问权限	成员来源
price 字段	private 私有	Taxis 类自己定义的
Price 属性	public 公有	
Money 方法	public 公有	
wheels 字段	public 公有	从父类 Passtrain 继承而来的
plate 字段	public 公有	
Weight 属性	public 公有	
Passengers 属性	public 公有	
Showinfo 方法	public 公有	

(3) 使用 new 隐藏基类 Showinfo 方法。

```
class Taxis: Passtrain
{
    ......
    public new void Showinfo( )
    {
        System.Console.WriteLine ("我是出租车");
        System.Console.WriteLine ("我的车牌号是:"+ plate);
        System.Console.WriteLine ("我的重量是:"+ Weight);
        System.Console.WriteLine ("我的载客量是:"+ Passengers);
        System.Console.WriteLine ("每公里的价格是:"+ Price);
    }
}
```

若现在在程序中编制如下语句：

```
Taxis  ts  = new Taxis( );
ts.plate = "234567";
ts.Price = 1.4F;
ts.Showinfo( );
```

程序的输出是什么？

(4) 建立虚方法 Speak，使得各种类型的车能正确发出自己的喇叭声。

① 在客车类中定义一个发声[喇叭]的方法。

```
using System;
class Passtrain  //类名为 Passtrain  (客车)
{
     public virtual void Speak( )
        {
             Console. WriteLine ("我是客车，我的喇叭声是嘟嘟!");
        }
}
```

② 定义一个继承于客车类的出租车类，并重写虚方法。

```
class Taxis:Passtrain  //继承于客车的出租车类
{
    public override void Speak( )
    {
        Console. WriteLine ("我是出租车，我的喇叭声是嘀嘀!");
    }
}
```

③ 定义一个继承于客车类的中巴车类，并重写虚方法。

```
class Bus:Passtrain  //继承于客车的中巴车类
{
    public override void Speak( )
    {
        Console. WriteLine ("我是中巴车，我的喇叭声是哒哒!");
    }
}
```

定义测试代码：

```
class Test
{
        static void Main()
    {
        Passtrain pss = new Passtrain();
        pss.Speak();
        Taxis tas = new Taxis();
        tas.Speak();
        pss = tas;
        pss.Speak();
        Bus bus = new Bus();
        bus.Speak();
        pss = bus;
        pss.Speak();
    }
}
```

④ 定义一个交通工具的抽象类。

```
public abstract class Transport
{
    protected int type;                     //保存交通工具类型，1：水；2：陆；3：空
    public Transport() { type = 2; }        //构造函数
    public Transport(int ty) { type = ty; }
    public abstract void Speak();           //声明发声的抽象方法
}
```

在Transport(交通工具)抽象类中声明了一个Speak抽象方法，该方法没有提供任何功能，即没有方法体和方法体中的代码，同时使用了关键字abstract，所以Speak为抽象方法。

⑤ 重载父类抽象方法。

```
class Passtrain: Transport                   //从Transport继承的Passtrain类
{
        //重载父类的抽象方法——发声方法
        public override void Speak( )
        {
            Console. WriteLine ("我是客车，我的喇叭声是嘟嘟！ ");
        }
}
```

⑥ 密封方法。

```
using System;
class A
{
      public virtual void F()
          {  Console.WriteLine("A.F");  }
      public virtual void G()
          {  Console.WriteLine("A.G");  }
}
   class B : A
   {
```

```
    sealed override public void F()
        {  Console.WriteLine("B.F");  }
    override public void G()
        {  Console.WriteLine("B.G");  }
}
class C : B
{
    override public void G()
        { Console.WriteLine("C.G"); }
}
```

分析：

类 B 对基类 A 中的两个虚方法均进行了重载，其中 F 方法使用了 sealed 修饰符成为一个密封方法，G 方法不是密封方法，所以在 B 的派生类 C 中可以重载方法 G，但不能重载方法 F。

3.2.3 问题探究

1. 派生类

派生类通常定义语法格式为：

```
访问修饰符 class 派生类名称:基类名称
{ 类体 }
```

(1) “访问控制修饰符”可以是 public，protected 和 private 等。通常使用 public 以保证类的开放性，并且 public 可以省略，因为类定义的访问控制默认为 public。

(2) “基类名称”表示所继承的类。

派生类的构造函数默认会调用基类的无参构造函数，若要显示调用父类的构造函数，则需要在构造函数名后，函数体前进行调用，但名字应该变成 base。

```
class Taxis : Passtrain
{
    ......
    //声明公有含参数的构造方法
    //参数 we、p、wh、sp、pri 分别传递车重、载客量、车轮、车牌号、每公里价格
    public Taxis (int we ,int p,int wh, string sp,float pri):base(we,p,wh,sp)
    {
     Console.WriteLine("出租车类的有参构造函数被调用");
     price = pri;
    }
}
```

2. 成员隐藏

类的继承中，派生类继承了基类的所有成员，但在实际编程中,有时需要子类拥有和父类同名、参数一致但完成功能不同的方法，从而屏蔽掉父类的方法，称这种情况为成员隐藏。成员隐藏使用关键字 new。在派生类中用 new 关键字声明与基类同名的方法，格式如下：

```
访问修饰符 new  类型 成员名;
```

> **注意：**
>
> (1) 此格式中的成员可以是字段、属性、方法等，当然，若为方法，则相应地也应该有方法体。
>
> (2) 比如若基类中有一方法:public void F( ) {…}，则在派生类中重写该方法应该为 public new void F( ) {…}。

3. 虚方法与多态

1) 虚方法

虚方法在基类中的声明格式：

```
public virtual 方法名称(参数列表){方法体}
```

在派生类中的声明格式:

```
public override 方法名称(参数列表){方法体}
```

> **注意：**
>
> 基类与派生类中的方法名称与参数列必须完全一致。当类中的方法声明前加上了 virtual 修饰符时，称此方法为虚方法；反之为非虚方法，使用了 virtual 修饰符后不允许再有 static、abstract 或 override 修饰符。对于非虚的方法，无论是被其所在类的实例调用还是被这个类的派生类的实例调用，方法的执行方式不变，而对于虚方法，它的执行方式可以被派生类改变，这种改变是通过方法的重载来实现的。

下面的例子说明了虚方法与非虚方法的区别，代码如下：

```
using System;
class A
{
   public void F() { Console.WriteLine("A.F"); }
   public virtual void G() { Console.WriteLine("A.G"); }
}
class B: A
{
   new public void F() { Console.WriteLine("B.F"); }
   public override void G() { Console.WriteLine("B.G"); }
}
class Test
{
   static void Main()
   {
   B b = new B();
   A a = b;
   a.F();
   b.F();
   a.G();
   b.G();
   }
}
```

例子中 A 类提供了两个方法：非虚的 F 和虚方法 G。类 B 则提供了一个新的非虚的方法 F，从而覆盖了继承的 F；类 B 同时还重载了继承的方法 G，那么输出应该是：

```
A.F
B.F
B.G
B.G
```

注意到本例中方法 a.G( )实际调用了 B.G，而不是 A.G。这是因为编译时值为 A，但运行时值为 B，所以 B 完成了对方法的实际调用。

2) 多态性

多态是指一个程序中同名的不同方法共存的情况。在面向对象的系统中多态性是一个非常重要的概念，可以通过子类对父类方法的覆盖实现多态，也可以利用方法重载在同一个类中定义多个同名的不同方法。

C#支持两种类型的多态性：编译时的多态性和运行时的多态性。

(1) 编译时的多态性是通过重载来实现的。

(2) 运行时的多态性就是指直到系统运行时，才根据实际情况决定实现何种操作。C#中运行时的多态性通过虚成员实现。

编译时的多态性为我们提供了运行速度快的特点，而运行时的多态性则带来了高度灵活和抽象的特点。

4. 抽象类与抽象方法

为了实现多态，必须在基类中声明虚方法，但有时候基类中声明的虚方法无法实现具体的功能。在本项目中提到的交通工具继承体系中，具体类型的车可以有喇叭声，但是对于顶层设计的类，如交通工具类或者机动车类可能就没有具体的发声内容，因为它是抽象的。

抽象类是指基类的定义中声明不包含实现代码的方法，实际上就是一个不具有任何具体功能的方法，这样的方法唯一作用就是让派生类重写。

在基类定义中只要类体中包含一个抽象方法，该类即为抽象类，在抽象类中也可以声明一般的虚方法。

1) 声明抽象类与抽象方法

声明抽象类与抽象方法均使用关键字 abstract，其基本格式为：

```
public abstract 类名
{
    public abstract 返回类型 方法名称(参数列表);
    …
}
```

> 注意：
> 抽象方法声明时没有方法体，只有方法名后跟一个分号。

2) 重载抽象方法

重载抽象方法的格式为：

```
public override  返回类型 方法名称(参数列表){ 方法体 }
```

其中方法名称和参数列表必须与抽象类中的抽象方法完全一致。

3) 密封类与密封方法

如果所有的类都可以被继承，滥用继承会带来什么后果？类的层次结构体系将变得十分庞大，类之间的关系杂乱无章，对类的理解和使用都会变得十分困难，有时候我们并不希望自己编写的类被继承，另一些时候有的类已经没有再被继承的必要，所以 C#提出了一个密封类的概念帮助开发人员来解决这一问题。

(1) 密封类在声明中使用 sealed 修饰符,这样就可以防止该类被其他类继承。

```
abstract class A
{
   public abstract void F();
}
sealed class B: A
{
   public override void F()
{
          // F 的具体实现代码
      }
}
```

如果我们尝试写下面的代码：

```
class C: B{ }
```

C#会指出这个错误,告诉你 B 是一个密封类不能试图从 B 中派生任何类。

(2) 密封方法。用于防止方法所在类的派生类中对该方法的重载，对方法可以使用 sealed 修饰符，这时称该方法是一个密封方法。

> **注意：**
>
> 不是类的每个成员方法都可以作为密封方法，密封方法必须是对基类的虚方法进行重载，提供具体的实现方法，所以在方法的声明中 sealed 修饰符总是和 override 修饰符同时使用。

3.2.4 知识拓展

1. C#的继承机制

现实世界中的许多实体之间不是相互孤立的，它们往往具有共同的特征，也存在内在的差别。人们可以采用层次结构来描述这些实体之间的相似之处和不同之处。

为了用软件语言对现实世界中的层次结构进行模型化,面向对象的程序设计技术引入了继承的概念。一个类从另一个类派生出来时，派生类从基类那里继承特性，派生类也可以作为其他类的基类，从一个基类派生出来的多层类形成了类的层次结构。

C#中派生类从它的直接基类中继承成员、方法、域、属性、事件、索引指示器。除了构造函数和析构函数，派生类隐式地继承了直接基类的所有成员。

C#中的继承符合下列规则。

(1) 继承是可传递的。如果 C 从 B 中派生，B 又从 A 中派生，那么 C 不仅继承了 B 中声明的成员，同样也继承了 A 中的成员。Object 类作为所有类的基类。

(2) 派生类应当是对基类的扩展，派生类可以添加新的成员，但不能除去已经继承的成员的定义。

(3) 构造函数和析构函数不能被继承。除此以外的其他成员，无论对它们定义了怎样的访问方式都能被继承。基类中成员的访问方式只能决定派生类能否访问它们。

(4) 派生类如果定义了与继承而来的成员同名的新成员，就可以覆盖已继承的成员。但并不因为派生类删除了这些成员，只是不能再访问这些成员。

(5) 类可以定义虚方法、虚属性以及虚索引指示器，它的派生类能够重载这些成员，从而类可以展示出其多态性。

2. 覆盖

上面提到类的成员声明中，可以声明与继承而来的成员同名的成员。这时称派生类的成员覆盖(hide)基类的成员，这种情况下编译器不会报告错误，但会给出一个警告。对派生类的成员使用 new 关键字，则可以关闭这个警告。

例如汽车类的例子中类 Car 继承了 Vehicle 的 Speak 方法，可以给 Car 类也声明一个 Speak 方法来覆盖 Vehicle 中的 Speak。代码如下：

```
using System;
class Vehicle                        //定义汽车类
{
    public int wheels;               //公有成员轮子个数
    protected float weight;          //保护成员重量
    public Vehicle(){;};
    public Vehicle(int w,float g){
    wheels = w;
    weight = g;
}
public void Speak()
{
    Console.WriteLine("the w vehicle is speaking!");
}
class Car:Vehicle                    //定义轿车类
{
    int passengers;                  //私有成员乘客数
    public Car(int w,float g,int
    wheels = w;
    weight = g;
    passengers = p;
}
new public void Speak()
{
    Console.WriteLine("Di-di!");
}
```

注意：

如果在成员声明中加上了 new 关键字做修饰，而该成员事实上并没有覆盖继承的成员。编译器将会给出警告，在一个成员声明中同时使用 new 和 override，则编译器会报告错误。

3. base保留字

base 关键字主要是为派生类调用基类成员提供一个简写的方法。先看一个例子，程序代码如下：

```
class A
{
   public void F()
   {
   // F 的具体执行代码
   }
   public int this[int nIndex]
   {
   get{};
   set{};
   }
}
class B
{
   public void G()
   {
      int x = base[0];
      base.F();
   }
}
```

类B从类A中继承，B的方法G中调用了A的方法F和索引指示器。方法F在进行编译时等价于：

```
public void G()
{
   int x = (A this )[0];
    (A this ).F();
}
```

使用base关键字对基类成员的访问格式为：

```
base.identifier
base [ expression-list ]
```

3.3 练　　习

一、选择题

1. C#中的数据类型有(　　)和(　　)两种。
   A. 值类型　　B. 调用类型　　C. 引用类型　　D. 关系类型
2. 下列关于构造函数的描述正确的是(　　)。
   A. 构造函数可以声明返回类型　　B. 构造函数不可以用 private 修饰
   C. 构造函数必须与类名相同　　D. 构造函数不能带参数

3. class Class1

```
{  private static int count = 0;
   static Class1( )
   {
     count++;
   }
   public Class1( )
   {
     count++;
   }
}
Class1 o1 = new Class1( );
Class1 o2 = new Class1( );
```

请问 o1.Count 的值是多少？(　　)

A. 1　　B. 2　　C. 3　　D. 4

4. 引用参数(ref)(　　)的参数。

A. 按数值传递

B. 按地址传递，共用一内存区域

C. 按地址传递，开辟一内存区域

D. 开辟一个新地址

5. 分析 C#语句，注意类 subCalss 没有访问修饰符。

```
Namespace ClassLibrary1
{
public class Mylass
 {
      Class subClass
      {
          int i;
      }
  }
}
```

若必须为类 subClass 添加访问修饰符，并使 subClass 的可访问修饰符保持不变，则应选择(　　)。

A. protected　　B. internal　　C. private　　D. public

6. 虚拟方法的执行方式可以被派生类改变，这种改变通常通过(　　)实现。

A. 方法重载　　B. 构造方法　　C. 值方法　　D. 引用型方法

7. 在 C#中,多继承通过(　　)来实现。

A. 属性　　B. 接口　　C. 索引器　　D. 方法

8. 下面类的定义正确的是(　　)。

A. class class　exp( );　　B. public　class　exp( );

C. void　class　exp(int x,y);　　D. void　class　exp(int x,int y);

9. 静态变量的修饰符是(　　)。

A. stack　　B. break　　C. static　　D. take

10. “多态性”意味着可以有(　　)。

A. 多个类使用　　B. 单个类使用

C. 调用类的功能　　D. 多个可互换使用的类

11. 在C#中设计时，如何将一个可读写的公有属性Name修改为只读属性？(　　)

A. 为Name添加修饰符　　B. 将Name的set块置空

C. 将Name的set块删除　　D. 在Name的set块前加修饰符pravite

12. {　int count;　string msg; }　则该类的默认的构造函数为(　　)。

A. internal　MyClass( )　{ }　　B. public MyClass( ){

C. public MyC\lass { }　　D. 不存在

13. 在下面的类定义中，默认构造函数的作用是(　　)。

```
public  class  MyClass
{
        private  MyClass(  ){ }
        public  static  int  counter;
        public  static  int  increnentCounter( )
        {
                return  ++counter;
                return  ++counter;
         }
}
```

A. 在创建类的实例时初始化类的域

B. 因为是private的，因此不起任何作用

C. 防止创建类的实例

14. C#类myclass定义如下：

```
public class myclass
{
 int count;
 private myclass(int I){count=I;}
}
```

现在需要为该类添加一个公有的构造函数，则下列函数定义正确的有(　　)。

A. public myclass( ){myclass(100);}　　B. public myclass( );myclass(100){ }

C. public myclass( );base(100){ }　　D. public myclass( );this(100){ }

二、填空题

1. 在实例化类对象时，系统自动调用该类的________________进行初始化。

2. 当一个对象离开它的作用域或不再被使用时，系统将会自动调用类的__________。

3. __________是指从已有的类型出发，在此基础上建立新的类型，新类型具备原有类型的功能和特性，也能在新类型中对原有类型的功能进行更新和扩展。

4. ____是指不同类型的对象对同一消息做出反应，是面向对象编程的重要特征。

5. 在类中未说明访问权限的情况下，所有成员都是__________。

6. 实例中的 this 可作用于该实例的__________成员函数中。

7. 修饰符__________表示公有成员，允许从外部进行访问类的公有成员，这是权限最少的一种访问方式。

8. 通常来讲，一般把__________成员看做属于类所有的，而实例成员看做属于对象所有的。

9. __________是类中与类名同名的成员函数，当一个类的实例生成时，系统会自动调用它对实例进行初始化。

10. C#中属性借助于关键字__________和__________对属性的值进行读写。只有__________访问器时，表明属性的值只能进行设置而不能读出；只有__________访问器时，表明属性的值是只读的，不能改写。

三、解答题

1. 简述什么是类，怎样定义一个类？类的基本成员有哪些？

2. C#的访问控制符有哪些？它们对类成员分别有哪些控制限制作用？

3. 创建一个时间类 Time，它包含 3 个属性：Hour、Minute、Second。

4. 编写一个程序，输入一个球的半径(double 类型)，然后调用 sphereVolum 方法并显示球的面积。

5. 静态变量与动态变量、public 和 private 的各自区别是什么？

6. 在默认实例构造函数中各类型的默认的值是什么？

7. 声明一个学员类，包括学号、姓名、电话、NET 成绩、JAVA 成绩、数据库成绩，并计算平均成绩和总成绩。学号、姓名、电话是属性，成绩存储在数组或集合中，通过索引器访问。计算平均成绩和总成绩，可以是方法，也可以是属性。

第4章 窗体编程

教学目标

(1) 通过本章的学习，掌握常用控件的属性及使用方法。

(2) 能够掌握文本输入、选择组件、列表控件、图片框、菜单栏以及对话框。

(3) 掌握每个控件的用法以及重要属性值的设置。

教学要求

知识要点	能力要求	关联知识
文本框控件	(1) 掌握 TextBox 控件的常用属性及用法 (2) 了解 MaskedTextBox 控件的属性及用法	TextBox 的常用事件和方法
按钮控件	掌握 Button 控件的常用属性及用法	Button 按钮的 Click 事件
显示控件	掌握 Label 控件的常用属性及用法	Label 控件的 Text 属性
选择与列表控件	(1) 掌握 RadioButton 控件的常用属性及用法 (2) 掌握 CheckBox 控件的常用属性及用法 (3) 掌握 ListBox 控件的常用属性及用法	列表控件的属性 DataSource
组合框	(1) 掌握 ComboBox 控件的常用属性及用法 (2) 了解 ComboBox 控件的事件	ComboBox 控件的 DropDownStyle
图片框控件	掌握 PictureBox 控件的常用属性及用法	PictureBox 控件的 SizeMode 属性
计时器控件	掌握 Timer 控件的常用属性及用法	Timer 控件的两个主要方法是 Start( )和 Stop( )
容器控件	掌握 GroupBox 控件的常用属性及用法	容器控件中放入其他控件
菜单	掌握 MenuStrip 控件的常用属性及用法	MenuStrip 控件的常用属性 Items
状态栏	掌握 StatusStrip 控件的常用属性及用法	StatusStrip 控件的属性 Item 和方法 Remove
对话框	(1) 掌握 OpenFileDialog 组件的常用属性 (2) 掌握 SaveFileDialog 组件的属性及用法	OpenFileDialog 组件和 SaveFileDialog 组件的常用属性 FileNames

重点难点

- ✧ TextBox 控件
- ✧ RadioButton 控件
- ✧ CheckBox 控件和 ListBox 控件
- ✧ ListBox 控件和 ComboBox 控件
- ✧ PictureBox 控件
- ✧ Timer 控件
- ✧ OpenFileDialog 组件和 SaveFileDialog 组件

4.1　项目一　文本编辑器

4.1.1　项目描述

本项目实现一个可以进行多行编辑的文本编辑器，如图 4.1 所示。可以实现文本的复制、剪切、粘贴、全选、撤销、计算字数和编辑功能，还能改变字体颜色、字号大小和字体格式。

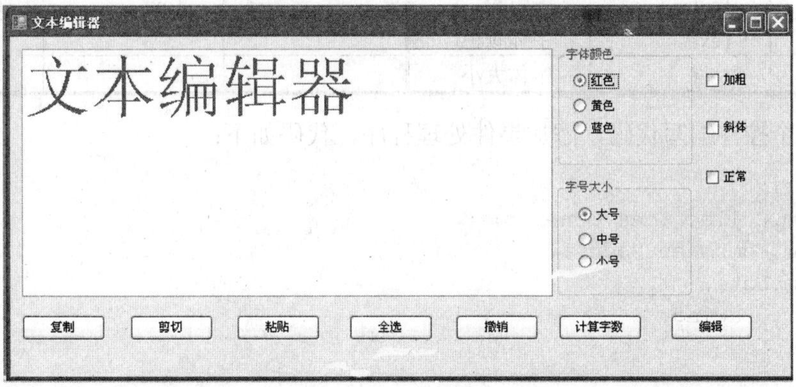

图 4.1　文本编辑器

4.1.2　实践操作

要实现以上功能,需要 TextBox 控件、Button 控件、RadioButton 控件、GroupBox 控件和 CheckBox 控件。

实现步骤如下：

(1) 创建一个【Windows 应用程序】项目，项目名称为 TextEdit。

(2) 向窗体上添加 1 个 TextBox 控件、7 个 Button 按钮、两个 GroupBox、6 个 RadioButton 控件和 3 个 CheckBox 控件，并按图 4.1 布局。

(3) 控件添加完成后，设置窗体和各个控件的相关属性，见表 4-1。

表 4-1　设置窗体和各个控件的相关属性(1)

对　　象	属　　性	属性值	对　　象	属　　性	属性值
Form1	Name	TextEdit	radioButton1	Name	rdobtn_red
	Text	文本编辑器		Text	红色
TextBox	Name	txtedit	radioButton2	Name	rdobtn_yellow
	MultiLine	True		Text	黄色
Button1	Name	btn_copy	radioButton3	Name	rdobtn_blue
	Text	复制		Text	蓝色
Button2	Name	btn_cut	radioButton4	Name	rdobtn_big
	Text	剪切		Text	大号
Button3	Name	btn_paste	radioButton5	Name	rdobtn_mid
	Text	粘贴		Text	中号
Button4	Name	btn_selectall	radioButton6	Name	rdobtn_small
	Text	全选		Text	小号
Button5	Name	btn_undo	checkBox1	Name	chk_bold
	Text	撤销		Text	粗体
Button6	Name	btn_zishu	checkBox2	Name	chk_Italic
	Text	计算字数		Text	斜体
Button7	Name	btn_edit	checkBox3	Name	chk_regular
	Text	编辑		Text	正常
GroupBox1	Text	字体颜色			
GroupBox2	Text	字体大小			

(4) 为各个控件编写代码，添加事件处理程序，代码如下：

```
using System;
using System.Collections.Generic;
using System.ComponentModel;
using System.Data;
using System.Drawing;
using System.Linq;
using System.Text;
using System.Windows.Forms;
namespace TextEdit
{
    public partial class frmEdit : Form
    {
        public frmEdit()
        {
            InitializeComponent();
        }
        private void btn_copy_Click(object sender, EventArgs e)
        {
            txtedit.Copy();                         //复制
        }
        private void btn_cut_Click(object sender, EventArgs e)
        {
            txtedit.Cut();                          //剪切
```

```
        }
        private void btn_paste_Click(object sender, EventArgs e)
        {
            txtedit.Paste();                            //粘贴
        }
        private void btn_selectall_Click(object sender, EventArgs e)
        {
            txtedit.SelectAll();                        //全选
        }
        private void btn_undo_Click(object sender, EventArgs e)
        {
            txtedit.Undo();                             //撤销
        }
        private void btn_zishu_Click(object sender, EventArgs e)
        {
            int m, kg = 0;                              //计算字数
            string s;
            m = txtedit.Text.Length;
            for (int i = 0; i < m; i++)
            {
                s = txtedit.Text.Substring(i, 1);
                if (s == " ")
                    kg += 1;
            }
            MessageBox.Show("您输入的文本总长度为(计空格)" + m + "\r\n" + "字符数为(不计空格)"
+ (m - kg));
        }
        private void btn_edit_Click(object sender, EventArgs e)
        {
            txtedit.Focus();                            //编辑
        }
        private void rdobtn_red_CheckedChanged(object sender, EventArgs e)
        {
            txtedit.ForeColor = Color.Red;          //红色
        }
        private void rdobtn_yellow_CheckedChanged(object sender, EventArgs e)
        {
            txtedit.ForeColor = Color.Yellow;       //黄色
        }
        private void rdobtn_blue_CheckedChanged(object sender, EventArgs e)
        {
            txtedit.ForeColor = Color.Blue;         //蓝色
        }
        private void rdobtn_big_CheckedChanged(object sender, EventArgs e)
        {
            txtedit.Font = new Font(txtedit.Font.FontFamily, 50);        //大号
        }
        private void rdobtn_mid_CheckedChanged(object sender, EventArgs e)
        {
            txtedit.Font = new Font(txtedit.Font.FontFamily, 30);        //中号
        }
        private void rdobtn_small_CheckedChanged(object sender, EventArgs e)
```

```
        {
            txtedit.Font = new Font(txtedit.Font.FontFamily, 10);       //小号
        }
        private void chk_bold_CheckedChanged(object sender, EventArgs e)
        {
            if (chk_bold.Checked && chk_Italic.Checked == false)        //粗体
            {
                txtedit.Font = new Font(txtedit.Font, FontStyle.Bold);
            }
            if (chk_bold.Checked == false && chk_Italic.Checked == false)
            {
                txtedit.Font = new Font(txtedit.Font, FontStyle.Regular);
            }
            if (chk_bold.Checked && chk_Italic.Checked)
            {
                txtedit.Font = new Font(txtedit.Font, FontStyle.Bold | FontStyle.Italic);
            }
            if (chk_bold.Checked == false && chk_Italic.Checked)
            {
                txtedit.Font = new Font(txtedit.Font, FontStyle.Italic);
            }
        }
        private void chk_Italic_CheckedChanged(object sender, EventArgs e)
        {
            if (chk_bold.Checked && chk_Italic.Checked == false)     // 斜体
            {
                txtedit.Font = new Font(txtedit.Font, FontStyle.Bold);
            }
            if (chk_bold.Checked == false && chk_Italic.Checked == false)
            {
                txtedit.Font = new Font(txtedit.Font, FontStyle.Regular);
            }
            if (chk_bold.Checked && chk_Italic.Checked)
            {
                txtedit.Font = new Font(txtedit.Font, FontStyle.Bold | FontStyle.Italic);
            }
            if (chk_bold.Checked == false && chk_Italic.Checked)
            {
                txtedit.Font = new Font(txtedit.Font, FontStyle.Italic);
            }
        }
        private void chk_regular_CheckedChanged(object sender, EventArgs e)
        {
            if (chk_regular.Checked)                    //正常
            {
                chk_bold.Checked = false;
                chk_Italic.Checked = false;
                txtedit.Font = new Font(txtedit.Font, FontStyle.Regular);
            }
        }
    }
}
```

> 注意：
> 由于文本框的 Font 属性不可变，即无法在程序执行中通过代码调整其任何属性，如果需要修改 Font 属性，只能为 Font 属性分配一个新的 Font。

4.1.3　问题探究

1. 文本框 TextBox

TextBox 是一个文本编辑控件，用于显示文本。通常用于可编辑文本，也可用于只读。文本框提供了一些用于文本编辑、密码输入等操作的属性，如设置文本、文本长度、设置密码等。文本框常用属性见表 4-2。

表 4-2　TextBox 常用属性

属　　性	说　　明	默认值
Name	指示代码中用来标识该对象的名称	TextBox1
Text	获取或设置 TextBox 中的当前文本	
MaximumSize	获取或设置 TextBox 大小	0,0
MaxLength	获取或设置用户可输入的最大字符数	
Multiline	指此控件是否为多行	False
ReadOnly	指示 TextBox 中的文本是否为只读	False
PasswordChar	用于屏蔽单行 TextBox 控件中的密码字符	
ScrollBars	用于设置哪些滚动条应出现在多行 TextBox 中	None
TextAlign	获取或设置 TextBox 中文本的对齐方式	Left
WordWrap	指 TextBox 中的内容是否自动换行	True

文本框的常用事件主要有 TextChanged，此事件在 Text 属性值更改时发生，此外还有 KeyDown、KeyPress 和 KeyUp 等事件，用于响应键盘事件。

文本框还提供了一些用于文本编辑的方法，如选择、复制、粘贴、剪切、撤销等，TextBox 常用的方法见表 4-3。

表 4-3　TextBox 常用的方法

方法名	说　　明
Clear( )	从文本框中清除所有文本
ClearUndo( )	从该文本框的撤销缓冲区中清除关于最近操作的信息
Copy( )	将文本框中的当前选定内容复制到剪贴板
Cut( )	将文本框中的当前选定内容移动到剪贴板
Focus( )	为控件设置输入焦点
Paste( )	用剪贴板的内容替换文本框中当前选定的内容
Select( )	选择文本框中文本的范围
SelectAll( )	选择文本框中所有文本
Undo( )	撤销文本框中的上一个编辑操作

2. 按钮 Button

按钮控件允许用户通过单击按钮来执行操作。当该按钮被单击时，即调用 Click 事件处理程序，可将代码放入 Click 事件处理程序来执行所需要的操作。

3. 复选框 CheckBox

CheckBox 控件是复选框，用户可以在多个 CheckBox 控件对象中选择一个或多个。选中的 CheckBox 控件符号为☑，未选中的 CheckBox 控件符号为□。

CheckBox 控件可以接受 Click 事件，但一般不需要编写 Click 事件过程。CheckBox 控件的默认事件是 CheckedChanged 事件，当用户单击复选框时，选中的状态会改变，由此产生了 CheckedChanged 事件。

(1) CheckBox 常用属性见表 4-4。

表 4-4　CheckBox 常用属性

属性名称	属性描述说明	默认值
Name	指示代码中用来标识对象的名称	Checkbox1
Checked	指示组件是否处于选中状态	False
Enabled	指示是否已启用该控件	True
ThreeState	指示 CheckBox 是否会允许 3 种选中状态,而不是两种状态	False
Text	在复选框上显示的文本	CheckBox1
Visible	确定控件是否可见还是隐藏	True

(2) CheckBox 常用事件见表 4-5。

表 4-5　CheckBox 常用事件

事件名	说　明
Click	单击组件时发生
CheckedChanged	每当更改 Check 属性时发生
CheckStateChanged	每当更改 CheckState 属性时发生

(3) CheckBox 常用方法见表 4-6。

表 4-6　CheckBox 常用方法

方法名	说　明
Equals( )	确定指定的 System.object 是否等于当前的 System.Object
SelectNextControl( )	激活下一个控件

4. 单选按钮 RadioButton

单选按钮支持选中和不选中两种状态，在文字前用一个可以选中的圆点来表示，选中的 RadioButton 控件为◉。与 CheckBox 不同的是，在一个容器中如果有多个 RadioButton，那么只允许有一个 RadioButton 处于选中状态。这个特性使得 RadioButton 适合于只允许用户选取一个选项的情况。

(1) RadioButton 常用属性见表 4-7。

表4-7 RadioButton常用属性

属性名	属性描述说明	默认值
Name	指示代码中用来显示该对象的名称	RadionButton1
CheckAlign	设置控件符号与说明文字的相对位置	MiddleLeft
Checked	指示单选按钮是否选中	False
Enabled	指示是否已启用该控件	True
Image	给控件添加图片	无
Text	与控件关联的文本	RadioButton1
Visible	确定控件是可见的还是隐藏的	True

(2) RadioButton 常用事件见表 4-8。

表4-8 RadioButton常用事件

事件名	说　明
Click	单击组件时发生
CheckedChanged	每当更改 Check 属性时发生
CheckStateChanged	每当更改 CheckState 属性时发生

(3) RadioButton 常用方法见表 4-9。

表4-9 RadioButton常用方法

方法名	说　明
Equals	确定指定的 System.object 是否等于当前的 System.Object
SelectNextControl( )	激活下一个控件

5. 群组框 GroupBox

GroupBox 是容器控件，可以在其中放置其他控件，若要修改框上显示的标题，设置其 Text 属性即可。通常用于为其他控件提供可识别的框架，将窗体内的控件按功能或分类分为多个组。例如在文本编辑器中，将选择字号颜色的单选按钮与选择字号大小的单选按钮分组显示。在框架中对所有选项分组提供了逻辑上、视觉上的区分和总体的是否激活的控制。GroupBox 控件的常用属性有两个，见表 4-10。

表4-10 RadioButton控件的常用属性

属性名	说　明
Enabled	其值为 False 时，程序运行后，该控件及其内的所有控件对象均被屏蔽，不允许用户对其进行操作
Visible	其值为 False 时，程序运行后，该控件及其内在的所有控件对象会被隐藏

4.1.4 知识扩展

RichTextBox 控件用于显示、输入和操作带有格式的文本。RichTextBox 控件除了能够执行 TextBox 控件的所有功能之外，还可以显示字体、颜色、超链接、从文件加载文本或图像、撤销、重复、编辑操作以及查找指定的字符。

RichTextBox 通常用于提供文本操作和显示功能。与 TextBox 一样，该控件也可以显示滚动条，不同的是，默认情况下，该控件将同时显示水平滚动条和垂直滚动条，并具有更多的滚动条设置。RichTextBox 控件常用属性及说明见表 4-11。

表 4-11　RichTextBox 控件常用属性及说明

属　性	说　明
DetectUrls	此属性用于指定输入 URL 时 RTF 文本框执行的操作。当此属性设为 Fasle 时，RTF 文本框将 URL 视为普通文本；当设为 Ture 时，RTF 文本框将 URL 自动转换为 URL 格式
RedoActionName	此属性表示当调用 Redo 时，可再次在 RichTextBox 控件上执行操作
SelectedText	指示输入无效字符时控件是否发出警告声
Culture	该区域性用于确定可本地化掩码语言分隔符和占位符的值
Enabled	指示是否已启用该控件

RichTextBox 控件的常用方法见表 4-12。

表 4-12　RichTextBox 控件的常用方法

方法名	说　明
Find( )	用于在 RichTextBox 控件中搜索指定文本
GetCharFormPosition( )	用于检索 RTF 文本框中指定位置的字符
LoadFile( )	用于指定文件的内容加载或检索到 RichTextBox 控件中
Redo( )	用于再次执行已撤销或取消的操作
SaveFile( )	用于将 RTF 文本框的内容保存到指定文件

【例 4-1】　将 RichTextBox 列表框内的文字设置为红色，同时选定文本，并将选定的文本显示在 label 标签控件中，运行效果如图 4-2 所示。

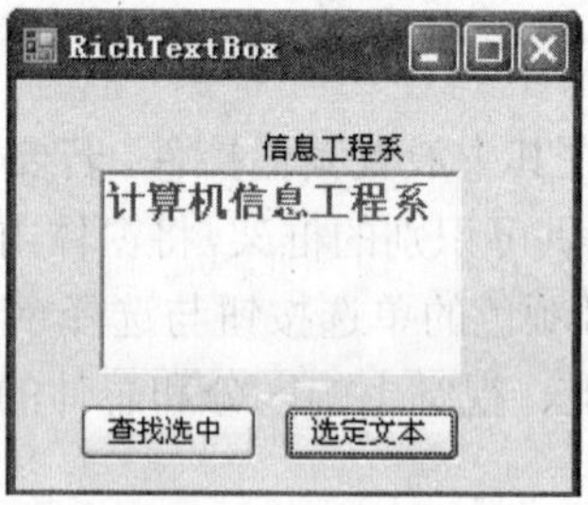

图 4.2　运行效果

```
private void button1_Click_1(object sender, EventArgs e)
    {
        if (richTextBox1.SelectedText == "")
        {
            MessageBox.Show("请选定文本");
        }
        else
        {
            this.label1.Text = richTextBox1.SelectedText.ToString();
        }
    }
    private void frmRichTextBox_Load(object sender, EventArgs e)
```

```
    {
        richTextBox1.SelectionFont = new Font("Tahoma", 12, FontStyle.Bold);
        richTextBox1.SelectionColor = System.Drawing.Color.Red;
    }
    private void button2_Click(object sender, EventArgs e)
    {
   this.label1.Text =
   Convert.ToString(richTextBox1.Find(richTextBox1.SelectedText. ToString()));
  }
```

4.1.5　练习

设置一个密码检测程序，当用户在文本框中输入密码并按回车键时，如果用户输入的密码正确，则在窗体上显示“欢迎光临！”，否则显示“密码错误，请重新输入！”，如果连续 3 次输入的密码不正确，则在屏幕上弹出一个消息框，并在上面显示“对不起，你不能使用！”，然后结束本程序的执行。

4.2　项目二　餐厅点餐(一)

4.2.1　项目描述

设计一个窗体应用程序——餐厅点餐，其界面如图 4.3 所示。项目要求具备如下基本功能。

(1) 下拉列表框中列出菜的类别，如热菜、凉菜、主食、汤菜等。

(2) 当在下拉列表框中选择相应的类别时，第一个列表框出现该列表对应的菜单。

(3) 单击【点菜】按钮，将列表框 2 和列表框 3 的内容清空，以方便下一个人点菜。

(4) -> 按钮：在第一个列表框中选择相应的选项后单击该按钮，可以将菜名和价钱分别显示在两个列表框中。

(5) 数量：在列表框 2 中选择已点的菜名，单击此按钮，可以在 inputbox 中输入这个菜的数量，输入完毕单击【确定】按钮，在列表框 3 中该菜的对应价钱改变为单价*数量=总额。

(6) 删除：在列表框 2 中选择相应的项后，单击此按钮删除已点的菜名和价钱。

(7) 结账：单击此按钮，将列表框 3 中没有数量的菜价一律改为菜价*1=菜价。同时计算出所点菜的总额，显示在文本框中。

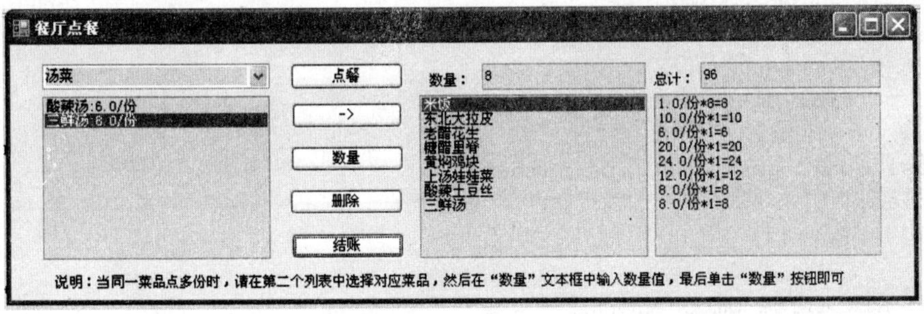

图 4.3　餐厅点餐界面(1)

4.2.2 实践操作

要实现以上功能，需要 TextBox 控件、Button 控件、Label 控件，除此之外还需要两个新控件，即 ComboBox 控件和 ListBox 控件。

实现步骤如下：

(1) 创建一个【Windows 应用程序】项目，项目名称为“餐厅点餐”。

(2) 向窗体上添加两个 TextBox 控件、5 个 Button 按钮、1 个 ComboBox、3 个 ListBox 控件和两个 Label 控件，并按图 4.3 布局。

(3) 控件添加完成后，设置窗体和控件属性，见表 4-13。

表 4-13 设置窗体和控件属性

对　象	属　性	属性值	对　象	属　性	属性值
Form1	Name	Form1	Button5	Name	btnmoney
	Text	餐厅点餐		Text	结账
ComboBox	Name	combomain	Label1	Name	Label1
	DropDownSytle	DropDown		Text	数量:
Button1	Name	btnstart	Label2	Name	Label2
	Text	点餐		Text	总计:
Button2	Name	btnorder	ListBox1	Name	listmenu
	Text	->	ListBox2	Name	listorder
Button3	Name	btnnumber	ListBox3	Name	listprice
	Text	数量	TextBox1	Name	txtnum
Button4	Name	btndel	TextBox2	Name	txttotal
	Text	删除			

(4) 为各个控件编写代码，添加事件处理程序，代码如下：

```
using System;
using System.Collections.Generic;
using System.ComponentModel;
using System.Data;
using System.Drawing;
using System.Linq;
using System.Text;
using System.Windows.Forms;
namespace 餐厅点餐
{
   public partial class Form1 : Form
{
   int positionx, positiony, paynumber;
   bool flag;
      public Form1()
      {
         InitializeComponent();
      }
      private void Form1_Load(object sender, EventArgs e)
      {
         combomain.Items.Add("主食");
```

```
        combomain.Items.Add("凉菜");
        combomain.Items.Add("热菜");
        combomain.Items.Add("汤菜");
    }
    private void combomain_SelectedIndexChanged(object sender, EventArgs e)
    {
        listmenu.Items.Clear();
        if (combomain.SelectedItem.ToString() == "主食")
        {
            listmenu.Items.Add("馒头:0.5/份");
            listmenu.Items.Add("米饭:1.0/份");
            listmenu.Items.Add("五香饼:2.0/份");
            listmenu.Items.Add("水饺:18.0/份");
            listmenu.Items.Add("锅贴:1.0/份");
            listmenu.Items.Add("馅饼:5.0/份");
            listmenu.Items.Add("包子:1.0/份");
         positionx = 0;
         }
        else if (combomain.SelectedItem.ToString()  == "凉菜")
        {
           listmenu.Items.Add("东北大拉皮:10.0/份");
           listmenu.Items.Add("老醋花生:6.0/份");
           listmenu.Items.Add("皮蛋豆腐:8.0/份");
           listmenu.Items.Add("蒜蓉油麦菜:5.0/份");
           listmenu.Items.Add("红油肚丝:8.0/份");
           listmenu.Items.Add("五香熏鱼:12.0/份");
           listmenu.Items.Add("口水鸡:12.0/份");
           listmenu.Items.Add("盐水鸭胗:16.0/份");
        positionx = 1;
        }
        else if (combomain.SelectedItem.ToString() == "热菜")
        {
           listmenu.Items.Add("毛血旺:32.0/份");
           listmenu.Items.Add("糖醋里脊:20.0/份");
           listmenu.Items.Add("红烧茄子:12.0/份");
           listmenu.Items.Add("鱼香肉丝:16.0/份");
           listmenu.Items.Add("黄焖鸡块:24.0/份");
           listmenu.Items.Add("炭烤羊排:32.0/份");
           listmenu.Items.Add("铁板鱿鱼:18.0/份");
           listmenu.Items.Add("高升排骨:28.0/份");
           listmenu.Items.Add("上汤娃娃菜:12.0/份");
           listmenu.Items.Add("番茄酥鱼:20.0/份");
           listmenu.Items.Add("虎眼丸子:22.0/份");
           listmenu.Items.Add("水煮鱼:38.0/份");
           listmenu.Items.Add("盐水凤爪:28.0/份");
           listmenu.Items.Add("酸辣土豆丝:8.0/份");
           listmenu.Items.Add("香菇油菜:12.0/份");
        positionx = 2;
        }
        else if (combomain.SelectedItem .ToString() == "汤菜")
        {
           listmenu.Items.Add("酸辣汤:6.0/份");
```

```
            listmenu.Items.Add("三鲜汤:8.0/份");
            positionx = 3;
        }
    }
    private void listmenu_SelectedIndexChanged(object sender, EventArgs e)
    {
        txtnum.ReadOnly  = false ;
    }
    private void btnorder_Click(object sender, EventArgs e)
    {
        string s, s2, s3, s4;
        int pos1, lenprice,lenlistmenu,k,n,pos2,pos3;
        bool flag = true;                          //指示是否要向列表框 2 中添加内容
        lenlistmenu = listmenu.SelectedItems.Count;      //表示选中项的数量
        s = listmenu.SelectedItem.ToString();    //取出第 i 项的内容赋给字符串 s
            pos1 = s.IndexOf(":");               //取出: 的位置，该位置后面为价格
            lenprice = s.IndexOf("/") - pos1;    //取出/的位置，该位置之前为价格，
                                                 //二者相减即为价格的长度
            s2 = s.Substring(0, pos1);        //菜名部分
            s3 = s.Substring(pos1 + 1 );      //价格部分
            s4 = s.Substring(pos1 + 1, lenprice - 1);//价格
   for (int j = 0; j <= listorder.Items.Count - 1; j++)
    {
        string s5 = listorder.Items[j].ToString();
        if (s2 == s5)
         {
             string slist3 = listprice.Items[j].ToString();
             pos2 = slist3.IndexOf("*");      //第 j 项乘号的位置，以方便取数量
             pos3 = slist3.IndexOf("=");      //第 j 项等号的位置，以方便取数量
             n = Convert.ToInt16(slist3.Substring(pos2 + 1, pos3-pos2-1)) + 1;
                                              //取出数量加 1
             listprice.Items[j] = s3 + "*" + n + "=" + Convert.ToSingle( s4) *
n;//重新设定第 i 项的值为新的数量和价钱
                  flag = false;
                  break;
              }
          }
          if (flag)
          {
              listorder.Items.Add(s2);
              listprice.Items.Add(s3+"*1="+Convert.ToSingle(s4));
          }
  }
    private void btnstart_Click(object sender, EventArgs e)
    {
        listorder.Items.Clear();
        listprice.Items.Clear();
    }
    private void btnnumber_Click(object sender, EventArgs e)
    {
        int i, j, num;
        Single money;
```

```
        i = listorder.SelectedIndex;
        if (txtnum.Text != "")
            num = Convert.ToInt16(txtnum.Text);
        else
            num = 1;
        string item = listprice.Items[i].ToString();
        j = item.IndexOf("/");
        int k = item.IndexOf("*");
        string price = item.Substring(0, j - 1);          //单价部分
        money = Convert.ToSingle(Convert.ToSingle(price) * num);     //总价格
        string newitem = item.Substring(0,k) + "*" + num + "=" + money;
                                            //listprice中显示的新内容
        listprice.Items[i] = newitem;
    }
    private void btndel_Click(object sender, EventArgs e)
    {
        int i;
        string s;
        s = listorder.SelectedItem.ToString();
        i = listorder.SelectedIndex;
        if (i != listorder.Items.Count - 1)
        {
            listorder.SelectedIndex = i + 1;
        }
        else
            listorder.SelectedIndex = i - 1;
        listorder.Items.Remove(listorder.Items[i]);
        listprice.Items.Remove(listprice.Items[i]);
    }
    private void btnmoney_Click(object sender, EventArgs e)
    {
        int i, j, mcount, position;
        Single pmoney=0, totalmoney=0;
        mcount = listprice.Items.Count;
        for (i = 0; i < mcount; i++)
        {
            string item = listprice.Items[i].ToString();
            position = item.IndexOf("=");
            pmoney=Convert.ToSingle(item.Substring(position+1));
            totalmoney +=pmoney;
        }
        txttotal.Text=totalmoney.ToString();
    }
  }
}
```

4.2.3 问题探究

1. 列表框 ListBox

列表框(ListBox)控件显示一个项的列表，用户可从中选择一项或多项。如果有较多的选项，

超出列表框的区域而不能一次全部显示时，会自动加上滚动条。其主要特点是只能从中选择，不能直接写入或修改其内容。

(1) ListBox 常用属性见表 4-14。

表 4-14 ListBox 常用属性

属性名	属性功能说明	默认值
Name	指示代码中用来标识对象的名称	listBox1
ColumnWidth	设置多列列表框中各列的宽度，值越大宽度越大，值为0时采用自动宽度值	0
DataSource	指示此控件将用来获取其项的列表	无
Items	获取当前存储在列表框中项的引用，其值是列表框中所有项的集合	(Collection)
MultiColumn	设置选项是否在列表框中水平显示	False
SelectionMode	设置列表框是单选、多选或不可以选择	one
SelectedIndex	返回对应于列表框中第1个选定项的整数值。通过在代码中更改SelectedIndex值可以通过编程方式更改选定项。若未选定任何项，则SelectedIndex值为-1；若选定了第1项，则SelectedIndex值为0	无
SelectedItem	类似于SelectedIndex，但返回所选项本身，通常是字符串值	无
Sorted	设置是否对列表框中的选项进行排序	False

(2) ListBox 常用事件见表 4-15。

表 4-15 ListBox 常用事件

事件名	说　明
SelectedIndexChanged	SelectedIndex属性值更改时发生
SelectedValueChanged	在ListControl上更改SelectedValue属性的值时引发的事件

(3) 列表框在程序设计中使用较多的是列表框的 Items 属性集合的方法，Items 是列表框中选项的引用，可以通过它来编辑列表框中的选项。Items 常用方法见表 4-16。

表 4-16 Items 常用方法

方法名	说　明
Add( )	在列表框中添加新项
AddRange( )	向列表框中添加项的数组
Clear( )	清除列表框中的所有项
Insert( )	在列表框中的指定索引位置添加新项
Remove( )	删除列表框中指定项
RemoveAt( )	删除列表框中指定索引位置的项
ClearSelected( )	清除列表框中所有已选择的项

2. 组合框 ComboBox

组合框控件 ComboBox 是组合了文本框和列表框特性的一种控件，其作用与 ListBox 类似，但是所占用的窗体空间小。用户可以通过下拉列表框(ComboBox)列出用户可做的选择，并允许用户选择其中一项，程序可以读取被选的项，从而得到用户数据。

ComboBox 控件有 3 种风格：简单组合框 Simple、下拉式组合框 DropDown 和下拉式列表框 DropDownList，如图 4.4 所示。

图 4.4　ComboBox 控件的 3 种风格

(1) 简单组合框：显示的是一个文本框，文本部分可编辑。

(2) 下拉式组合框：显示的是文本框和一个箭头按钮。程序运行时，用户可以通过键盘直接在文本框区域输入文本内容，也可以打开列表框选择已有的选项，选中的内容会显示在文本框中。当用户再用鼠标单击箭头按钮选择列表框的内容时，刚输入的选项会消失，仅显示原有的选项。

(3) 下拉式列表框：其功能与下拉式组合框类似，区别是不能输入列表框中没有的列表项。

① ComboBox 常用属性见表 4-17。

表 4-17　ComboBox 常用属性

属性名称	属性功能描述	默认值
Name	指示代码中用来标识该对象的名称	comboBox1
DataSource	指示此控件用来获得其项的列表	无
Items	组合框中的项	(Collection)
DropDownStyle	设置组合框的外观	DropDown
MaxDropDownItems	在下拉列表框中显示的最多项数	8
SelectedItem	类似于SelectedIndex，但返回所选项本身，通常是字符串值	无
Sorted	设置是否对列表框中的选项进行排序	False

② ComboBox 常用事件见表 4-18。

表 4-18　ComboBox 常用事件

事件名	说　明
Click	单击组件时发生
SelectedIndexChanged	SelectedIndex 属性值更改时发生
SelectedValueChanged	在 ListControl 上更改 SelectedValue 属性的值时引发
SelectionChangeCommitted	当从下拉列表框中选择选项而下拉列表框关闭时发生

③ ComboBox 常用方法见表 4-19。

表 4-19　ComboBox 常用方法

方法名	说　明
Add( )	向ComboBox列表添加项
AddRange( )	向ComboBox的列表添加项的数组
Clear( )	从ComboBox中移除所有项
Insert( )	在ComboBox中的指定索引位置添加新项
Remove( )	从ComboBox中移除指定项
RemoveAt( )	删除ComboBox中指定索引位置的项

4.2.4　知识拓展

1. 列表视图

列表视图控件(ListView)与列表框相似，但是它可以显示带图标的列表，可以创建类似于 Windows 资源管理器的用户界面。它支持 4 种视图模式：LargeIcon(大图标)、SmallIcon(小图标)、List(列表)和 Detail(详细资料)。ListView 控件主要属性有 Items，该属性包含该控件显示的项。SelectedItems 属性包含控件中当前选定的项的集合。如果将 MultiSelect 属性设置为 True，则用户可以选择多项。如果将 CheckBoxs 属性设置为 True，则每项前面将出现一个复选框进行选择。

(1) ListView 常用属性见表 4-20。

表 4-20　Listview 常用属性

属性名称	属性功能描述	属性默认值
Name	指示代码中用来标识该对象的名称	Listview1
Columns	【详细信息】视图中显示的列	(Collention)
FullRowSelect	指示当被选中时,其所有子项是否同该项一起突出显示	False
View	指定所建列表视图的类型	LargeIcon
GridLines	获取或设置一个值,该值指示在包含控件中的选项及其子项的行和列之间是否显示网格线	False

(2) ListView 常用事件见表 4-21。

表 4-21　ListView 常用事件

事件名	说　明
SelectedIndexChanged	当此ListView的SelectedIndex属性更改时发生

(3) ListView 常用方法见表 4-22。

表 4-22　ListView 常用方法

方法名	说　明
Add( )	用指定的键、文本和图像创建一个项并将该项添加到集合中
AddRange( )	向集合中添加项的集合
Clear( )	从集合中移除所有项
Insert( )	创建一个具有指定的键、文本和图像的新项,并将该项插入到集合中指定索引处

续表

方法名	说　明
Remove( )	从集合中移除指定的项
RemoveAt( )	移除集合中指定索引处的项
RemoveByKey( )	从集合中移除具有指定键的项

【例 4-2】 创建一个窗体程序，实现功能：系统首先由程序动态地向列表视图中添加 10 个选项，用户可以通过两个 TextBox 输入文字 ，分别作为两项添加到 ListView 中，如果 TextBox 为空则提示用户输入；单击【选中的项】按钮显示当前被选中的项；单击【删除】按钮删除当前被选中的项；单击【清空】按钮删除 ListView 中所有的项。

要动态地向其中添加 10 个选项，知道最终的结果时，一般用 for 循环，要选择 ListView 中的一项时，可以用 foreach 循环遍历来判断选中的是哪项。

实现步骤如下：

(1) 创建一个【Windows 应用程序】项目，命名为 ListView。

(2) 向窗体上添加一个 ListView 控件和两个 TextBox 控件和 4 个 Button 按钮，并按如图 4.5 所示的设计列表视图布局。

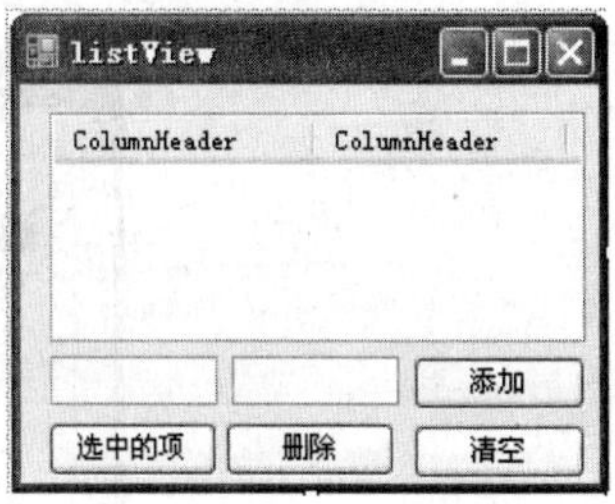

图 4.5　设计列表视图

(3) 设置控件的相关属性，设置控件属性见表 4-23。

表 4-23　设置控件属性(1)

控件名	属性名	设置的值
Form1	Name	listView
	Text	Frm_listView
ListView1	Name	list_V
	Text	
TextBox1	Name	txt_a
	Text	
TextBox2	Name	txt_b
	Text	
Button1	Name	btn_add
	Text	添加
Button2	Name	btn_Sele
	Text	选中的项
Button3	Name	btn_dele
	Text	删除
Button4	Name	btn_clear
	Text	清空

选中 ListView 控件，修改 Columns 属性，单击【...】图标将出现【ColumnHeader 集合编辑】器对话框(图 4.7)。然后可以单击【添加】按钮添加成员，并修改 ListView 的 View 属性为 Details。也可以用鼠标操作，选中 ListView 控件在其右上角有一个右箭头，单击该箭头会出现选择框。然后在该选择框中单击编辑列出现【ColumnHeader 集合编辑器】对话框，如图 4.6 所示。

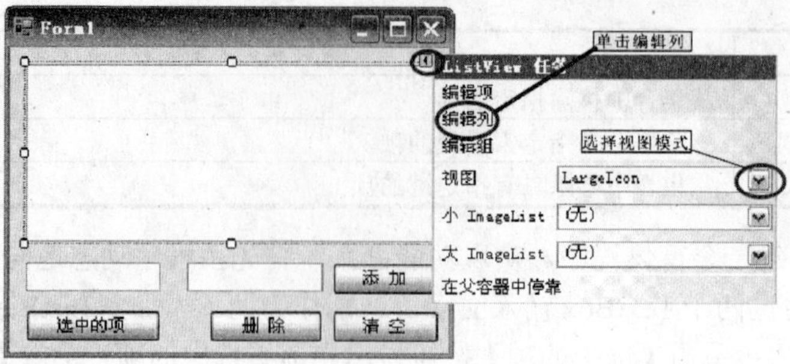

图 4.6　选择框

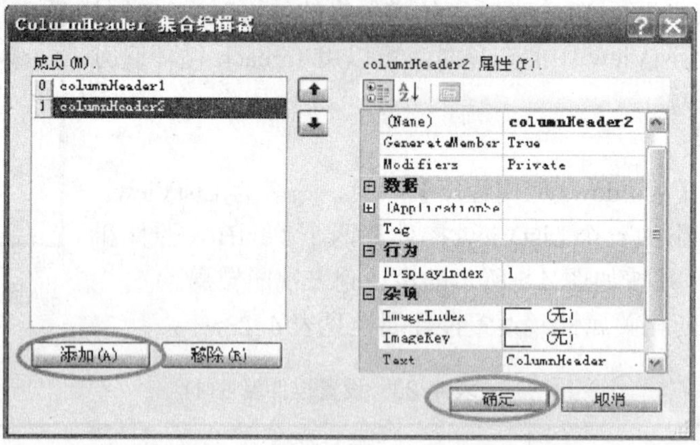

图 4.7　【ColumnHeader 集合编辑器】对话框

双击窗体空白处，打开代码窗口，在光标当前位置添加以下代码：

```
private void Frm_listView_Load(object sender, EventArgs e)
  {
    for (int i = 0; i < 10; i++)
    {
       string[] str = new string[2] { i.ToString(), (i+10).ToString() };
       this.list_V.Items.Add(new ListViewItem(str));
  }
}
```

双击【添加】按钮，打开代码窗口，添加以下代码：

```
private void btn_add_Click(object sender, EventArgs e)
{
    if (this.txt_a.Text.Trim() != "" && txt_b.Text.Trim() != "")
    {
       string[] str = new string[2] { this.txt_a.Text, this.txt_b.Text };
       this.list_V.Items.Add(new ListViewItem(str));
            //向 ListView 中添加一行内容
       this.txt_b.Text = "";
       this.txt_a.Text = "";
    }
    else
       MessageBox.Show("先写入内容再添加，谢谢合作！");
}
```

双击【选中的项】按钮，添加以下代码：

```
private void btn_sele_Click(object sender, EventArgs e)
{
    string mess = "";
    foreach (ListViewItem item in list_V.SelectedItems)
    {
        mess += item.SubItems[0].Text + "    " + item.SubItems[1].Text;
    }
    if (mess != "")
    {
        MessageBox.Show(mess + " 被选中");
    }
    else
        MessageBox.Show("没有被选中的项");
}
```

双击【删除】按钮，添加以下代码：

```
private void btn_dele_Click(object sender, EventArgs e)
{
    foreach (ListViewItem item in list_V.SelectedItems)
    {
        this.list_V.Items.Remove(item);
        //移除选中的一行
        return;
    }
    MessageBox.Show("先选中一行");
}
```

双击【清空】按钮，添加以下代码：

```
private void btn_clear_Click(object sender, EventArgs e)
  {
      this.list_V.Items.Clear();
      //清除所有内容
  }
```

(4) 按 F5 键运行程序，运行后，自动添加 10 行，你可以在下面文本框中输入相关信息，并单击【添加】按钮，将输入的信息添加到 ListView 中去；你可以选中一行，单击【选中的项】按钮显示信息；你也可以选中某项后删除或者将选项全部清空，如图 4.8 所示。

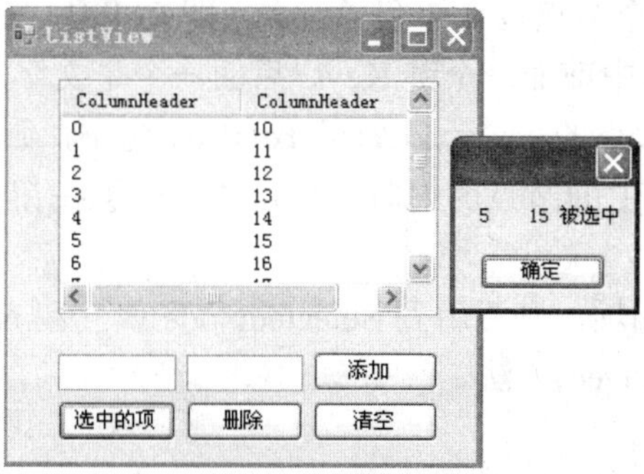

图 4.8　运行程序

2. 树形视图

树形视图控件(TreeView)可以为用户显示节点层次结构，就像在 Windows 资源管理器的左窗格中显示的树形文件和文件夹一样。树形视图中的各个节点可能包含其他节点，称为子节点，父节点前的加号框可以张开或折叠子节点。Node 属性是 TreeView 的主要属性，包括子节点的子树中的所有节点集合，节点的 Checked 属性设置为 True 或 False，表示节点是否被选中。另外，TreeView 提供的 CheckBoxes 属性如果被设置为 True，那么将在节点旁边显示带有复选框的树形视图。

(1) TreeView 的常用属性，见表 4-24。

表 4-24　TreeView 的常用属性

属性名称	属性功能描述	默认值
Name	指示代码中用来标识该对象的名称	treeView1
Nodes	可设置TreeView控件中的所有节点	
SelectNode	表示TreeView控件中当前选中的节点	
Showlines	指定TreeView的同级节点之间及树节点和根节点之间是否有线	
ShowPluminus	指示是否在父节点旁显示加减按钮	

(2) TreeView 的常用方法，见表 4-25。

表 4-25　TreeView 的常用方法

方法名	说　明
Add( )	将先前创建的树节点添加到树节点集合的末尾
AddRange( )	将先前创建的一组树节点添加到集合中
Clear( )	从集合中删除所有树节点
CollapseAll	折叠所有树节点
ExpandAll	展开所有树节点,包括子节点
GetNodeCount	用于获取TreeView控件中的节点总数
Insert( )	创建具有指定键、文本和图像的树节点，并将其插入集合中指定索引处
Remove( )	从树节点集合中移除指定的树节点
RemoveAt( )	从树节点集合的指定索引处移除树节点
RemoveByKey( )	从集合中移除具有指定键的树节点

【例 4-3】 创建一个窗体 FrmTreeView，在窗体中添加一个 TreeView 控件，两个 TextBox 控件和 3 个 Button 控件，实现功能是：系统首先由程序动态地向树形视图添加 10 个节点项为 Parent1，…，Panrent10，每个节点包含 5 个子节点，即 Child1，…，Child5。用户可以通过在两个 TextBox 中输入文字(其中前面一个键 Key，后面一个是文字 Text)，创建一个节点并添加到 TreeView 中，作为选定节点的子节点。如果 TextBox 为空，则提示用户输入。单击【显示选中项】按钮显示当前被选中的节点的内容。单击【删除】按钮删除当前被选中的节点及子节点。

如果向 TreeView 中添加项，则要用到 SelectedNode 属性和 Nodes 属性及 Add( )方法，在删除时用 Nodes 属性和 Remove( )方法。

实现步骤如下：

(1) 创建一个【Windows 应用程序】项目，命名为 TreeView。

(2) 向窗体上添加一个 TreeView 控件和两个 TextBox 控件及 3 个 Button 按钮，并按如图 4.9 所示的设计视图布局。

(3) 设置控件的相关属性，设置控件属性见表 4-26。

图 4.9　设计视图(1)

表 4-26　设置控件属性(2)

控件名	属性名	设置的值
Form1	Name	Frm_Tree
	Text	树形视图
TreeView1	Name	tree_V1
	Text	
TextBox1	Name	txt_a
	Text	
TextBox2	Name	txt_b
	Text	
Button1	Name	btn_add
	Text	添加
Button2	Name	btn_Sele
	Text	选中的项
Button3	Name	btn_dele
	Text	删除

双击窗体空白处，添加以下代码：

```
private void Frm_Tree _Load(object sender, EventArgs e)
    {
        for (int i = 0; i < 10; i++)
        {
            int k = 5;
            TreeNode[] childer = new TreeNode[k];
            for (int j = 1; j <= k; j++)
            {
                childer[j - 1] = new TreeNode("Childer " + j.ToString());
            }
            TreeNode node = new TreeNode("Parenet " + i.ToString(), childer);
            this.tree_V1.Nodes.Add(node);
        }
    }
```

双击【添加】按钮，添加以下代码：

```
private void btn_add_Click(object sender, EventArgs e)
      {
      this.tree_V1.SelectedNode.Nodes.Add(this.txt_a.Text.Trim(),this.txt_b.
Text.Trim();)
      //向当前节点下添加子节点
      }
```

双击【选中的项】按钮，添加以下代码，以让内容显示出来：

```
private void btn_Sele_Click(object sender, EventArgs e)
      {
        MessageBox.Show("当前选中的项是  " + this.tree_V1.SelectedNode.Text);
            //判断选中的是哪项
      }
```

双击【删除】按钮，添加以下代码，以正确删除节点的值：

```
private void btn_dele_Click(object sender, EventArgs e)
      {
          this.tree_V1.Nodes.Remove(this.tree_V1.SelectedNode);
            //删除选中的项
   }
```

按 F5 键运行程序。系统将自动添加 10 个节点，每个节点下添加 5 个子节点，如图 4.10 所示。

可以操作如图 4.10 所示中的节点，可以选中一行删除；可以在输入文本框中输入内容后单击【添加】按钮，将其添加到 TreeView 中；可以选中一行单击【选中的项】按钮，将显示选中的项的相关信息。其中操作效果如图 4.11、图 4.12 所示。

图 4.10　开始运行

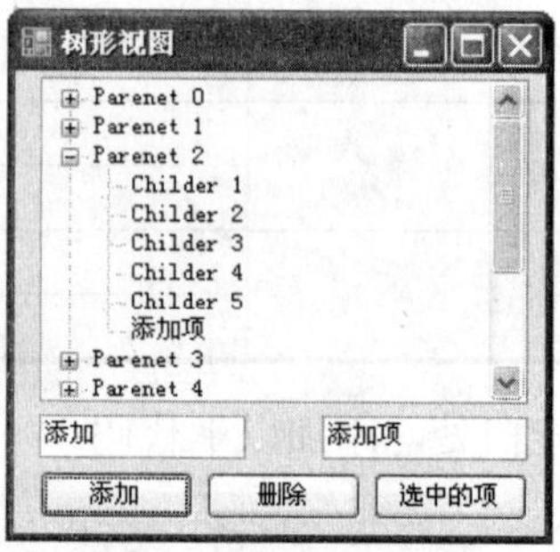

图 4.11　添加图

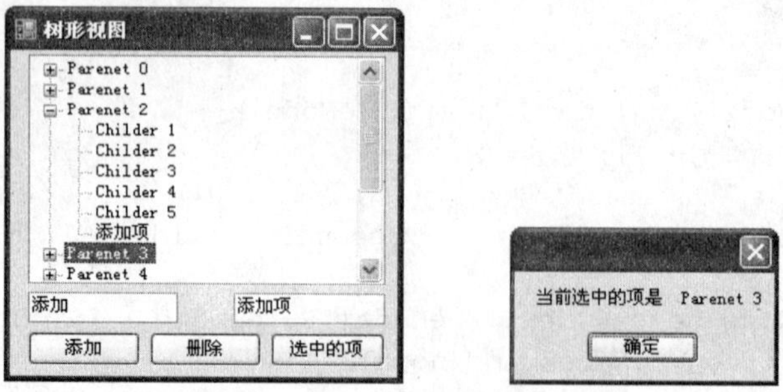

图 4.12　单击选中效果图

4.2.5　练习

使用列表框控件实现课程选课功能，完成效果如图 4.13 所示。

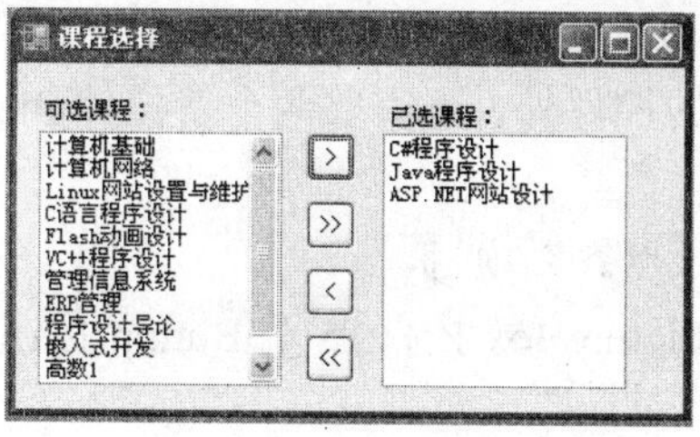

图 4.13　课程选择完成效果

4.3　项目三　餐厅点餐(二)

4.3.1　项目描述

上一个项目设计的是一个窗体应用程序——餐厅点餐，使用这个系统可以实现顾客的自助点餐。但是，现在在一些高档饭店中见到的菜单通常都是图文并茂的，很容易引起人们的食欲，相比之下前面制作的餐厅点餐系统的界面比较枯燥，所以考虑改进上面的程序，引入一些菜品的图片，刺激顾客的消费。

改进后的餐厅点餐界面如图 4.14 所示，项目要求具备如下基本功能。

(1) 当用户选中列表框 1 中的某一个菜名时，可以同时显现出这个菜成品的图片。

(2)添加上一个和下一个按钮，可以按照顺序显示出当前列表框 1 中上一个和下一个选项，同时修改图片框的内容。

(3) 当用户选中列表框 2 中的相应菜名后，也可以在图片框中显示该菜品的图片。

(4) 当用户浏览菜单时，还可以进行幻灯片放映，按列表框 1 中的顺序更新幻灯片的内容，展示每一个菜品。

(5) 当用户单击【暂停】按钮后，可以暂停或继续当前幻灯片的放映。

(6) 当用户单击【已点菜品浏览】按钮后，可以用幻灯片放映用户已点的菜。

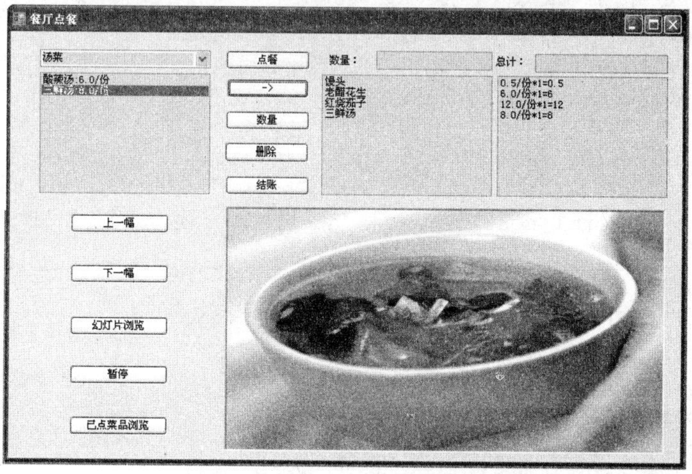

图 4.14　餐厅点餐界面(2)

4.3.2 实践操作

首先分析任务，要实现以上功能：显示图片，需使用图片框 PictureBox 来显示；实现幻灯片放映，借助 Timer 来实现自动放映的过程。

因此，除了上个项目需要的控件外，还需要两个新控件 PictureBox 控件和 Timer 控件。实现步骤如下：

(1) 打开前面制作的“餐厅点餐”项目。

(2) 向窗体上再添加一个 PictureBox 控件、5 个 Button 按钮、两个 Timer 控件，并按图 4-14 布局。

(3) 控件添加完成后，设置窗体和各个控件的相关属性，见表 4-27。

表 4-27 设置窗体和各个控件的相关属性(2)

对　象	属　性	属性值	对　象	属　性	属性值
pictureBox	Name	pictureBoxshow	Button3	Name	btnplay
	SizeMode	StretchImage		Text	幻灯片浏览
	BorderStyle	Fixed3D	Button4	Name	btnpause
Button1	Name	btnpre		Text	暂停
	Text	上一幅	Button5	Name	btnplayorder
Button2	Name	btnnext		Text	已点菜品浏览
	Text	下一幅			
Timer1	Name	Timer1	Timer2	Name	Timer2
	Interval	1000		Interval	1000

(4) 为各个控件编写代码，添加事件处理程序。

① 声明全局变量，窗体加载时为图片的交叉数组赋值。

```
namespace 餐厅点餐
{
   public partial class Form1 : Form
   {
      int positionx, positiony, paynumber;
      int x, y;//用于控制幻灯片放映的数组索引
      bool flag;
      string[][] photoname = new string[4][];
      public Form1()
      {
         InitializeComponent();
      }
      private void Form1_Load(object sender, EventArgs e)
      {
         combomain.Items.Add("主食");
         combomain.Items.Add("凉菜");
         combomain.Items.Add("热菜");
         combomain.Items.Add("汤菜");
         photoname[0] = new string[7];
         photoname[0][0] = "馒头.jpg";
         photoname[0][1] = "米饭.jpg";
         photoname[0][2] = "五香饼.jpg";
```

```
            photoname[0][3] = "水饺.jpg";
            photoname[0][4] = "锅贴.jpg";
            photoname[0][5] = "馅饼.jpg";
            photoname[0][6] = "包子.jpg";
            photoname[1] = new string[8];
            photoname[1][0] = "东北大拉皮.jpg";
            photoname[1][1] = "老醋花生.jpg";
            photoname[1][2] = "皮蛋豆腐.jpg";
            photoname[1][3] = "蒜蓉油麦菜.jpg";
            photoname[1][4] = "红油肚丝.jpg";
            photoname[1][5] = "五香熏鱼.jpg";
            photoname[1][6] = "口水鸡.jpg";
            photoname[1][7] = "盐水鸭胗.jpg";
            photoname[2] = new string[15];
            photoname[2][0] = "毛血旺.jpg";
            photoname[2][1] = "糖醋里脊.jpg";
            photoname[2][2] = "红烧茄子.jpg";
            photoname[2][3] = "鱼香肉丝.jpg";
            photoname[2][4] = "黄焖鸡块.jpg";
            photoname[2][5] = "炭烤羊排.jpg";
            photoname[2][6] = "铁板鱿鱼.jpg";
            photoname[2][7] = "高升排骨.jpg";
            photoname[2][8] = "上汤娃娃菜.jpg";
            photoname[2][9] = "番茄酥鱼.jpg";
            photoname[2][10] = "虎眼丸子.jpg";
            photoname[2][11] = "水煮鱼.jpg";
            photoname[2][12] = "盐水凤爪.jpg";
            photoname[2][13] = "酸辣土豆丝.jpg";
            photoname[2][14] = "香菇油菜.jpg";
            photoname[3] = new string[2];
            photoname[3][0] = "酸辣汤.jpg";
            photoname[3][1] = "三鲜汤.jpg";
        }
```

② 用户选中列表框 1 中的某一个菜名时，可以同时显现出这个菜成品的图片，代码如下：

```
private void listmenu_SelectedIndexChanged(object sender, EventArgs e)
        {
            txtnum.ReadOnly  = false ;
            string photopath;
            btnpre.Enabled = true;
            btnnext.Enabled = true;
            bool flag = false;
            for (int i = 0; i <= 3; i++)
            {
                for(int j=0;j<=photoname[i].Length -1;j++)
                {
                    string listmenuitem=listmenu.SelectedItem.ToString();
                    int k = listmenuitem.IndexOf(":");
                    string s;
                    s = listmenuitem.Substring(0, k) + ".jpg";
                    if (s == photoname[i][j])
```

```
                {
                    photopath = "D:\\点餐图片\\" + s;
                    pictureBoxshow.Image = Image.FromFile(photopath);
                    positionx = i;
                    positiony = j;
                    flag = true;
                    break;
                }
            }
            if (flag == true)
            {
                flag = false;
                break;
            }
        }
    }
```

③【上一幅】按钮的实现，代码如下：

```
private void btnpre_Click(object sender, EventArgs e)
    {
        string photopath;
        if (positiony > 1)
        {
            positiony = positiony - 1;
            photopath = "D:\\点餐图片\\" + photoname[positionx][positiony];
            listmenu.SelectedIndex = positiony ;//将图片框显示的内容与列表框中的相
应菜名对应起来
            pictureBoxshow.Image = Image.FromFile(photopath);
        }
        else
            btnplay.Enabled = false;
    }
```

④【下一幅】按钮的实现，代码如下：

```
private void btnnext_Click(object sender, EventArgs e)
    {
        string photopath;
        if (positiony < photoname[positionx].Length-1 )//倒数第二幅图片才有下一幅，
倒是第一幅没有，所以采用 length-1
        {
            positiony = positiony +1;
            photopath = "D:\\点餐图片\\" + photoname[positionx][positiony];
            listmenu.SelectedIndex = positiony;//将图片框显示的内容与列表框中的相应
菜名对应起来
            pictureBoxshow.Image = Image.FromFile(photopath);
        }
        else
            btnplay.Enabled = false;
    }
```

⑤ 当用户浏览菜单时，还可以进行幻灯片放映，按列表框 1 中的顺序更新幻灯片的内容，

展示每一个菜品，【幻灯片浏览】按钮的实现，代码如下：

```
private void btnplay_Click(object sender, EventArgs e)
      {
         timer1.Enabled = true;
      }
      private void timer1_Tick(object sender, EventArgs e)
      {
         string photopath;
         if (x <= 3)
         {
            if (y < photoname[x].Length)
            {
               photopath = "D:\\点餐图片\\" + photoname[x][y];
               pictureBoxshow.Image = Image.FromFile(photopath);
               y = y + 1;
            }
            else
            {
               y = 0;
               x = x + 1;
            }
         }
         else
         {
            x = 0;
            y = 0;
         }
      }
```

⑥ 当用户单击【暂停】按钮后，可以暂停或继续当前幻灯片的放映。【暂停】按钮的实现，代码如下：

```
private void btnpause_Click(object sender, EventArgs e)
      {
         timer1.Enabled = false;
      }
```

⑦ 当用户单击【已点菜品浏览】按钮后，幻灯片可以放映用户已点的菜，其代码的实现如下：

```
private void btnplayorder_Click(object sender, EventArgs e)
      {
         if (flag)
         {
            timer2.Enabled = true;
            flag = false;
         }
         else
         {
            timer2.Enabled = false;
            flag = true;
         }
```

```
    }
    private void timer2_Tick(object sender, EventArgs e)
    {
        int listorderlength;
        string s;
        listorderlength = listorder.Items.Count;
        if (paynumber < listorderlength )
        {
            s = "D:\\点餐图片\\" + listorder.Items[paynumber] + ".jpg";
            pictureBoxshow.Image = Image.FromFile(s);
            listorder.SelectedIndex = paynumber;
            paynumber += 1;
        }
        else
            paynumber = 0;
    }
```

⑧ 当用户选中列表框2中的相应菜名后，也可以在图片框中显示该菜品的图片，代码如下：

```
private void listorder_SelectedIndexChanged(object sender, EventArgs e)
    {
        string s;
        s = "D:\\点餐图片\\" + listorder.SelectedItem.ToString() + ".jpg";
        pictureBoxshow.Image = Image.FromFile(s);
    }
```

4.3.3 问题探究

1. 图片框 PictureBox

图片框可以用来显示图像，不能用于输入，是不可以选择的控件。其属性和方法可用于载入图像、设置格式，但很少用到需要响应的事件。

(1) PictureBox 的常用属性见表 4-28。

表 4-28 PictureBox 的常用属性

属性名	属性功能描述	属性默认值
Name	指示代码中用来标识该对象的名称	pictureBox1
Image	设置或获取显示的图像，可在设计时或运行时进行设置	无
ImageLocation	设置或获取显示图像文件的路径	
SizeMode	设置图像显示方式，取值有5种	Normal
BorderStyle	设置图片框空间的边框样式	None
BackColor	设置图片框背景颜色	Control

其中，SizeMode 属性的显示方式有 5 种，具体见表 4-29。

表 4-29 SizeMode 属性的显示方式

成员名称	说明
Normal	图像置于PictureBox的左上角，如果图像比包含它的PictureBox大，则该图像将被剪裁掉
StretchImage	PictureBox中的图像被拉伸或收缩，以适合PictureBox的大小

续表

成员名称	说明
AutoSize	调整PictureBox大小，使其等于所包含的图像大小
CenterImage	若PictureBox比图像大，则图像将居中显示；若图像比PictureBox大，则图片框居于PictureBox中心，而外边缘将被剪裁掉
Zoom	图像大小按其原有的大小比例被增大或减小

(2) PictureBox 的常用方法见表 4-30。

表 4-30　PictureBox 的常用方法

方法名	说　明
Load	载入要在PictureBox中显示的图像文件
LoadAsync	用于异步加载图像
RectangleToScreen	计算指定工作区矩形的大小和位置

2. 计时器 Timer

计时器控件(Timer)可以定期引发事件。本节介绍的 Timer 是基于 Windows 窗体环境的。Timer 控件的主要属性是 Interval，该属性用于定义时间间隔的长度，其值以毫秒为单位。如果启用了该组件，则每隔 Interval 时间间隔将引发一个 Tick 事件，程序员可以在该事件的处理函数中添加要执行的程序代码。Timer 控件的两个主要方法是 Start( )和 Stop( )，分别用于启动和关闭计时器。

(1) Timer 的常用属性见表 4-31。

表 4-31　Timer 常用属性

属性名	属性功能描述	属性默认值
Name	指示代码中用来标识该对象的名称	Timer1
Enabled	启用Elapsed事件生成	False
Interval	Elapsed事件的频率(以毫秒为单位)	100
Modifikers	指示对象的可见级别	Private

(2) Timer 的常用事件见表 4-32。

表 4-32　Timer 的常用事件

事件名	说　明
Tick	每当经过指定的时间间隔时发生

(3) Timer 的常用方法见表 4-33。

表 4-33　Timer 的常用方法

方法名	说　明
Start( )	启动计时器
Stop( )	停止计时器

4.3.4　知识拓展

允许用户选取一个或多个 DateTime 类型的实例控件，该控件主要包括 DateTimePicker 和

MonthCalender 控件。

1. DateTimePicker 控件

用户可以从日期或时间列表中选择单个项用来表示日期。有两种操作模式：下拉式日历模式(默认)允许用户显示一种能够用来选择日期的下拉式日历；时间格式模式，允许用户在日期显示中选择一个字段(例如月、日、年等)，按控件右边的上下箭头来设置它的值。DateTimePicker 控件的常用属性及说明见表 4-34。

表 4-34 DateTimePicker 控件的常用属性及说明

属性名	属性功能描述	默认值
Checked	当ShowSelectBox为True时确定是否选中复选框，指示用户选择了某个值	Ture
ShowCheckBox	当此属性设置为True时，该控件中的选定日期旁边将显示一个复选框。当选中该复选框时，选定的日期值可以更新。当复选框为空时，值显示为不可用	False
ShowUpDown	此属性指示是否修改控件值，显示数字而不是下拉日历	False
Value	此属性是指控件的日期或时间值	当前日期时间
CustomFormat	列出的格式字符，创建格式化日期样式	

【例 4-4】 通过使用 Value 属性，把 DateTimePicker 控件当前选中的值赋给一个文本框，当单击格式化日期时，DateTimePicker 控件中的日期转换成日、月、年的格式。完成结果如图 4.15、图 4.16 和图 4.17 所示。

实现步骤如下：

(1) 创建一个【Windows 应用程序】项目，项目名称为“日期控件”。

(2) 向窗体上再添加一个 DateTimePicker 控件、一个 Button 按钮、一个文本框控件，并按图 4.18 布局。

图 4.15 DateTimePicker 控件的 Value 属性

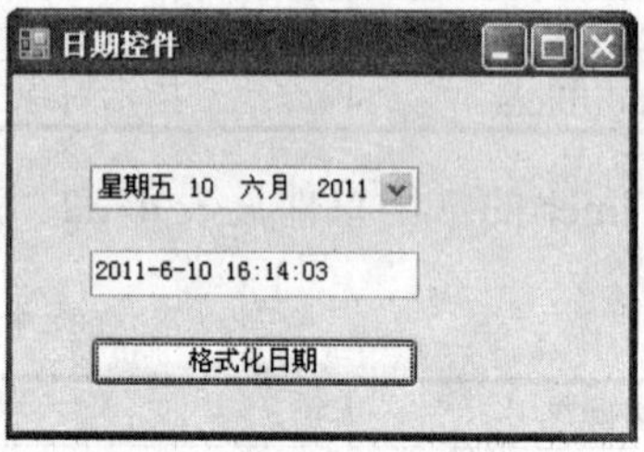

图 4.16 赋给文本框值

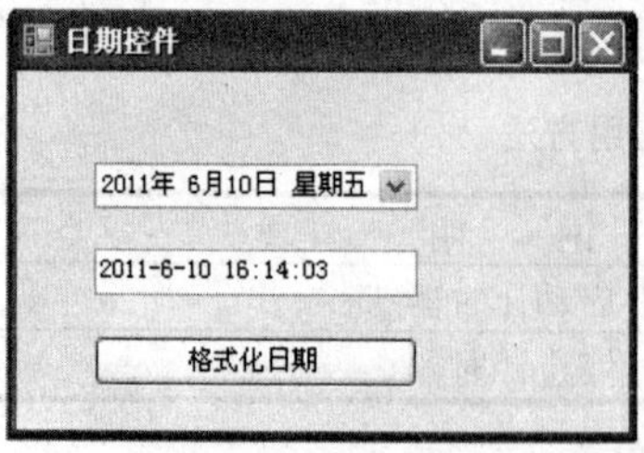

图 4.17 格式化日期

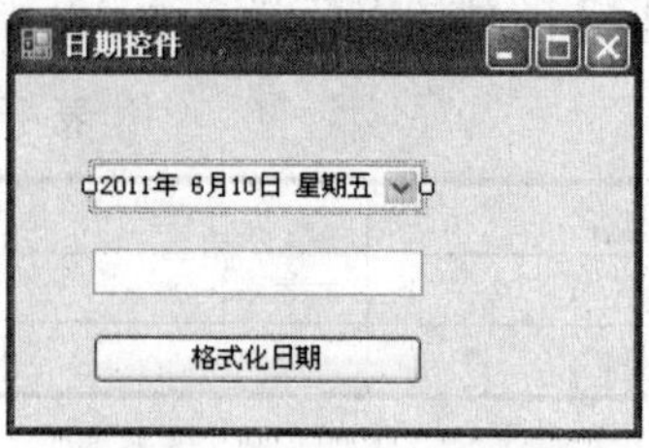

图 4.18 例 4-4 布局图

(3) 添加事件处理程序，代码如下：

```
    private void dateTimePicker1_CloseUp(object sender, EventArgs e)
    {
        this.textBox1.Text = dateTimePicker1.Value.ToString();
    }
    private void button1_Click(object sender, EventArgs e)
    {
        dateTimePicker1.Format = DateTimePickerFormat.Custom;
        this.dateTimePicker1.CustomFormat = "dddd dd MMM yyyy";
}
```

2. MonthCalender 控件

MonthCalendar 控件为用户查看和设置日期信息提供了一个直观的图形界面。该控件显示一个网格，该网格包含月份的编号日期，这些日期排列在周一到周日下的 7 个列中。可以单击月份标题任何一侧的箭头按钮来选择不同的月份。与 DateTimePicker 控件不同的是，可以使用此控件来选择日期范围；不过，DateTimePicker 控件除了可以用来设置日期外，还可以用来设置时间。MonthCalendar 控件的常用属性及说明见表 4-35。

表 4-35　MonthCalendar 控件的常用属性及说明

属性名	属性功能描述	默认值
ShowToday	此属性把当天的日期显示在控件底部	True
ShowTodayCircle	此属性把当天的日期显示为圆形	True
ShowWeekNumber	此属性设置为True，表示在日历中添加周编号	False
CalenderDimensions	根据日历中的显示获取或设置一周中的第一天	1,1
SelectionRange	指选定的日期范围	当前日期

【例 4-5】　编制一个程序，界面如图 4.19 和图 4.20 所示，在界面上可以选取日期，当选中某个确定的日期后，单击【加圈】按钮，可以在当前日期上加上圆圈，单击【粗体】按钮可以将当前日期用加粗的字体显示。

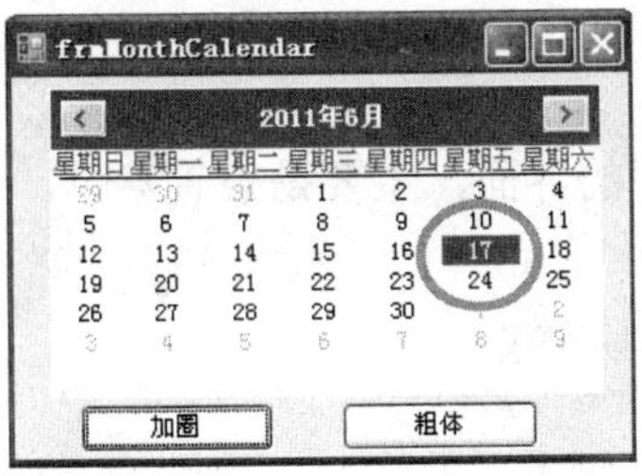

图 4.19　例 4-5 加圈效果图

图 4.20　例 4-5 粗体效果图

实现步骤如下：

(1) 创建一个【Windows 应用程序】项目，项目名称为 frmMonthCalendar。

(2) 向窗体上再添加一个 MonthCalendar 控件、两个 Button 按钮，按图 4.19 布局。

(3) 添加事件处理程序，代码如下：

```
private void button2_Click(object sender, EventArgs e)
    {
```

```
        this.monthCalendar1.ShowTodayCircle = true;
  }
private void btn_bold_Click(object sender, EventArgs e)
     {
        this.monthCalendar1.AddBoldedDate(DateTime.Now);
        monthCalendar1.UpdateBoldedDates();
  }
```

4.4 项目四 记事本

4.4.1 项目描述

开发项目记事本，按 Windows 操作系统附件中的记事本进行界面设计，完成编辑菜单中子菜单的功能，记事本界面如图 4.21 所示。

图 4.21 记事本界面

具体功能如下。

(1) 完成记事本界面设计，单击主菜单时，出现子菜单。

(2) 能完成编辑菜单的撤销、剪切、复制、粘贴、清除、全选。

4.4.2 实践操作

根据 Windows 附件中的记事本设置记事本程序的界面，主要是设置菜单。子菜单设置如图 4.22 所示。

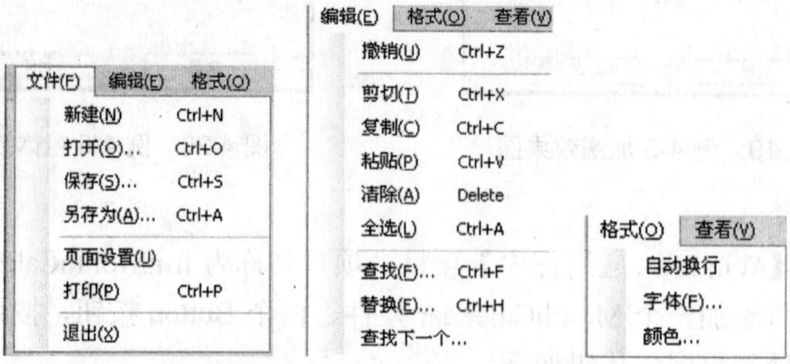

图 4.22 子菜单设置

1. 界面设计

界面设计的步骤如下。

(1) 添加窗体 FrmNote，根据要求设计相关属性。

(2) 在 FrmNote 窗体上添加菜单控件、TextBox 控件，并设置相应的属性。

(3) 根据系统自带的记事本要求，在菜单控件上分别设置详细的子菜单，如图 4.22 所示，步骤如下。

① 建立菜单控件，名称为 MenuStrip。

② 在工具箱中选中 MenuStrip 控件，然后在窗体上拖放，在拖出的空菜单中输入一级菜单第一项名称，此时在该菜单的左边(同级菜单)与下边(下级菜单)都出现菜单项编辑框。根据需要输入每个菜单项即可。在输下级菜单时，每输完一项，按 Enter 键即可。若要在上下两个菜单项间输入水平线，则需要在相应的菜单项编辑框中输入“-”即可。

③ 选中相应的菜单项，以新建菜单为例，在 text 属性中输入“新建(&N)”，此时修改菜单的显示文本，设置快捷键，即用 Alt 加字母触发。

④ 在 ShortcutKeys 属性中选择 Ctrl，然后输入“N”，此时设置了快捷键。

⑤ 菜单项的选中：Checked，当为 true 时，对应菜单项前面有“√”显示。

⑥ 菜单项对应的事件：单击子菜单，即可编写代码。

(4) 编辑菜单的实现，代码如下：

```
private void MenuUndo_Click(object sender, EventArgs e)
{
    txtcontent.Undo();
}
private void MenuCut_Click(object sender, EventArgs e)
{
    txtcontent.Cut();
}
private void MenuCopy_Click(object sender, EventArgs e)
{
    txtcontent.Copy();
}
private void MenuPaste_Click(object sender, EventArgs e)
{
    txtcontent.Paste();
}
private void MenuClear_Click(object sender, EventArgs e)
{
    txtcontent.Clear();
}
private void MenuAll_Click(object sender, EventArgs e)
{
    txtcontent.SelectAll();
}
private void MenuExit_Click(object sender, EventArgs e)
{
    this.Close();
}
```

4.4.3 问题探究

菜单是各种软件中最常用的控件，是用户对软件进行操作的主要途径之一，更是各种软件不可缺少的一部分。C#提供了两种菜单控件：窗口主菜单 MenuStrip 和右键弹出菜单 contextMenuStrip，为程序的菜单设计提供了良好的支持。在 C#中，MenuStrip 控件和 contextMenuStrip 控件的创建方法基本一样，这里以 MenuStrip 控件为例来说明菜单的属性、事件和方法。

(1) MenuStrip 控件的常用属性见表 4-36。

表 4-36 MenuStrip 控件的常用属性

属性名称	属性功能描述	属性默认值
Name	指示代码中用来标识该对象的名称	menuStrip
AllowMerge	允许合并项	True
Items	在ToolStrip上显示的项的集合	(Collection)
TabStop	指示用户可以使用Tab键作为控件提供焦点	False
Text	与控件关联的文本	menuStrip`

(2) MenuStrip 控件的常用事件见表 4-37。

表 4-37 MenuStrip 控件的常用事件

事件名	说　明
ItemAdded	在ToolStripItem已添加到ToolStrip的项集合时发生
ItemClicked	当单击项时发生
ItemRemoved	当某ToolStripItem从ToolStrip的项集中被移除时发生

(3) MenuStrip 控件的常用方法见表 4-38。

表 4-38 MenuStrip 常用方法

方法名	说　明
Add( )	将指定的项添加到集合末尾
AddRange( )	将项添加到当前集合中
Clear( )	从集合中移除所有项
Insert( )	将指定的项插入到集合中指定的索引处
Remove( )	从集合中移除指定的项
RemoveAt( )	从移除集合中指定索引处的项
RemoveByKey( )	从集合中移除具有指定键的项

4.4.4 知识拓展

1. 状态栏

状态栏(StatusStrip)是显示在窗体底部的一个长条形区域，应用程序可以在这里显示各种状态信息。StatusStrip 控件上可以显示指示状态的文本、图标、进度条或者进程正在运行的动画图标。例如 Microsoft Word 中保存文档时，下面出现一个磁盘的小动画图标，同时显示文字和进度条，以此通知用户系统的当前行为。在 Internet Explorer 中，状态栏可以指示链接所指向页面的 URL 等。通过 StatusStrip 中将添加属性设置为希望出现在状态栏中的文本，就可以在状态栏中显示一条消息。

(1) StatusStrip 的常用属性见表 4-39。

表 4-39　StatusStrip 的常用属性

属性名	属性功能描述	属性默认值
Name	指示代码中用来标识该对象的名称	statusStrip1
Items	在ToolStrip上显示的项的集合	(Collention)
LayoutStyle	指定ToolStrip的布局方向	Table
ShowItemToolTips	指定是否显示项的ToolTip	False
Text	与控件关联的文本	statusStrip

(2) StatusStrip 的常用事件见表 4-40。

表 4-40　StatusStrip 的常用事件

事件名	说　明
ItemAdded	在ToolStripItem已添加到ToolStrip的项集合时发生
ItemClicked	当单击项时发生
ItemRemoved	当某ToolStripItem从ToolStrip的项集全中被移除时发生

(3) StatusStrip 的常用方法见表 4-41。

表 4-41　StatusStrip 的常用方法

方法名	说　明
Add( )	将指定的项添加到集合末尾
AddRange( )	将项添加到当前集合中
Clear( )	从集合中移除所有项
Insert( )	将指定的项插入到集合中指定的索引处
Remove( )	从集合中移除指定的项
RemoveAt( )	从移除集合中指定索引处的项
RemoveByKey( )	从集合中移除具有指定键的项

【例 4-6】　创建一个程序，实现功能如下：button1 控件用来将 TextBox 控件中的内容显示到状态栏上；button2 用来增加进度条的进度，当进度满时，从 0 开始增长。

状态栏在应用程序中一般都显示动态信息，所以一般都在代码中实现。进度条一般和 Timer 时间组件一起使用，显示程序进度。

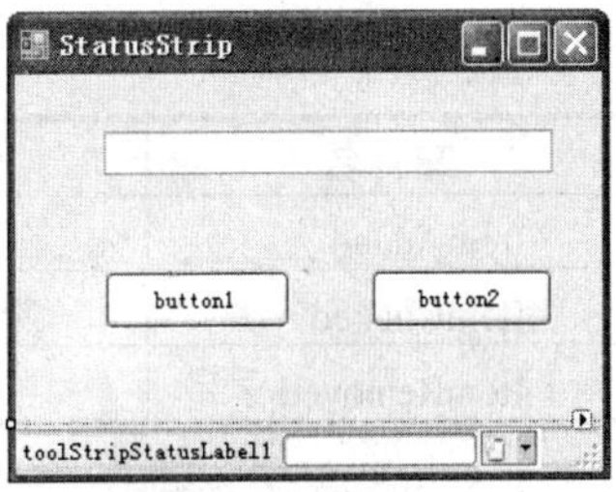

图 4.23　设计视图(1)

实现步骤如下：

(1) 新建一个【Windows 应用程序】项目，命名为 StatusStrip。

(2) 在创建好的窗体程序中拖放控件，一个 TextBox 控件两个 button 控件和一个 StatusStrip 控件。并在 StatusStrip 控件上添加一个 ToolStripLabel 控件和一个 ToolStripProcessBar 控件。设计视图如图 4.23 所示。

(3) 设计好窗体后，双击打开代码窗口，添加以下代码：

```
private void button1_Click(object sender, EventArgs e)
       {
           this.toolStripStatusLabel1.Text = this.textBox1.Text.Trim();
       }
private void button2_Click(object sender, EventArgs e)
       {
           this.toolStripProgressBar1.Value = this.toolStripProgressBar1.Value %
100 + 10;
           //获取或设置 toolStripProgressBar1 的当前值
   }
```

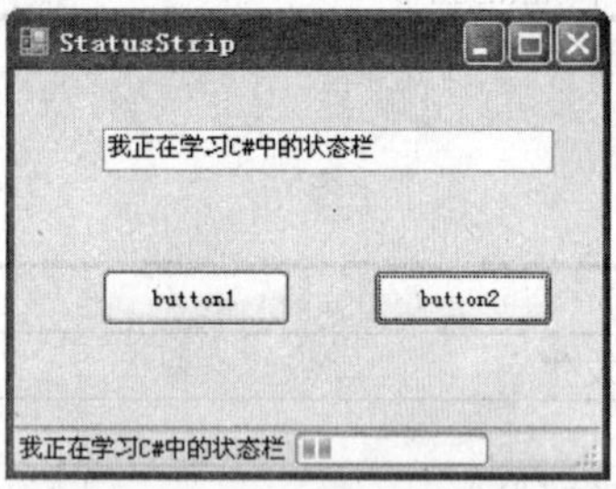

图 4.24 例 4-6 运行结果

(4) 代码编写完后，就可以运行程序了。按 F5 键可以运行程序，也可以单击工具栏上的小三角生成解决方案后调试。运行成功后，可以在输入文本框中输入任何信息，这里输入一种状态，表示某某在做什么。单击 button1 按钮后，该信息会显示到状态栏中，单击 button2 按钮，状态栏的进度条会逐渐增加。当为满时，下次变成 0 后增加。例 4-6 运行结果如图 4.24 所示。

2. 工具栏

使用工具栏控件(ToolStrip)可以创建具有 Windows XP、Microsoft Office 外观和行为的工具栏及其他用户界面元素，它支持操作系统的典型外观和行为。

ToolStrip 替换了 Visual Studio 2003 版本中的 ToolBar 控件，并添加了新功能。也可以选择使用 ToolBar 控件。

(1) ToolStrip 的常用属性见表 4-42 所示。

表 4-42 ToolStrip 的常用属性

属性名称	属性功能描述	属性默认值
Name	指示代码中用来标识该对象的名称	toolStrip1
GripStrle	指定ToolStrip的手柄可见性	Visible
Stretch	指定ToolStrip在飘浮容器中是否从一端伸展到另一端	False
Text	与控件关联的文本	toolStrip

(2) ToolStrip 的常用事件见表 4-43。

表 4-43 ToolStrip 常用事件

事件名	说 明
ItemAdded	在ToolStripItem已添加到ToolStrip的项集合时发生
ItemClicked	当单击项时发生
ItemRemoved	当某ToolStripItem从ToolStrip的项集全部被移除时发生

(3) ToolStrip 的常用方法见表 4-44。

表 4-44 ToolStrip 的常用方法

方法名	说　明
Add( )	将指定的项添加到集合末尾
AddRange( )	将项添加到当前集合中
Clear( )	从集合中移除所有项
Insert( )	将指定的项插入到集合中指定的索引处
Remove( )	从集合中移除指定的项
RemoveAt( )	从移除集合中指定索引处的项
RemoveByKey( )	从集合中移除具有指定键的项

【例 4-7】 创建一个窗体 ToolStrip，在该窗体中添加一个 RichTextBox 控件和一个 ToolStrip 控件，并在 ToolStrip 上添加两个 toolStripLabel 控件，分别显示为撤销和重复。Undo( )方法可以将 RichTextBox 中最近一次编辑撤销，而 Redo( )方法可以将 RichTextBox 控件中最近的一次撤销动作重复。在执行撤销和重复操作时应用 Undo( )和 Redo( )方法。

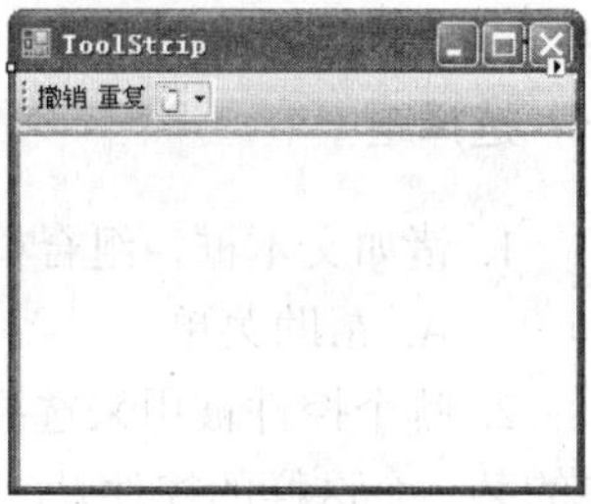

图 4.25 设计视图(2)

实现步骤如下：

(1) 新建一个【Windows 应用程序】项目，命名为 ToolStrip。

(2) 在创建好的窗体中拖放控件，放一个 RichTextBox 控件和一个 ToolStrip 控件。设计视图如图 4.25 所示。

(3) 设置每个控件的相关属性，见表 4-45。

表 4-45 相关属性

控件名	属性名	设置的值
toolStripLabel1	Text	撤销
toolStripLabel2	Text	重复

(4) 为每个事件编写代码。

为 toolStripButton1 按钮编写代码，双击 toolStripButton1 按钮，添加以下代码：

```
private void toolStripLabel1_Click(object sender, EventArgs e)
        {
            richTextBox1.Undo();
  }
```

为 toolStripButton2 按钮编写代码，双击 toolStripButton2 按钮，添加以下代码：

```
private void toolStripLabel2_Click(object sender, EventArgs e)
        {
            richTextBox1.Redo();
    }
```

(5) 运行程序，测试功能，可以在文本框中输入任意内容，对其内容删除，此时，可以单击【撤销】按钮撤销最后一个操作，单击【重复】按钮将重复最后一个操作。运行效果如图 4.26 所示。

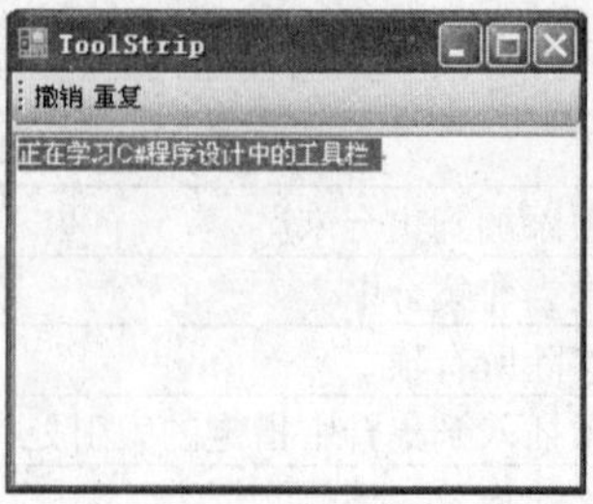

图 4.26　运行效果(2)

4.5　练　　习

一、选择题

1. 诸如文本框、组合框、复选框、单选按钮是从(　　)添加到窗体的。

A. 帮助菜单　　B. 菜单栏　　C. 工具栏　　D. 工具箱

2. 哪个控件被用来选择或不选择，并且若干个同样的控件放在一个小组中被用来选择其中的某一个这样的控件是(　　)。

A. 标签　　B. 单选按钮　　C. 文本框　　D. 复选框

3. 哪个控件用来存储图像？(　　)

A. PictureBox　　B. 单选按钮　　C. 复选框　　D. 组合框

4. 什么属性用来设置某个控件为三维或平的？(　　)

A. Dimension　　B. Flat　　C. BorderStyle　　D. Fixed

5. 什么颜色经常被使用在窗口的应用中？(　)

A. 白色　　B. 蓝色　　C. 灰色　　D. 黑色

6. (　　)对象的 AcceptButton 属性被使用响应选定的某个特殊按钮的单击事件。

A. 按钮　　B. 窗体　　C. 键盘　　D. 鼠标

7. (　　)属性确定焦点移动到当前控件。

A. TabKey　　B. TabOrder　　C. TabKeyOrder　　D. TabIndex

8. 开始状态默认时，屏幕位于(　　)。

A. 左下方　　B. 中部　　C. 左上方　　D. 右上方

9. 在 Windows Forms 程序中，某 CheckBox 对象初始化为三态(即其 ThreeState 属性值为 True)，则应使用(　　)属性来检查此 CheckBox 的状态。

A. IsSecected　　B. CheckState　　C. Checked　　D. State

10. 在 Windows Form 程序中，对某 ComboBox 对象有以下要求：控件的列表框部分总是可见的，且用户可以编辑文本框控件的文本。则该 ComboBox 对象的 DropDownStyle 属性应设置为 ComboBoxStyle 枚举类型中的(　　)值。

A. DropDown　　B. DropDownList　C. Sinple

11. 如果将窗体的 FormBoderStyle 设置为 None，则(　　)。

A. 窗体没有边框并不能调整大小　　B. 窗体没有边框但能调整大小

C. 窗体有边框但不能调整大小　　D. 窗体是透明的

12. 在 ComboBox 控件的 SelectedChangeConmited 事件处理方法中，应使用 ComboBox 对象的(　　)属性获取用户新选项的值。

A. SelectedIndex　　B. Newvalue　　C. SelectedItem　　D. Text

二、填空题

1. (　　)菜单中，提供了对齐控件所需要的菜单命令。

2. 在程序代码中对控件的访问都是通过(　　)属性来进行的。

3. (　　)属性指示该控件是否可用；(　　)属性指示控件在运行时是否可见。

4. (　　)控件提供一个文本编辑区域，用于获取用户输入或显示文本。

5. 计时器时间间隔的长度由(　　)属性定义，其值以毫秒为单位。若启用了该组件，则每个时间间隔引发一个(　　)事件。

6. RadioButton 控件默认事件是(　　)事件，RadioButton 的(　　)属性设置控件是否已被选中。

7. 列表框的(　　)属性获取对当前存储在列表框中的项的引用，其值是列表框中所有项的集合。通过此引用，可以在列表框中添加项、移除项和获取项的计数。

8. Image 控件的(　　)属性用于设置或获取显示的图像文件的路径。

9. 如果要调整 PictureBox 大小，使其等于所包含的图像大小，需要设置(　　)属性。

10. (　　)组件提供了一个【打开】对话框。

三、程序设计题

1. 设置一个可以演示字体设置方式的程序，如图 4.27 所示。

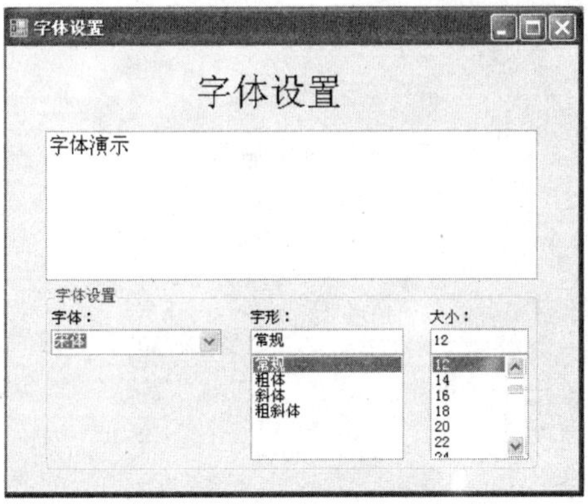

图 4.27　字体设置

2. 当在程序窗口中单击鼠标右键时，将弹出右键菜单，弹出效果如图 4.28 所示。

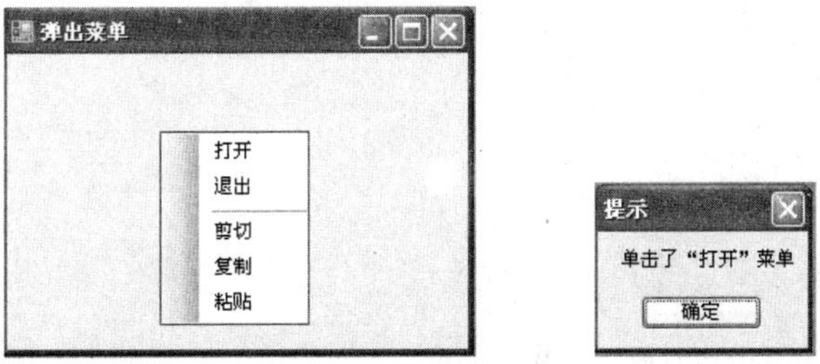

图 4.28　弹出效果

3. 使用图片框控件设计图像浏览器，可以显示图像，使其可以通过【打开】对话框查找并打开图像文件，并设置图像的背景颜色，设置文件路径文本和字体，加上菜单和工具栏，并可以使用菜单命令、快捷键或工具按钮使图像放大或缩小，如图 4.29 所示。

图 4.29　图像浏览器

4. 编写一个程序，当用户单击【字体】按钮时，可以调出【字体】对话框，要求：对话框中显示【应用】和【帮助】按钮、【颜色】下拉列表框及示例。

5. 创建一个工具条，其内有【计算器】、【画图】、【记事本】3 个图标按钮，每个按钮有图像及提示。

第5章 调试与异常

教学目标

(1) 能够理解异常的含义。
(2) 能够使用常用的系统异常类。
(3) 会使用 try 语句来处理异常。
(4) 会使用 throw 语句自定义异常。
(5) 会使用 Output 窗口输出调试信息。
(6) 会设置跟踪点来调试程序。
(7) 会设置断点。
(8) 会监视变量。
(9) 会使用单步执行。

教学要求

知识要点	能力要求	关联知识
异常的概念	(1) 了解引入异常处理机制的必要性 (2) 掌握异常的概念 (3) 掌握 C#中发生异常的原因 (4) 了解异常的分类	System.Exception 等各异常类
异常处理语句	(1) 掌握 try 语句的基本构成 (2) 掌握 try 语句各部分的执行过程 (3) 能够使用 try 语句来处理异常 (4) 能够使用 throw 语句自定义异常 (5) 在程序代码中使用异常处理	Try…catch…finally 语句 throw 语句
调试技术	(1) 能够运用单步执行帮助调试 (2) 能够设置断点帮助调试 (3) 能监视某变量的值 (4) 能设置跟踪点	【调试】菜单

重点难点

- ✧ 异常的分类
- ✧ try…catch…finally 语句
- ✧ 自定义异常
- ✧ 设置跟踪点与断点
- ✧ 监视变量
- ✧ 单步执行

5.1 项目　计算器

5.1.1 项目描述

图 5.1　计算器程序界面

现有一个计算器程序，其界面如图 5.1 所示。

该计算器计划实现加、减、乘、除、阶乘、幂次等基本运算。程序编写好以后，运行程序，发现对于大多数运算都能给出正确的结果，但是个别情况下运算结果不正确。比如求阶乘运算中，当输入值为 12345 时，显示出的结果是“正无穷大”，这显然不是我们期望的输入。因此，本章对该计算器进行改进，使得当计算器接收不合理输入时，可以提示错误信息，同时停止错误结果的输出。

5.1.2 实践操作

现有的计算器程序代码如下：

```
    int firstnum = 1;                    //初始化第一个操作数
    int secondnum = 1;                   //初始化第二个操作数
    int result = 1;                      //初始化结果
    int operater = 1;                    //表示加法
    private void button1_Click(object sender, EventArgs e)
    {
        maintext.Text += "1"; //对于按钮“1”，单击此按钮的效果是在文本框的显示数字后面加 1
    }
    private void button2_Click(object sender, EventArgs e)
    {
        maintext.Text += "2";//对于按钮“2”，单击此按钮的效果是在文本框的显示数字后面加 2
    }
//其余各个数字按钮同，在此省略
    private void btnchange_Click(object sender, EventArgs e)//取反
    {
        maintext.Text = (0 - Convert.ToInt16(maintext.Text)).ToString();
    }
    private void button11_Click(object sender, EventArgs e)
    {
```

```
        maintext.Text += ".";
    }
    private void btndes_Click(object sender, EventArgs e)   //减法运算
    {
        firstnum = Convert.ToInt16 (maintext.Text);
        maintext.Text = "";
        operater = 2;
    }
    private void btnmul_Click(object sender, EventArgs e)   //乘法运算
    {
        firstnum = Convert.ToInt16 (maintext.Text);
        maintext.Text = "";
        operater = 3;
    }
    private void btndivide_Click(object sender, EventArgs e)//除法运算
    {
        firstnum = Convert.ToInt16 (maintext.Text);
        maintext.Text = "";
        operater = 4;
    }
    private void btnadd_Click(object sender, EventArgs e)   //加法运算
    {
        firstnum = Convert.ToInt16(maintext.Text);
        maintext.Text = "";
        operater = 1;
    }
    private void btnresult_Click(object sender, EventArgs e)//计算双目运算符的结果
    {
        secondnum = Convert.ToInt16(maintext.Text);         //第二个操作数
        if (operater == 1)                                  //加法运算
        {
            result = firstnum + secondnum;
            maintext.Text = result.ToString();
        }
        if (operater == 2)                                  //减法运算
        {
            result = firstnum - secondnum;
            maintext.Text = result.ToString();
        }
        if (operater == 3)                                  //乘法运算
        {
            result = firstnum * secondnum;
            maintext.Text = result.ToString();
        }
        if (operater == 4)                                  //除法运算
        {
                result = firstnum / secondnum;
                maintext.Text = result.ToString();
        }
    }
    private void btnclear_Click(object sender, EventArgs e)//清空文本框，重新初
始化各个操作数
```

```
    {
        maintext.Text = "";
        firstnum = 1;
        secondnum = 1;
        result = 1;
    }
  private void btnpow_Click(object sender, EventArgs e)        //取幂运算
    {
        result = Convert.ToInt16(Math.Pow(2, Convert.ToSingle(maintext.Text)));
        maintext.Text = result.ToString();
    }
    private void btnfactorial_Click(object sender, EventArgs e) //求阶乘运算
    {
        int length = Convert.ToInt16(maintext.Text); //将操作数赋给变量 length
        for (int i = 1; i <= length; i++)
           result = Convert.ToInt16(result * i);      //计算阶乘
        maintext.Text = result.ToString();
    }
```

项目分析：对于阶乘运算来说，之所以输入 12345 时会出错，是因为我们将操作结果的数据类型设置为 16 位的整数，16 位整数的范围为-32727～32728，当运算结果超出了这个范围时，会给出错误的结果。不仅如此，如果我们输入“123456”，则这个操作数本身就超出了数据类型的范围，所以系统也会报错。要解决此问题，进行相应的错误提示，需要引入异常处理技术。

5.1.3 问题探究

异常是代码中产生的错误，或者在运行期间由代码调用的函数产生的错误。异常处理机制可以处理系统级和应用程序级的错误状态，它是一种结构化的、统一的和类型安全的处理机制。

导致异常的原因有两种：一种是程序员使用 throw 语句立即无条件地引发异常。控制永远不会到达紧跟在 throw 后面的语句。另外一种是在执行 C#语句和表达式的过程中，有时会出现一些例外情况，使某些操作无法正常完成，此时就会引发该类错误对应的一个异常。例如整数除法运算中，如果分母为零，则会引发 System.DivideByZeroException 异常。

1. System.Exception 类

System.Exception 类是所有异常的基类型。此类具有所有异常共有属性特征。常用的属性有以下两种。

Message 是 string 类型的一个只读属性，它包含关于所发生异常的原因的描述(易于人工阅读)。

InnerException 也是一个只读属性。如果它的值不是 null，则它所引用的是导致了当前异常的那个异常，即表示当前异常是在处理那个 InnerException 的 catch 块中被引发的。否则，它的值为 null，则表示该异常不是由另一个异常引发的。以这种方式链接在一起的异常对象的数目可以是任意的。

> 注意：
> 这些属性的值可以在调用 System.Exception 的实例构造函数时指定。

2. 常用的异常类

表 5-1 列出了 C#中经常使用的异常类。

表 5-1　C#中经常使用的异常类

System.ArithmeticException	在算术运算期间发生异常(如 System.DivideByZeroException 和 System.OverflowException)的基类
System.ArrayTypeMismatchException	当存储一个数组时，如果由于被存储的元素的实际类型与数组的实际类型不兼容而导致存储失败，就会引发此异常
System.DivideByZeroException	在试图用零除整数值时引发
System.IndexOutOfRangeException	在试图使用小于零或超出数组界限的下标索引数组时引发
System.InvalidCastException	当从基类型或接口到派生类型的显式转换在运行时失败时，就会引发此异常
System.NullReferenceException	在需要使用引用对象的场合，如果使用 null 引用，就会引发此异常
System.OutOfMemoryException	在分配内存(通过 new)的尝试失败时引发
System.OverflowException	在 checked 上下文中的算术运算溢出时引发
System.StackOverflowException	当执行堆栈由于保存了太多挂起的方法调用而耗尽时，就会引发此异常；这通常表明存在非常深或无限的递归
System.TypeInitializationException	在静态构造函数引发异常并且没有可以捕捉到它的 catch 子句时引发

3. 异常处理语句 try

处理异常使用 try 语句。try 语句提供一种机制，用于捕捉代码块执行期间发生的各种异常。此外，try 语句还可以指定一个代码块，并保证当控制离开 try 语句时，总是先执行该代码。

1) try 语句的构成

try 语句的基本语法结构如下：

```
try
{
   程序代码块;
}
catch(Exception e)
{
   发生异常时的异常处理代码块;
}
finally
{
   无论是否发生异常，均要执行的代码块;
}
```

说明：

try——包含导致异常的代码。

catch——包含产生异常时要执行的代码。catch 块可以设置为只响应特定的异常类型(例如除数为 0 异常 System.DividedByZeroException)，因此针对不同类型的异常可以提供多个 catch

块。还可以完全省略这个参数，让一般的catch块响应所有的异常。

finally——包含总是会执行的代码，如果没有产生异常，则在try块之后执行，如果处理了异常，就在catch块后执行，或者在未处理的异常中断应用程序之前执行。

2) try语句的多种表现形式

try语句具有3种可能的形式：

(1) 一个try块后跟一个或多个catch块。

首先执行try语句块中的代码，当发生异常时，依次去匹配多个catch块，一旦与某个块匹配成功，就相应地执行那个catch块中的代码。

(2) 一个try块后跟一个finally块。

首先执行try后面的代码，当异常发生时，直接执行finaly中的代码。

(3) 一个try块后跟一个或多个catch块，后面再跟一个finally块。

执行try块中的代码，若产生异常，则在多个catch块中搜索与之匹配的catch，匹配成功后执行catch中对应的代码。无论是否有匹配成功的catch块，程序最终都将执行finaly块中的代码。

3) try语句处理异常的过程

当try语句运行时，若try代码块中的代码执行出现了错误，则针对该错误的类型找到与之匹配的最近的catch语句块去执行，若该操作执行失败，则继续搜索与之匹配的catch代码块，直到找到可以处理当前异常的catch块为止。

找到匹配的catch子句后，系统将把控制转移到该catch子句的第一条语句。在catch子句的执行开始前，若引发该异常的try语句中还嵌套了其他的try语句，则系统首先按顺序执行这些try语句对应的finally语句，然后才执行catch中的代码。

> 注意：
> 没有指定异常类的catch子句可以处理任何异常。

如果没有找到匹配的catch子句，则发生下列两种情况之一。

(1)如果搜索匹配的catch子句，搜索到一个静态构造函数或静态字段初始值设定项，则导致在调用该静态构造函数的代码位置处引发System.TypeInitializationException异常。

(2) 如果对匹配的catch子句的搜索到达最初启动当前线程的代码处，则该线程的执行就会终止。

> 注意：
> 如果在析构函数执行过程中发生异常且该异常未被捕获，则将终止该析构函数的执行，并调用它的基类的析构函数(如果有)。如果没有基类(如object类型中的情况)，或者如果没有基类析构函数，则该异常将被忽略。

【例5-1】 使用try语句处理在计算器程序中可能发生的异常。

分析：计算器程序中可能发生的异常有三处：一是进行除法运算时，当除数为0时引发的异常；二是进行任何一种运算时，若输入的操作数大于int16(可以随着自己定义类型的改变而改变)的表示范围时，会引发异常；三是进行任何一种运算时，若计算得到的结果大于int16

的表示范围时，会引发异常。

程序代码如下：

```
Single  firstnum = 1;                //初始化第一个操作数
Single  secondnum = 1;               //初始化第二个操作数
Single  result = 1;                  //初始化结果
int operater = 1;                    //表示加法
private void button1_Click(object sender, EventArgs e)
{
   maintext.Text += "1"; //对于按钮“1”，单击此按钮的效果是在文本框的显示数字后面加 1
   judgenum(maintext.Text);//调用异常处理方法进行溢出判断，保证输入数不大于最大值
}
private void button2_Click(object sender, EventArgs e)
{
   maintext.Text += "2";//对于按钮“2”，单击此按钮的效果是在文本框的显示数字后面加 2
   judgenum(maintext.Text); //调用异常处理方法进行溢出判断，保证输入数不大于最大值
}
//按钮 0～9 的功能类似于 1 和 2，故省略
private void btnchange_Click(object sender, EventArgs e)    //取反
{
   maintext.Text = (0 - Convert.ToInt16(maintext.Text)).ToString();
}
private void button11_Click(object sender, EventArgs e)
{
   maintext.Text += ".";
}
private void btndes_Click(object sender, EventArgs e)       //减法运算
{
   firstnum = judgenum(maintext.Text);
   maintext.Text = "";
   operater = 2;
}
private void btnmul_Click(object sender, EventArgs e)       //乘法运算
{
   firstnum = judgenum (maintext.Text);
   maintext.Text = "";
   operater = 3;
}
private void btndivide_Click(object sender, EventArgs e)    //除法运算
{
   firstnum = judgenum (maintext.Text);
   maintext.Text = "";
   operater = 4;
}
private void btnadd_Click(object sender, EventArgs e)       //加法运算
{
   firstnum = judgenum (maintext.Text);
   maintext.Text = "";
   operater = 1;
}
private void btnresult_Click(object sender, EventArgs e)//计算双目运算符的结果
{
```

```
        secondnum = judgenum (maintext.Text);          //第二个操作数
        if (operater == 1)                             //加法运算
        {
            result = firstnum + secondnum;
            maintext.Text = judgeresult(result);//调用异常处理方法保证结果不超出范围
        }
        if (operater == 2)                             //减法运算
        {
            result = firstnum - secondnum;
            maintext.Text = judgeresult(result);
        }
        if (operater == 3)                             //乘法运算
        {
            result = firstnum * secondnum;
            maintext.Text = judgeresult(result);
        }
        if (operater == 4)                             //除法运算
        {
            try
            {
                result = firstnum / secondnum;
                maintext.Text = judgeresult(result);
            }
            catch (DivideByZeroException ex)
            {
                MessageBox.Show("除数不可为0! " + ex.Message);
                maintext.Text = "";
            }
            finally
            {
                secondnum = 1;
            }
        }
    }
    private void btnclear_Click(object sender, EventArgs e)//清空文本框，重新初
始化各个操作数
    {
        maintext.Text = "";
        firstnum = 1;
        secondnum = 1;
        result = 1;
    }
    private void btnpow_Click(object sender, EventArgs e)//取幂运算
    {
        try
        {
            result = Convert.ToInt32(Math.Pow(2, Convert.ToSingle(maintext.Text)));
maintext.Text = result.ToString();
        }
        catch (OverflowException ex) //当发生溢出错误时，调用异常处理函数显示信息
        {
            MessageBox.Show(ex.Message);
```

```
            }
        }
        private void btnfactorial_Click(object sender, EventArgs e)//求阶乘运算
        {
                int length = Convert.ToInt32(maintext.Text);//将操作数赋给变量 length
                for (int i = 1; i <= length; i++)
                    result =result * i;                             //计算阶乘
                maintext.Text = judgeresult(result);               //进行运算结果的溢出判断
        }
        public int judgenum(string s)    //将字符串类型的操作数转换为整数并进行溢出判断
        {
            try
            {
                int stoint32 = Convert.ToInt32(s);
                return stoint32 ;
            }
            catch (Exception ex)
            {
                MessageBox.Show(ex.Message);
                maintext.Text = "";
                return 2147483647;
            }
        }
        public string judgeresult(long result)
//对 16 位整型的运算结果进行溢出判断，并将其转化为字符串
        {
            try
            {
                int inttoint32 = Convert.ToInt32(result);
                return inttoint32.ToString();
            }
            catch (Exception ex)
            {
                MessageBox.Show("运行结果: "+ex.Message);
                maintext.Text = "";
                return null;
            }
  }
```

说明：

(1) 输入操作数时，需要将文本框中字符串类型的内容转换为整数，并进行溢出结果的判断，使用 judgenum(string s)函数实现这个功能。若输入数据存在溢出，则返回该范围内的最大整数值并提示错误；反之，显示错误信息并返回转换的整数。

(2) 与之对应，函数 judgeresult(long result)对运算结果进行判断并输出。当计算出运算结果 result 时，首先进行溢出判断。若无溢出，则将其转化为字符串类型并输出到文本框中去；反之显示错误信息并输出 null。

(3) 对于除法运算，考察的异常类为 DivideByZeroException。如下代码进行的是除数为 0 的判断。

```
    try
```

```
{
    result = firstnum / secondnum;
     maintext.Text = judgeresult(result);
}
 catch (DivideByZeroException ex)
{
    MessageBox.Show("除数不可为 0! " + ex.Message);
   maintext.Text = "";
}
finally
{
    secondnum = 1;
 }
```

在此，使用了 try…catch…finaly 结构。在 try 代码块中进行除法运算，运算过程中一旦发生了 DivideByZeroException 异常，即调用 catch 对应的代码块，输出相应的错误信息。无论是否引发了异常，最终都要执行 finaly 代码块，即将第二个操作数初始化为 1，以便下一次运算。

(4) 溢出运算对应的异常类为 OverflowException。在取幂运算的代码中，使用了这个异常类的的实例。

```
try
   {
     result = Convert.ToInt32(Math.Pow(2, Convert.ToSingle(maintext.Text)));
     maintext.Text = result.ToString();
   }
   catch (OverflowException ex)   //当发生溢出错误时，调用异常处理函数显示信息
   {
     MessageBox.Show(ex.Message);
   }
```

在该代码段中，首先计算取幂结果。若计算过程中触发了 OverflowException 异常，则执行相应的 catch 代码段，显示出错信息。

4. 抛出语句 throw

除了预定义的异常外，我们还能创建自己的异常，过程比较简单。

(1) 声明一个异常，格式如下：

```
public class Myexception:Exception{} ;
```

(2) 引发自己的异常：

```
throw new  Myexception();
```

通过一个例子来说明如何使用自定义的异常。

【例 5-2】 项目中的计算器程序可以有效地发现错误，但存在一个明显的缺陷，即声明的操作数全部为整数。而实际的运算中，多数情况下操作数均为浮点数。这时系统预定义的异常类往往不起作用。例如除数为 0 的异常 DivideByZeroException，只有当除数为整数 0 时才触发，而对于浮点数 0.0，该异常不会被触发。要解决这个问题，保证对于浮点 0 也会引发异常，就需要使用自定义的异常类。

程序代码如下：

```
public class Myexception:Exception{};            //声明自定义的异常类
    private void btnresult_Click(object sender, EventArgs e)//计算双目运算符的结果
    {
  secondnum = judgenum (maintext.Text);          //第二个操作数
  …//其余运算代码省略，只给出除法运算代码
  if (operater == 4)
      {
          try
          {
              result = firstnum / secondnum;
          //当除数为浮点 0 时抛出异常，即由此处转至异常执行语句，不再向下执行
              if (secondnum == 0.0)
                  throw new Myexception();
              maintext.Text = result.ToString();
          }
          catch (Myexception myexception)
          {
          //显示错误信息
              MessageBox.Show("即使把 0 变成 0.0，它依然不能做除数哦，因为它还是 0!");
              maintext.Text = "";
          }
  }
```

5.1.4　知识扩展

1. C#异常与 C++异常的区别

C#中的异常机制非常类似于 C++ 的异常机制，但是有一些重要的区别：

(1) 在 C#中，所有的异常必须由从 System.Exception 派生的类的实例来表示。在 C++中，可以使用任何类型的任何值表示异常。

(2) 在 C#中，利用 finally 块可编写在正常执行和异常情况下都将执行的终止代码。在 C++中，很难在不重复代码的情况下编写这样的代码。

(3) 在 C#中，系统级的异常如溢出、被零除和 null 等都对应地定义了与其匹配的异常类，并且与应用程序级的错误状态处于同等地位。

2. 调试

代码中的错误通常是在所难免的。无论程序员多么优秀，程序总是会有一些问题，好一点的程序员会找出其中的一部分错误并更正它们。当然，这些都是不影响应用程序执行的小问题，例如按钮上的编写错误等，但这些小错误也可能导致应用程序的完全失败。所以，应该掌握一定的跟踪代码、发现错误的方法，也就是调试的技术。

1) Output 窗口

VisualStudio 中提供了一个 Output 窗口，可以使用这个窗口来查看与代码的编译和执行相关的信息，包括在编译过程中遇到的错误等，还可以将自定义的信息直接写到窗口中。

在 VisualStudio 菜单中选择 View|Output 命令，可以显示 Output 窗口，如图 5.2 所示。

图 5.2　Output 窗口

这个窗口有【运行】和【调试】两种模式，使用其中的下拉列表框可以在模式之间切换。【运行】和【调试】模式分别显示编译和运行期间的信息。

> **注意：**
> 本节提到“写入 Output 窗口”时，实际上是指“写入 Output 窗口的调试模式视图”。

在程序运行期间将文本写入 Output 窗口需使用 Debug.WriteLine( )或 Trace.WriteLine( )函数。使用之前要先引入命名空间，即

```
using System.Diagnostics;
```

Debug.WriteLine( )和 Trace.WriteLine( )这两个命令函数的使用方法几乎相同，但一个关键的区别是：第一个命令仅在调试模式下运行，而第二个命令还可用于发布程序。实际上，Debug.WriteLine( )命令甚至不能编译为可发布的程序，因为在发布版本中，该命令会消失。

这两个函数的用法与 Console.WriteLine( )不同，它们唯一的字符串参数用于输出消息，且必须使用“+”运算符在字符串中插入变量值。它们还可以有第二个字符串参数，用于显示输出文本的类别，这样，如果应用程序的不同地方输出了类似的消息，就可以马上确定 Output 窗口中显示的是哪个输出信息。

【例 5-3】　将计算器程序中计算阶乘代码的调试信息输出到 Output 中。

```
private void btnfactorial_Click(object sender, EventArgs e)//求阶乘运算
    {
        int length = Convert.ToInt32(maintext.Text); //将操作数赋给变量 length
        for (int i = 1; i <= length; i++)
        {
            result = result * i;                    //计算阶乘
            Trace.WriteLine(i+result);              //文本输入
        }
        maintext.Text = judgeresult(result);        //进行运算结果的溢出判断
    }
```

此时，Output 窗口(【调试】模式下)中的内容如下所示(有删减)。

```
1 的阶乘为 1
2 的阶乘为 2
3 的阶乘为 6
4 的阶乘为 24
5 的阶乘为 120
6 的阶乘为 720
```

```
7 的阶乘为 5040
8 的阶乘为 40320
9 的阶乘为 362880
10 的阶乘为 3628800
```

2) 设置跟踪点

把信息输出到 Output 窗口中的另一种方法为使用跟踪点。这是 Visual Studio 的一个功能，而不是 C#的功能，但其作用与使用 Debug.WriteLine( )的作用相同。实际上，它是输出调试信息且不修改代码的一种方式。

仍然使用上例来介绍跟踪点。首先将代码段中的 Trace.WriteLine(i+result)注释掉，然后为程序添加跟踪点的过程如下所示。

(1) 把光标放在要插入跟踪点的代码行上。注意跟踪点会在执行这行代码之前处理。

(2) 右击该行代码，在弹出的快捷菜单中选择【断点】|【插入跟踪点】命令。

(3) 在打开的【命中断点时】对话框的【打印消息】文本框中输入要输出的字符串。如果要输出变量值，应把变量名放在花括号中。本例要输出 result 的信息，因此输入字符串“{i}的阶乘为{result}”，如图 5.3 所示。

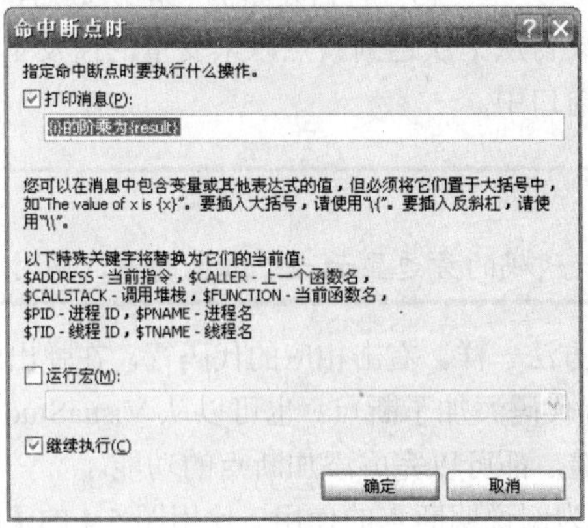

图 5.3　【命中断点时】对话框

(4) 单击【确定】按钮。

(5) 在包含跟踪点的代码行左边会出现一个红色的菱形，该行代码也会突出显示为红色。

还有一个窗口可用于快速查看应用程序中的跟踪点。要显示这个窗口，可以从 VisualStudio 菜单中选择【调试】|【窗口】|【断点】命令。这是显示断点的通用窗口(跟踪点是断点的一种形式，后面将介绍断点的相关内容)，可以定制显示的内容。从这个窗口的【列】下拉列表框中添加【命中条件】列，显示与跟踪点关系更密切的信息。图 5.4 显示了本例中这个窗口的配置。

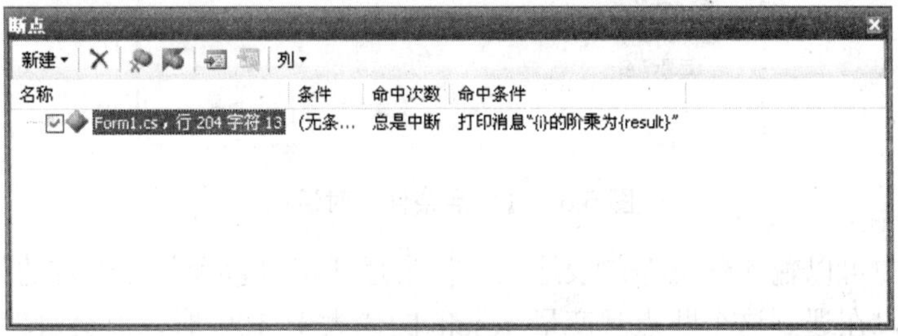

图 5.4　【断点】窗口

在调试模式下执行这个应用程序，会得到与前面完全相同的结果。

在代码窗口中右击跟踪点，或者利用断点窗口，就可以删除或临时禁用跟踪点。在【断点】窗口中，跟踪点左边的复选框确定是否激活跟踪点；禁用的跟踪点未被选中，在代码窗口中显示为菱形块，而不是实心菱形。

3) 断点

上面介绍的两种调试方法是针对于正常模式下的。当程序运行时，一旦单击了【暂停】按钮，程序将进入中断模式。【暂停】按钮位于工具栏上，如图5.5所示。但通过这种方式进入中断模式往往不能很好地控制程序运行的位置。因此，便引入了一种更为灵活的进入中断模式的方法——设置断点。

图5.5 【暂停】按钮

断点是源代码自动进入中断模式的一个标记。它们可以配置为：

(1) 在遇到断点时，立即进入中断模式。

(2) 在遇到断点时，如果布尔表达式为true，就进入中断模式。

(3) 遇到某断点一定次数后，进入中断模式。

(4) 在遇到断点时，如果自从上次遇到断点以来变量的值发生了变化，就进入中断模式。

(5) 把文本输出到调试窗口中。

> 注意：
>
> 添加了断点的行在该行代码的旁边显示一个红色的圈，同时该行代码页突出显示。

添加断点与添加跟踪点方法一样。右击相应的代码行，在弹出的快捷菜单中选择【断点】|【插入断点】命令，即为该行代码添加了断点。也可以从VisuaStudio菜单中选择【调试】|【切换断点】命令；或者按F9键，都可以完成添加断点的功能。

仍然以计算阶乘的代码为例说明断点的使用。使用图5.4的【断点】窗口可以查看文件中的断点信息，还可以禁用断点、删除断点以及对断点进行设置。禁用与删除直接通过窗口上的图标按钮执行。设置相对麻烦一些，需要右击待设置的断点，在弹出的快捷菜单中选择【条件】或【命中次数】命令，从而可以编辑它们。

选择【条件】命令后，弹出如图5.6所示的【断点条件】对话框。

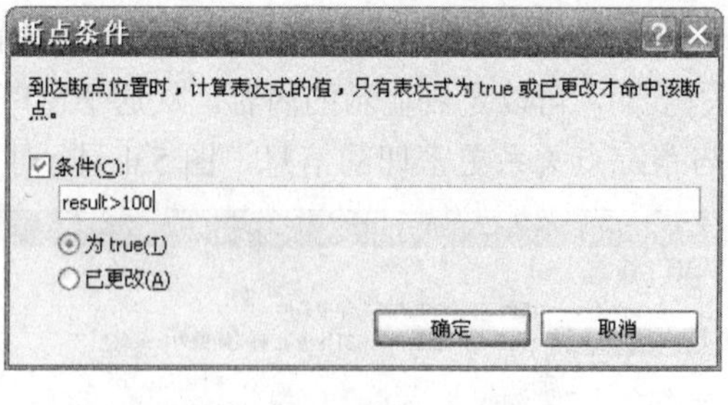

图5.6 【断点条件】对话框

在该对话框中可以输入任意布尔表达式，该表达式可以包含断点涉及的任何变量。图5.6显示了一个断点，在遇到这个断点且变量result的值大于100时，就会触发该断点。这样当result=120时，第一次触发断点，在该处进入中断模式。

选择【命中次数】命令后，弹出的是【断点命中次数】对话框，如图 5.7 所示。

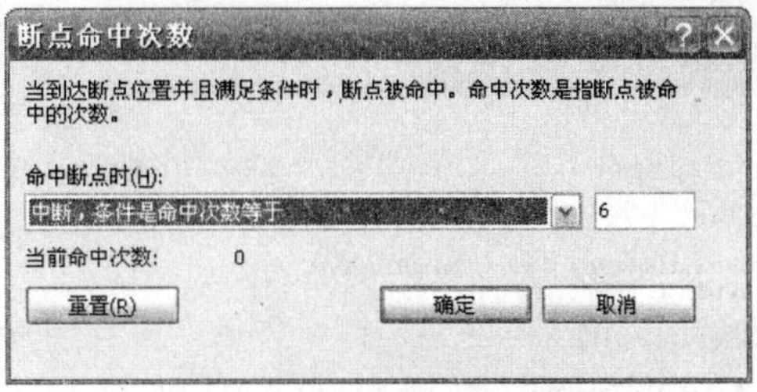

图 5.7 【断点命中次数】对话框

这个窗口中可以指定在触发一个断点前，要遇到该断点多少次。【命中断点时】下拉列表框提供了如下选项。

(1) 总是中断。

(2) 在命中次数等于多少次时中断。

(3) 在命中次数是某个数的倍数时中断。

(4) 在命中次数大于或等于多少次时中断。

4) 监视变量内容

设置断点使程序进入中断模式后，就可以使用各种技巧分析代码，分析应用程序在暂停处的状态。其中监视变量值是常用的一个方法。

查看变量值最简单的方法是在中断模式下使鼠标指向源代码中的变量名，此时就会出现一个黄色的工具提示，显示该变量的信息，其中包括该变量的当前值。

显示变量信息的另一种方法为使用监视窗口。选择【调试】|【监视】|【监视 1】命令可以打开监视窗口，从中监视特定变量或涉及的特定变量表达式。要使用监视窗口，只需在名称列输入变量名或表达式，就可以查看具体内容。

> 注意：
> 此窗口最多能打开 4 个。

在监视窗口中可以访问变量的各种结果，一个优点是它可以显示变量在断点之间的变化情况。新值显示为红色而不是黑色，所以很容易看出哪个值发生了变化。

5) 单步执行代码

> 注意：
> 监视窗口的一个要点是，它可以在应用程序的各个执行过程之间保留下来。如果中断应用程序，再重新运行，就不必再次添加监视窗口了，VisualStudio 会记住上次使用的监视窗口。

前面介绍了如何在终端模式下查看应用程序的运行情况，下面论述如何在中断模式下使用 VisualStudio 单步执行代码，查看代码的执行结果。

进入中断模式后，在代码视图的左边正在执行的代码旁边会出现一个光标，如图 5.8 所示。

```
184 private void btnfactorial_Click(object sender, EventArgs e)//求阶乘运算
185 {
186     int length = Convert.ToInt32(maintext.Text);//将操作数赋给变量length
187     for (int i = 1; i <= length; i++)
188         result = result * i; //计算阶乘
189     maintext.Text = judgeresult(result);//进行运算结果的溢出判断
190 }
191
192 public string judgeresult(Single  result)//对16位整型的运算结果进行溢出判断，并将其转化为字符串
193 {
194     try
195     {
196         int inttoint32 = Convert.ToInt32(result);
197         return inttoint32.ToString();
198     }
199     catch (Exception ex)
200     {
201         MessageBox.Show("运行结果："+ex.Message);
202         maintext.Text = "";
203         return null;
204     }
205 }
```

图 5.8　中断模式中正在执行的代码

这显示了在进入中断模式时程序所执行到的位置。在这个位置上，可以选择逐行或逐过程执行代码。

(1) 逐行执行代码：按 F11 键，执行并移动到下一个要执行的语句上。

(2) 逐过程执行代码：按 F10 键，同上，但并不进入嵌套的代码块，包括函数。

如果要查看应用程序执行的每步操作，可以使用逐语句跟踪的方式按顺序执行命令。这包括在函数中执行。例如图 5.8 示例中的 judgeresult(result)。当光标到达第 189 行调用 judgeresult(result)时，按 F11 键，会使光标移动到 judgeresult(result)函数内部的第一行代码上。而如果光标第 189 行时按的为 F10 键，就会使光标移动到第 190 行，不必进入 judgeresult(result)中的代码。若单步执行到不感兴趣的函数，可以直接单击【运行】按钮或按 F5 键，运行至下一断点后再次进入中断程序。

5.2　练　习

一、选择题

1. 整数除法运算中，如果分母为零，则会引发(　　)异常。

   A. System.DivideByZeroException　　B. System.OverflowException

   C. System.OutOfMemoryException　　D. System.StackOverflowException

2. (　　)类是所有异常的基类型。

   A. System.ArrayTypeMismatchException

   B. System.Exception

   C. System.OverflowException

   D. System.StackOverflowException

3. 有关 try 语句的说法正确的是(　　)。

   A. 一个 try 后面可以有多个 finally

   B. 一个 try 后面只能有一个 catch

   C. 一个 try 后面必须有 catch

   D. 一个 try 后面可以同时有 catch 与 finally

4. (　　)用来引发自定义的异常。

A. Exception　　B. throw　　C. Try　　D. catch

5. 关于 Output 窗口的说法错误的是(　　)。

A. 它有【运行】和【调试】两种模式

B. 在程序运行期间将文本写入Output 窗口需使用Debug.WriteLine( )或Trace.WriteLine( )函数

C. Debug.WriteLine( )仅能在【调试】模式下运行

D. Trace.WriteLine( )仅能在【调试】模式下运行

6. 关于快捷键的说说法错误的是(　　)。

A. F9——设置断点　　B. F10——逐过程执行

C. F8——取消断点　　D. F11——逐行执行

二、简答题

1. 什么是异常?
2. C#中产生异常的原因是什么?
3. try 语句的基本构成是什么?
4. C#中的异常和 C++中的异常有什么区别?
5. 列举 C#中的调试技术。

三、操作题

本章介绍了异常和调试的基本知识，将异常处理引入了计算器程序。但这个计算器仍然不完善，很多功能都不健全。例如目前计算器还不能够有效地处理浮点运算数。试修改代码，通过自定义异常和系统异常类，能够有效地处理各种类型的错误，并进行相关的错误提示。

第 6 章　数据库编程

教学目标

(1) 能够使用 SQL Server 建立数据库。
(2) 掌握 SQL 语句命令。
(3) 能够连接数据库。
(4) 可以向数据库发送命令。
(5) 能够使用 DataReader 读取数据库中的信息。
(6) 会利用 DataAdapter 填充数据集。
(7) 熟练应用 DataSet 和 DataTable 类。
(8) 会编写程序实现数据库的查询、插入、删除和修改操作。
(9) 会使用 DatagridView 控件显示和操作数据。
(10) 会使用事务处理。

教学要求

知识要点	能力要求	关联知识
建立数据库	(1) 熟悉 SQL Server 工作环境 (2) 掌握 SQL Server 建立数据库的步骤 (3) 能够根据具体问题建立数据库模型	SQL Server 2005
数据库命令	(1) 掌握 select 语句的使用 (2) 掌握 insert 语句的使用 (3) 掌握 update 语句的使用 (4) 掌握 delete 语句的使用	SQL 命令
ADO.NET 控件	(1) 能够使用 Connection 控件连接数据库 (2) 能够使用 Command 控件发送数据库命令 (3) 能够使用 DataReader 控件读取数据库的信息 (4) 能够使用 DataAdapter 控件填充数据集 (5) 能够使用 DataSet 对象建立数据库的映射	ADO.NET 五大控件的使用

续表

知识要点	能力要求	关联知识
数据库编程	(1) 能够熟练编写程序建立与数据库的链接 (2) 能够熟练编写程序对数据库进行查询与修改 (3) 能够根据具体问题编写返回数据集、数据表、数据行的代码 (4) 能够根据具体问题编写公共类代码	ADO.NET 控件的编程
DataGridView 控件	(1) 掌握 DataGridView 的常用属性 (2) 掌握 DataGridView 的常用事件 (3) 能够使用 DataGridView 显示数据库中的数据 (4) 能够使用 DataGridView 操作数据库	DataGridView 的属性、事件 DataGridView 编程
事务	(1) 掌握事务处理的方法 (2) 能够通过事务处理机制解决实际问题	事务的启动、执行、提交与回滚

重点难点

- ✧ 根据具体问题分析数据库模型，建立数据库
- ✧ 将应用程序与数据库链接
- ✧ 编写程序完成数据库的添加、删除、修改与查询
- ✧ 编写数据库操作的公共类代码
- ✧ 使用 DataGridView 控件显示与操作数据库
- ✧ 事务处理

6.1　项目　学生管理系统

6.1.1　项目描述

随着计算机的普及，很多原来需要投入大量人力物力的管理工作都越来越多地借助于数据库管理软件来实现。这样不仅大大地提高了工作效率，同时还有效地减少了工作中的错误。学生管理系统就是众多常见的数据库管理软件之一。

本章制作一个简单的学生管理系统。通过这个系统讲解数据库编程的相关知识，系统要求如下。

(1) 学生管理系统主界面显示所有学生的基本信息列表，如图 6.1 所示。

(2) 主界面上可以实现学生基于信息的新建、修改、删除、刷新和查询等基本操作。

① 单击【新建】按钮，弹出如图 6.2 所示的【新建】窗体，在该窗体中输入各项内容后单击【确定】按钮，可以将新录入的信息添加到数据库中去。

② 学生信息列表中的各项信息可以修改，修改完毕后单击【修改】按钮，可以更新数据库中的内容。

③ 选中学生信息列表中的某行，单击【删除】按钮可以将该行在数据库中删除。

④ 单击【刷新】按钮，可以刷新当前的学生基本信息列表。

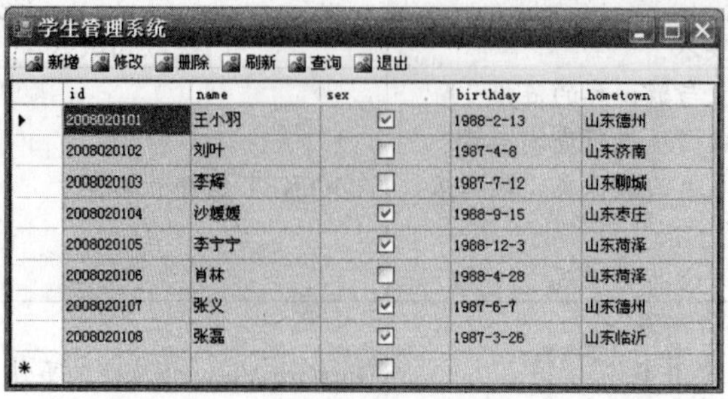

图 6.1　学生管理系统主界面

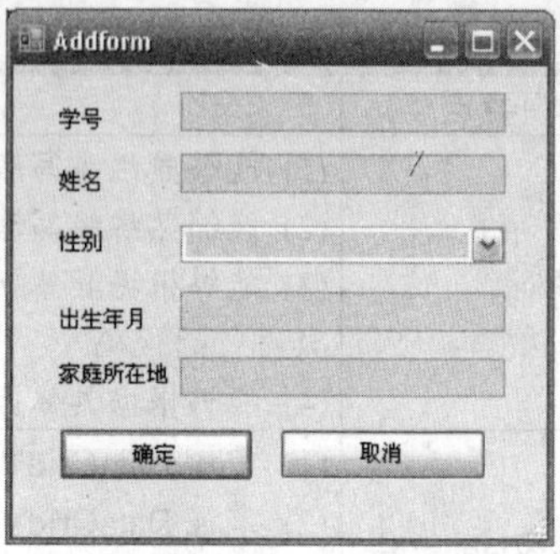

图 6.2　【新建】窗体

⑤ 单击【查询】按钮，显示查询窗体，如图 6.3 所示。

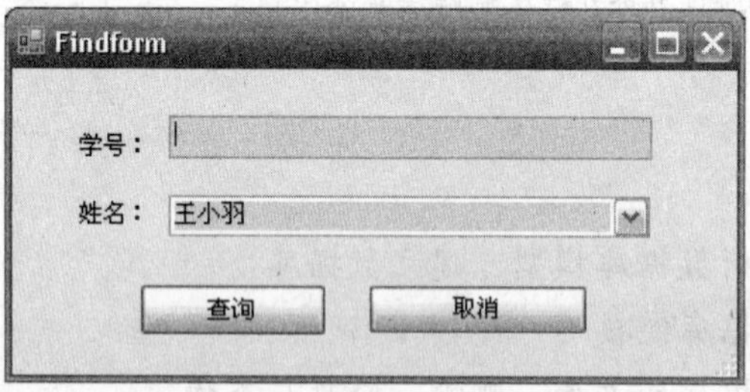

图 6.3　查询窗体

在该窗体中输入要查询学生的学号或姓名，也可以在姓名下拉列表中选择姓名，单击【确定】按钮后即可在主界面上显示要查询的学生信息。

(3) 双击学生基本信息列表上的某行，可以打开成绩窗体，并在该窗体中显示对应学生的基本信息和成绩单信息，如图 6.4 所示。

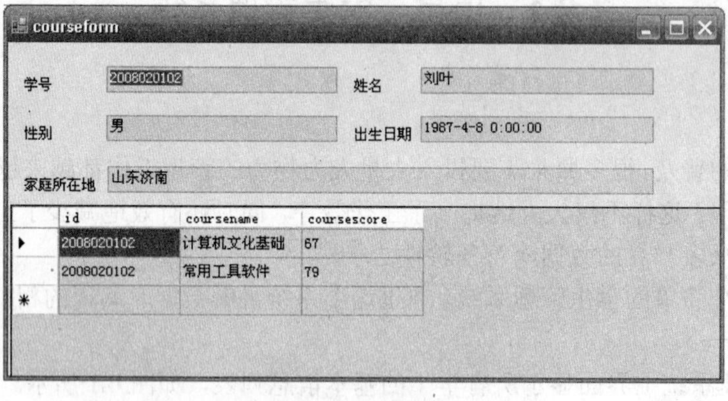

图 6.4　成绩窗体

6.1.2　实践操作

项目分析：学生管理系统要管理大量的数据信息，包括学生的基本信息、成绩信息等，当信息量大且烦琐时，需要借助于数据库来帮助管理。

数据库实质上是若干张功能相关的表。以学生基本信息为例，为每个学生登记基本信息，所有的信息放在一张表中，每位同学占一个数据行。当有新生报到或者毕业生毕业时，相应地在这张表里增添或删除数据行即可。只要保证所有学生的变动都能够反映到该数据表中，那么该数据表就随时体现了当前的学生情况。要了解相关学生信息时，不必再去手工统计，直接使用数据库中的这张表就可以了。因此，对学生的管理就映射成了对数据库的管理。

数据库管理系统广泛应用于各行各业之中。根据实际的工作事务建立数据库管理系统需要经过以下两步。

第一是建立数据库。分析系统的功能要求，将系统需要的信息设计成相应的表格，很多时候各个表格之间还相互联系。

第二是操作数据库。数据库管理系统的根本任务在于管理，也就是对数据库进行操作。只有具有一定功能的数据库系统才具有实际意义。对数据库的操作基本可以归纳为以下 5 个方面：显示、查询、插入、删除和修改。

按照这个设计思路来设计学生管理系统。可以将操作步骤归纳如下。

(1) 运行 SQL Server 2005，新建数据库，并起名为 studentmanage。

(2) 根据需求分析设计数据库中的表格。

(3) 运行 Visual Studio 2008，选择【文件】|【新建】|【项目】命令，将打开【新建项目】对话框。并在该对话框中选择“Windows 窗体应用程序”选项，修改项目名称为 studentmanager。

(4) 根据学生管理系统的项目要求，为该项目依次添加【新建】窗体 addform，【查询】窗体 findform 以及【成绩】窗体 courseform。添加窗体的步骤如下。

① 右击“解决方案资源管理器”中的项目名称，在弹出的快捷菜单中选择【添加】|【Windows 窗体】命令，打开【添加新项】对话框。

② 在该对话框中输入窗体名称，单击【确定】按钮即可。

(5) 为各个窗体摆放控件并设置相关属性。各个窗体的控件设置分别见表 6-1、表 6-2、表 6-3、表 6-4。

表 6-1　Mainform 的控件设置

控件类型	控件名称	控件属性	控件说明
toolstrip	toolstrip1	设置 items 属性，添加以下 6 个按钮项	
	tooladd	DisplayStyle 属性设置为 ImageAndText Text 属性设置为“新建”	新建按钮
	toolupdate	DisplayStyle 属性设置为 ImageAndText Text 属性设置为“修改”	修改按钮
	tooldel	DisplayStyle 属性设置为 ImageAndText Text 属性设置为“删除”	删除按钮
	toolchange	DisplayStyle 属性设置为 ImageAndText Text 属性设置为“刷新”	刷新按钮
	toolselect	DisplayStyle 属性设置为 ImageAndText Text 属性设置为“查询”	查询按钮
	toolexit	DisplayStyle 属性设置为 ImageAndText Text 属性设置为“退出”	退出按钮
DataGridView	DataGridView1	默认设置	显示学生信息

表 6-2 Findform 的控件设置

控件类型	控件名称	控件属性	控件说明
label	label1	Text 属性为“学号”	
	label2	Text 属性为“姓名”	
Textbox	txtid	Text 属性为“学号”	用于输入学号
ComboBox	cmbname	默认设置	用于选择或输入姓名
Button	btnok	Text 属性设置为“查询” DialogResult 属性设置为 OK	
	btncancel	Text 属性设置为“取消” DialogResult 属性设置为 Cancel	

表 6-3 Addform 的控件设置

控件类型	控件名称	控件属性	控件说明
label	label1	Text 属性为“学号”	
	label2	Text 属性为“姓名”	
	label3	Text 属性为“性别”	
	label4	Text 属性为“出生年月”	
	label5	Text 属性为“家庭所在地”	
Textbox	txtid	Text 属性为“学号”	用于输入学号
	txtname	Text 属性为“姓名”	用于输入姓名
	txtbirthday	Text 属性为“出生年月”	用于输入出生年月
	txthome	Text 属性为“家庭所在地”	用于输入家庭所在地
ComboBox	cmbsex	增加两个选项：“男”和“女”	用于选择性别
Button	btnok	Text 属性设置为“确定” DialogResult 属性设置为 OK	
	btncancel	Text 属性设置为“取消” DialogResult 属性设置为 Cancel	

表 6-4 Courseform 的控件设置

控件类型	控件名称	控件属性	控件说明
label	label1	Text 属性为“学号”	
	label2	Text 属性为“姓名”	
	label3	Text 属性为“性别”	
	label4	Text 属性为“出生年月”	
	label5	Text 属性为“家庭所在地”	
Textbox	txtid	Text 属性为“学号”	用于显示学号
	txtname	Text 属性为“姓名”	用于显示姓名
	txtsex	Text 属性为“性别”	用于显示性别
	txtbirth	Text 属性为“出生年月”	用于显示出生年月
	txthome	Text 属性为“家庭所在地”	用于显示家庭所在地
DataGridView	DataGridView1	默认设置	显示成绩信息

(6) 为了提高系统的可维护性和系统的运行效率，将系统中常用的方法写入以下几个公共类中。

Manage 类：建立与数据库的连接，进行对数据库内容的直接操作。

MainManage 类：通过调用 Manage 类的方法实现查询、插入、删除、修改等功能。

Student 类：学生类，记录 student 表中对应的学生信息，以方便不同窗体间的参数传递。

依次建立以上 3 个类文件，类的代码实现将在后文介绍。

(7) 根据项目功能要求依次为各个窗体文件和类文件编写代码。

6.1.3 问题探究

1. 建立数据库

Microsoft SQL Server 2005 是微软在 2005 年 12 月推出的一款拥有多种服务的数据平台。在该数据平台下，数据将更加安全、稳定和可靠。它提供了一个完整的数据管理和分析的解决方案，成为大中型数据库解决方案的典型平台。

对 SQL Server 2005 来说，最基本的操作是创建数据库和数据表。下面介绍在 SQL Server 2005 中创建数据库和数据表的具体步骤。

1) 创建数据库

在 SQL Server 2005 中，创建数据库有两种方法：一种可以通过 SQL Server Management Studio 直接手动创建，另一种是使用 Transact-SQL 的 CREATE DATABASE 命令。本节应用第一种方法建立一个名为 studentmanage 的数据库，用来存放学生管理系统要管理的相关信息。

使用 SQL Server Management Studio 创建数据库步骤如下。

(1) 启动 SQL Server Management Studio，并连接到服务器，在对象资源管理器中右击【数据库】节点，并在弹出的快捷菜单中选择【新建数据库】命令，如图 6.5 所示。

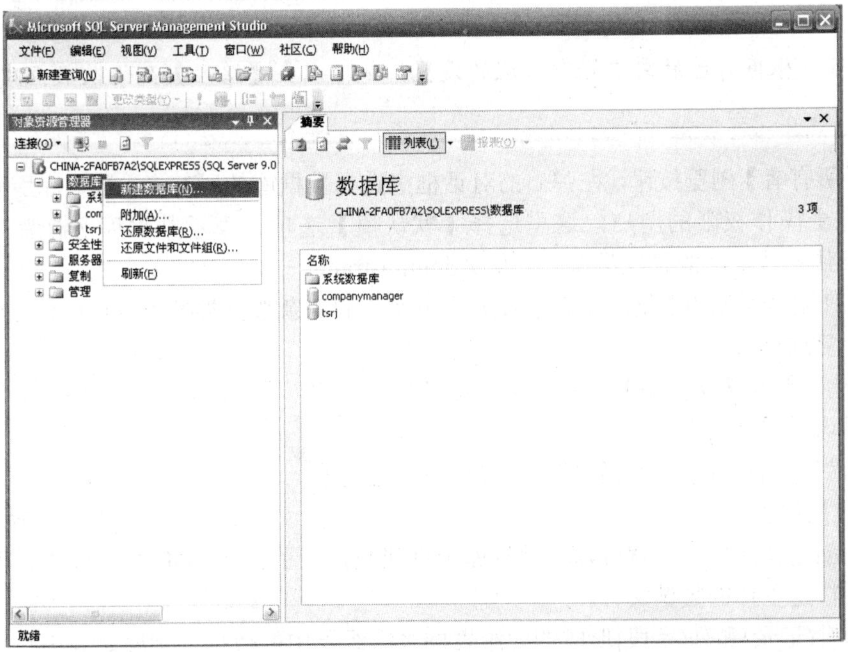

图 6.5 新建数据库

(2) 打开【新建数据库】对话框。该对话框中包括【常规】、【选项】和【文件组】三个选择页，通过这 3 个选择页设置新创建的数据库属性。【常规】选择页如图 6.6 所示。

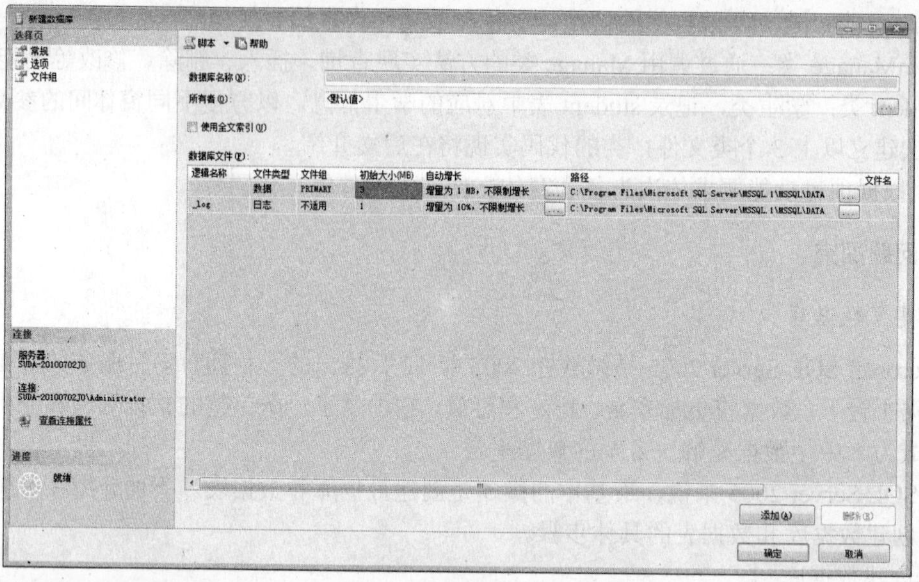

图 6.6 【常规】选项页

① 在【常规】选项页中，将要创建的数据库名称输入【数据库名称】文本框中，数据库名称设置完成后，系统自动在【数据库文件】列表框中产生一个主要数据文件(初始大小为 3MB)和一个日志文件(初始大小为 1MB)，同时显示文件组、自动增长和路径等默认设置。

这里主要的数据文件和日志文件均采用默认设置。

> **注意：**
>
> 用户可以根据自己的需要修改默认的设置，如可以在【路径】列修改数据库文件存放的位置。

单击【所有者】浏览按钮，在弹出的对话框中选择数据库的所有者。数据库所有者是对数据库具有完全操作权限的用户，这里选择【默认值】选项，表示数据库所有者为用户登录 Windows 操作系统使用的管理员账户，如 Admininstrator。

选中【使用全文索引】复选框表示数据库中变长的复杂数据类型列也可以建立索引。这里取消选中此复选框。

② 【选项】和【文件组】选择页用于定义数据库的一些选项，显示文件和文件组的统计信息。这里均采用默认设置。

③ 设置完成后单击【确定】按钮，数据库创建完成。

2) 创建数据表

数据库创建完成之后，就可以在数据库中创建数据表了。在 SQL Server 中，表可以看成是一种关于特定主体的数据集合。

表是以行(记录)和列(字段)形成的二维表格来组织表中的数据。字段是表中包含特定信息内容的元素类别，如学生学号、学生姓名等。

下面以创建 student 表为例，介绍在 SQL Server 2005 中创建表的步骤。

(1) 展开数据库 student 节点，在【表】节点上右击，在弹出的快捷菜单中选择【新建表】命令，如图 6.7 所示。

(2) 打开【表设计器】对话框，在【表设计器】界面中，首先在“列名”对应列中输入列名“id”，然后单击“数据类型”列中的下拉按钮，在弹出的浮动列表框中选择“varchar(50)”选项。其他字段依次类推，如图 6.8 所示。

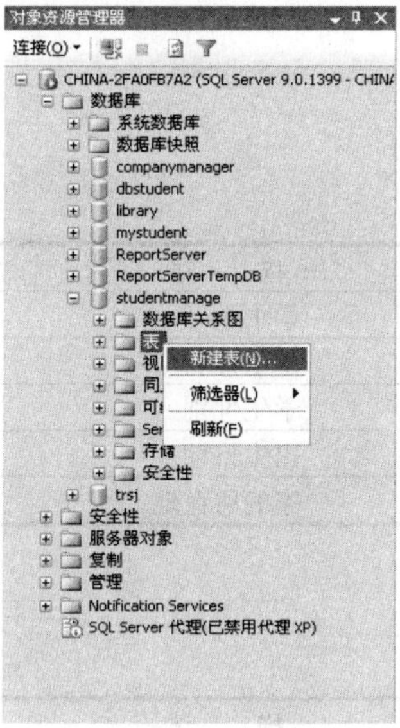

图 6.7　新建表

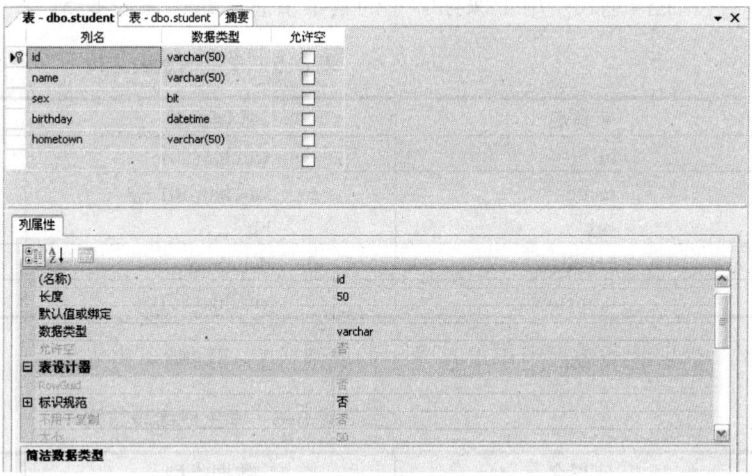

图 6.8　设计表中字段

(3) 设置主键。每张表都应该有主键。主键是区分各个行的唯一标识。

> **注意：**
> 数据表中的各行记录，其主键列的值不可以相同，也不可以为空。

设置主键的方法是右击相应字段，在弹出的快捷菜单中选择【设置主键】命令，即可将其设置为表的主键。例如，在 student 表中，将 id（学号）列设置为表的主键，用以区分不同的学生。

(4) 单击工具栏中的保存按钮，在弹出的【选择名称】对话框中命名此数据表为 student，如图 6.9 所示。

图 6.9　【选择名称】对话框

(5) 右击 student 数据表，在弹出的快捷菜单中选择【打开表】命令，在打开的数据表中录入具体的数据，这样一个数据表就创建完成了。

3) 学生管理系统中数据库逻辑结构设计

表 student 存储的是学生管理系统要管理的学生基本信息，如性别、出生年月等。另外，本项目还要求能够管理学生的所修课程和成绩信息。因此建立成绩表 score。在 score 表中，由于一个学生对应着多门课程，所以只使用学号作为主键显然是不够的，因此，使用学生的学号和课程的课程号两个列共同作为主键。也就是说，对应一门课程，一个学生只有一个成绩，这样就保证了每条记录主键的唯一性。

另外，为了更好地管理课程信息，如课程名称、课程性质、开课学期等，还可以设置课程表 course。

数据库中各个表的设置如下。

学生信息表：用于保存学生的基本信息，结构见表 6-5。

表 6-5 学生信息表结构

字段名	数据类型	描 述
id	varchar(50)	学生学号
name	varchar(50)	学生姓名
sex	bit	学生性别
birthday	datetime	出生日期
hometown	varchar(50)	家庭所在地

学生成绩表：用于保存学生的成绩信息，结构见表 6-6。

表 6-6 学生成绩表结构

字段名	数据类型	描 述
id	varchar(50)	学生学号
courseid	varchar(50)	课程号
coursescore	int	成绩

课程信息表：用于保存课程的详细信息，结构见表 6-7。为简单起见，这里只记录课程号和课程名称。读者可以根据上面的描述设置一些其他课程信息，从而进一步丰富系统的功能。

表 6-7 课程信息表结构

字段名	数据类型	描 述
courseid	int	课程编号
coursename	varchar(50)	课程名称

2. 结构化查询语句

对数据库的操作需使用结构化查询语句。

结构化查询语言(Structured Query Language，SQL)是关系数据库管理系统(Relation Database Management System，RDBMS)中的标准语言，已被众多的关系数据库管理系统所采用，如 MS SQL Server、Access、Oracle 等。事实上，关于 SQL 语言有一个专门的 ANSI 标准。目前，所有关系数据库管理系统都遵守这一标准，但由于标准 SQL 命令集的限制太多，不能为一个关系数据库管理系统应用程序所需的所有操作提供支持，很多的关系数据库管理系统又在标准 SQL 的基础上加入了自己的扩展功能，使 SQL 的功能更加完善。

使用 SQL 语言可以建立数据库，从数据库中获取数据、增加数据、修改数据、删除数据和实现复杂的查询功能。

SQL 语言是一种非过程化的语言。它允许用户在高层的数据结构上工作。所有 SQL 语句接收集合作为输入，返回集合作为输出。

SQL 的语言特性允许一条 SQL 语句的结果作为另一条 SQL 语句的输入。SQL 不要求用户指定数据的存放方法，这种特性使用户可以集中精力于要得到的结果。由于所有的关系数据库管理系统都支持 SQL 语言，用户可以把用标准的 SQL 语言编写的应用程序从一个关系数据库管理系统移植到另一个关系数据库管理系统中。

常用的 SQL 语句有如下几类。

1) select 查询语句

SQL 语言的主要功能之一就是实现数据库的查询，可以使用 select 语句取得符合条件的数据库记录的集合。

语法格式：

```
SELECT[Top(数值)]字段列表 from 表名[where 条件表达式][order by 字段名称 asc|desc][group by 字段名称]
```

说明：

top(数值)：表示从数据表的第一条记录开始读取的记录数，如 top(5)，表示的是前 5 条记录。

字段列表：要查询的字段，可以是全部或一个以上的字段，字段名之间用逗号隔开。

表名：要查询的表，如果是多个表可以用逗号隔开。

条件表达式：查询要求满足的条件。

order by 字段名：查询的结果按这个字段的值排序，asc 表示升序排列，desc 表示降序排列。

> **注意：**
> 若 order by 后面省略排序关键字，则默认为升序排列。

group by 字段名称：按字段求和。

以数据库 studentmanage 中的各个表为例，介绍查询语句的使用。

(1) 查询学生信息表中的全部记录：

```
select * from student
```

(2) 查询表中某些字段的数据。

例：查询 student 表中学生学号和学生姓名两个字段的全部信息：

```
select id,name from student
```

(3) 查询满足一定条件的数据。

例：查询家庭所在地是“山东德州”的所有学生：

```
select * from student Where hometown='山东德州'
```

可以在一条 SQL 语句中设置多个查询条件，例如要查询家庭所在地在山东德州的所有男同学信息：

```
select * from student Where hometown =' 山东德州' and sex='false'
```

and 是条件运算符，用于多个条件之间的连接。常用的条件运算符见表 6-8。

表 6-8　常用的条件运算符

逻辑运算符	说明	逻辑运算符	说　明
=	等于	Or	或
<>	不等于	Between	介于
>	大于	Not Between	不介于
>=	大于等于	In	字段的值位于所给值的范围
<	小于	Not In	字段的值不位于所给值的范围
<=	小于等于	Is Null	字段的值为空
Not	非	Is Not Null	字段的值不为空
And	与		

综合运用这些条件运算符可以实现不同的查询效果。例如：查询 0101 号课程成绩大于 60 的所有记录：

```
select * from score Where courseid ='0101'and score>60
```

查询所有 80 分到 100 分之间的学生成绩信息：

```
select * from score Where coursescore between 80 and 100
```

或者：

```
select * from score Where coursescore >=80 and coursescore<=100
```

查询编号为 0101 的这门课程中所有成绩在 80～100 分之间的学生的学号：

```
select [id] from score Where courseid='0101' and courese between 80 and 100
```

查询所有不及格的学生成绩信息：

```
select * from score where coursescore not between 60 and 100
或select * from score where coursescore<60
```

查询所有家在山东德州和山东潍坊的学生：

```
select * from student where hometown in ('山东德州','山东潍坊')
```

(4) 使用通配符的查询。

查询条件中可以引入通配符的使用，%和*分别用于表示零个或多个字符的任意字符串，此时需使用匹配关键字 like 进行匹配。例如查询所有姓李的学生的基本信息：

```
select * from student Where name like '李%'
```

(5) 查询结果排序。

有时候希望查询结果能够按照一定顺序显示，如希望学生成绩按照由高到低的顺序显示。

> **注意：**
> 也可以按多个字段排序，字段名之间用逗号隔开，排序过程为先按第一个字段的值排序，当第一个字段的值相同时，再按第二个字段的值排序，以此类推。

例：按由高到低的顺序显示编号为 0101 的课程成绩：

```
select * from score where courseid='0101' Order By coursescore desc
```

例：查询所有课程的成绩，不同课程按照课程号降序顺序排列，同门课程按成绩升序排列：

```
select * from score order by courseid desc,coursescore asc
```

(6) 统计满足条件的记录个数。

例：查询 0101 这门课程所有及格学生的人数，将其存放到新的字段 total 中：

```
select count(*)as total from score Where courseid='0101' and coursescore>=60
```

(7) 组合查询。

用于从多个表中查询符合条件的信息。例如学生成绩表中可以查询成绩信息，查询出的成绩对应的课程却是以课程编号显示的，若想不显示课程编号，直接显示课程名称，需要检索学生成绩表和课程表两个表。

```
select [id],[coursename],[coursescore] from score,course where score.courseid=
course.courseid
```

2) insert 插入数据

插入一条记录到数据库的 SQL 语句格式如下。

insert into 表名(字段名 1，字段名 2，…) Values(值 1，值 2，…)

例：在 student 表中插入一条记录：

```
insert into student (id,name,sex,birthday,hometown) values('2008020116','张三
','False','2008-1-3','山东德州')
```

说明：

(1) 利用插入语句可以给表的全部或部分字段赋值。当给部分字段赋值时，Values(值 1，值 2，…)的顺序必须和前面的字段一一对应，各值之间用逗号隔开；当给全部字段赋值时，可以省略所有的字段名。因此，上面的插入语句可以简化为：

```
insert into student values('2008020116','张三','False','2008-1-3','山东德州')
```

(2) 若字段的类型是字符或备注型，该字段的插入值必须使用单引号引起来；若字段类型为日期类型，插入值要使用一对“#”引起来，该字段的值为 True 或 False；若字段为自动标号类型，则不要给该字段赋值，SQL Server 会根据其行号自动赋值。

(3) 若某一字段没有设置默认值，又是必填字段(不容许 null 值)，在插入时必须赋值，否则会出错。

(4) 插入语句在使用时要注意程序中使用的字段名和表的字段名要一样，数据类型要相同，特别是关键字段和设置了特殊要求的字段。

(5) 如果某一个字段设置被为主键，则该字段的值不容许重复。所以，当向一个表中插入主键相同的记录时，系统提示插入出错。

3) update 更新数据

update 是对数据库中的数据进行修改的 SQL 语句，其语法格式如下：

```
UPDATE 数据表名 SET 字段名 1=字段值 1，字段名 2=字段值 2，…[where 条件表达式]
```

说明：

update 命令可以更新数据表的部分或全部信息。使用 where 条件表达式来指定信息更新的范围，也就是说，在执行更新操作时根据给出的条件，只更新符合条件的记录。

如省略了 where 条件表达式，则会把数据表中的全部记录都更新。

下面介绍一些常用的示例。

(1) 更新学号为 2008020101 的学生的家庭所在地和出生日期：

```
update student set birthday='1990-03-30',hometown='山东济南' where id='2008020101'
```

(2) 将所有学生的成绩清 0：

```
update score set coursescore=0
```

4) delete 删除数据

删除记录的语法格式如下：

```
delete from 数据表名 [where 条件表达式]
```

说明：可以删除部分或全部数据表中的记录。带有 where 条件表达式时删除符合条件的记录，如省略了条件表达式则将全部数据删除。

下面介绍一些常用的示例。

(1) 删除出生日期在 1987 年 1 月 1 日以前的学生信息：

```
delete from student where birthday<'1987-1-1'
```

(2) 删除全部学生成绩信息：

```
Delete from score
```

3. ADO.NET 概述

ADO.NET 是 C#与.NET Framework 一起使用的类集的名称，用于以关系型的、面向表的格式访问数据。这包括关系数据库，比如 Microsoft Access 和 SQL Server 以及其他数据库，甚至还包括非关系数据源。ADO.NET 集成到.NET Framework 中，可用于任何.NET 语言，尤其是 C#。

在使用 ADO.NET 之前，必须先导入下面几种命名空间。

(1) System.Data：包含有大部分的 ADO.NET 类，如数据集 DataSet 类、数据表 DataTable 类、数据列 DataColumn 类、数据行 DataRow 类等。

(2) System.Data.OleDb：包含 OleDb 连接相关类，如 OleDbConnection 类、OleDbCommand 类、OleDbDataReader 类、OleDbDataAdapter 类等。

(3) System.Data.SqlClient：包含 SQL Server 连接相关类，如 SqlConnection 类、SqlCommand 类、SqlDataReader 类、SqlDataAdapter 类等。

> **注意：**
>
> 在数据库应用程序中，System.Data 命名空间是必须导入的，而 System.Data.OleDb 空间和 System.Data.SqlClient 空间只需要根据使用的数据库连接方式选择其中一个即可。

本章中使用 SQL Server 数据库，因此使用 System.Data 和 System.Data.SqlClient 命名空间。这两个命名空间中包含大量的类，这些类通过相互配合才能完成数据库中的各种操作。为使读者理解各种类之间的配合关系，下面通过图 6.10 来说明。

如图 6.10 所示，虚框内就是 ADO.NET 中各种类相互配合实现数据库操作的示意图。在数据库中的数据从取出到显示的过程中，各个类有不同的作用。

首先，利用 Connection 类建立与数据库的连接。

其次，利用 Command 类执行 SQL 命令。

再次，利用 DataReader 类逐个将 Command 类查询得到的数据读出，或者利用 DataAdapter 类将 Command 类查询得到的数据转交给 DataSet 类中的 DataTable。

最后，以 DataReader 类或 DataTable 类中的数据为数据源，利用 GridView 等显示控件显示数据表中的内容。

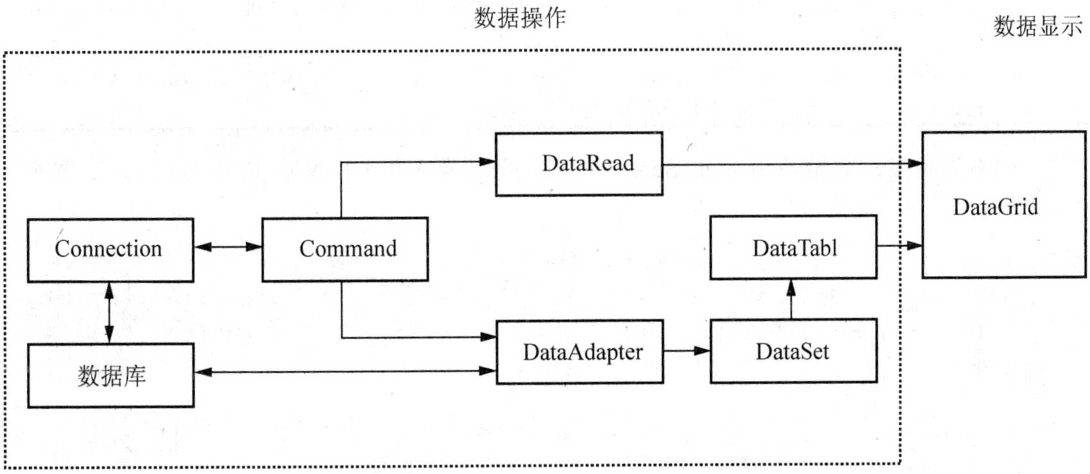

图 6.10　ADO.NET 中各对象的关系图

4. 使用 Connection 连接数据库

Connection 类提供与数据源的连接。要存取数据源内的数据，首先要建立程序和数据源之间的连接。

Connection 类有 3 种：SqlConnection、OleDbConnection 和 OdbcConnection。其中，SqlConnection 类的对象连接 SQL Server 数据库；OleDbConnection 类的对象连接支持 OLE DB 的数据库，如 Access 数据库和 Oracle 数据库；OdbcConnection 类的对象连接任何支持 ODBC 的数据库。与数据库的所有通信最终都是通过 Connection 对象完成的。

以 SQL Server 数据库为例，首先在 C#程序前面引入命名空间：

```
using System.Data;
using System.Data.SqlClient;
```

1) Connection 的主要属性

Connection 对象最常用的属性是连接字符串 ConnectionString，它在连接数据源时提供必要的连接信息，其中包括连接的服务器对象、账号、密码和所访问的数据库对象等信息，是进行数据连接必不可少的信息，对于连接字符串的设置可以利用工具或手动的方式建立。

ConnectionString 所包含的信息见表 6-9。

表 6-9 ConnectionString 包含的信息

参 数	说 明
Provider	用于提供连接驱动程序的名称，仅用于 OleDbConnection 对象，常见的有 SQLOLEDB、MSDAORA、Microsoft.Jet.OLEDB.4.0
Data Source	指明所需访问的数据源，如果是访问 SQL Server，则是指服务器名称；如果是访问 Access，则指数据文件名
Password 或 PWD	指明访问对象所需的密码
User ID 或 UID	指明访问对象所需的用户名
Connection TimeOut	指明访问对象所持续的时间，以秒计算，如果在持续的时间内仍连接不到所访问的对象，则返回失败信息，默认值为 15
Integrated Security 或 Trusted Connection	集成连接(信任连接)，可选 True 或 False,如果为 True 表示集成 Windows 验证，此时不需要提供用户名和密码即可登录

例如本项目中，数据源为 SQL Server 2005，服务器名为 CHINA-2FA0FB7A2，数据库名为 studentmanage，连接数据库的方式如下：

```
SqlConnection con = new SqlConnection();
con.ConnectionString = " Data Source=CHINA-2FA0FB7A2;Initial Catalog=studentmanage;
Integrated Security=True";
```

或者：

```
SqlConnection con = new SqlConnection("Data Source=CHINA-2FA0FB7A2;Initial
Catalog=studentmanage;Integrated Security=True";);
```

还可以使用另外一种方式：

```
SqlConnection con = new SqlConnection("Initial Catalog=studentmanage;Data Source=
CHINA-2FA0FB7A2;UID=sa;PWD=123";);
```

注意：当服务器为本地服务器时，可以使用“.”代替服务器名。如上面的语句也可以写为：

```
  SqlConnection con = new SqlConnection("Data Source=.;Initial Catalog=studentmanage;
Integrated Security=True";);
```

以上两种连接方式都用来连接 SQL Server 数据库，一种是集成方式登录，另一种是 SQL Server 方式登录。这两种登录方式的区别在于前者是一种信任登录，即 SQL Server 数据库服务器信任 Windows 系统，如果 Windows 系统通过了身份验证，SQL Server 将不再验证，因为此种验证方式认为 Windows 验证是可信的，所以在登录 SQL Server 时不再需要提供用户名和密码。而后者则不同，它不管 Windows 是否通过了身份验证，都需要提供 SQL Server 的用户名和密码。

在实际的程序开发过程中，开发者到底选用什么方式登录要根据具体情况来决定。

连接字符串可以由系统自动生成，方法如下：

(1) 在 Visual Studio.NET 开发环境中打开项目 studentmanager。在开发环境菜单栏中选择【视图】|【服务器资源管理器】命令，此时将打开【服务器资源管理器】面板。

(2) 在【数据连接】选项上右击，在弹出的快捷菜单中选择【添加连接】命令，如图 6.11 所示。

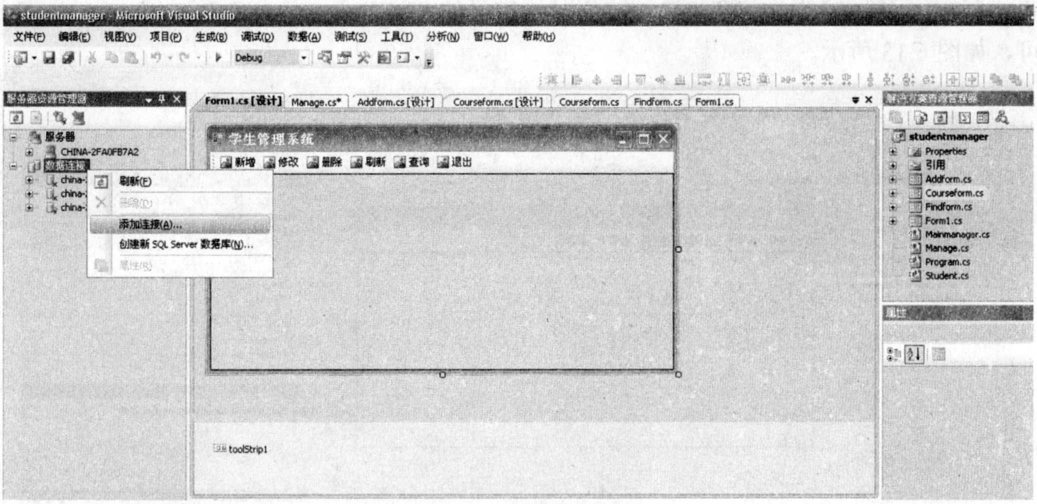

图 6.11　添加连接

(3) 在打开的【添加连接】对话框中输入服务器名、数据库名，若采用 SQL Server 身份验证，还需输入用户名和密码。连接对话框设置如图 6.12 所示。

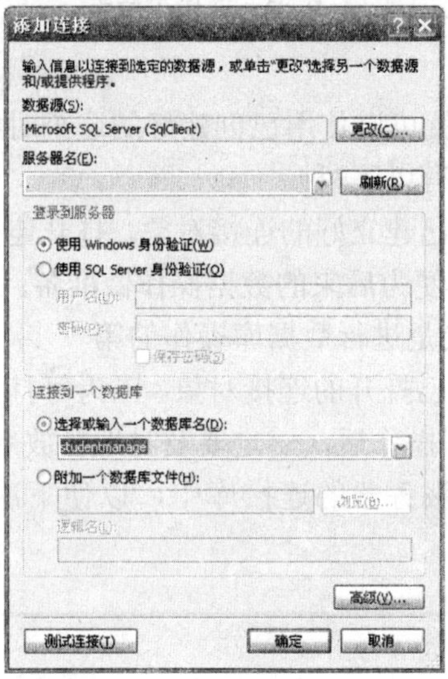

图 6.12　连接对话框设置

当服务器为本地服务器时，直接输入“.”即可，否则输入完整的服务器名。一旦确定了服务器，【选择或输入一个数据库名】列表框中将自动列出该服务器中的数据库列表，从中选择需要的数据库名即可。本例使用 Windows 身份验证，因此无须输入用户名和密码，直接单击【确定】按钮即将数据库 studentmanage 添加到了本网站中。

> **注意：**
> 实际应用中，一般均采用 SQL Server 身份验证方式登录。

(4) 在【服务器资源管理器】面板中选中刚添加进来的数据库，在右下方的【属性】列表框寻找【连接字符串】选项，将此选项的值赋给定义的 SQLConnection 对象的 ConnectionString 即可，如图 6.13 所示。

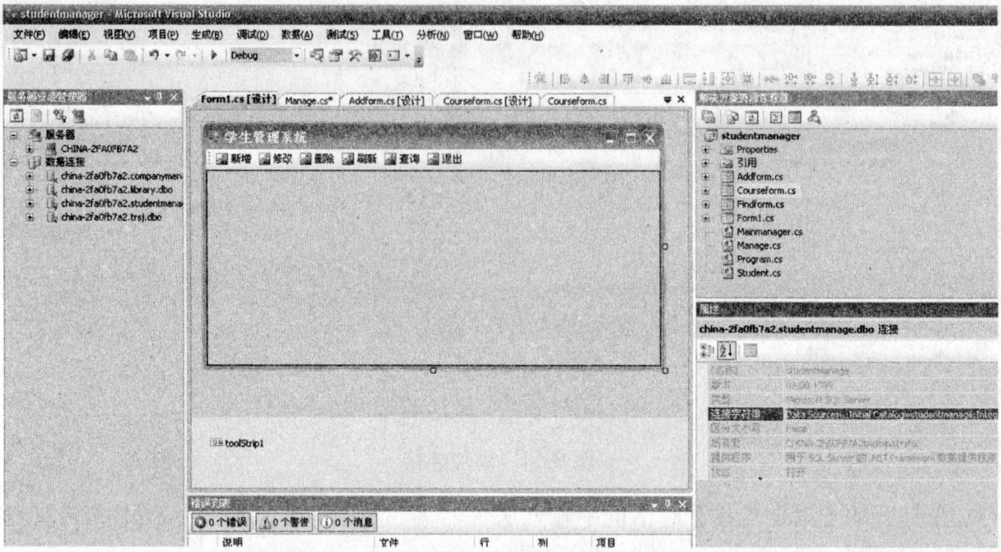

图 6.13 连接字符串

2) Connection 的常用方法

当创建好一个连接对象后，就可以使用已创建好的这个对象进行打开、关闭数据库的操作。

Connection对象的方法主要有以下3种。

(1) Open( )：表示打开一个已建立好的连接对象，打开连接对象是指根据连接字符串的设置与对象建立可信任的通信，以便为后来的数据操作做准备。对数据库的所有操作都是在连接打开以后再进行的，即打开连接是进行数据库操作的第一步。

(2) Close( )：表示关闭一个已打开的连接对象。因为每打开一个数据库连接就会占用一些系统资源，所以每次处理完数据操作后，一定要及时地释放系统所占的资源，即关闭数据库。连接的关闭是指将连接释放到服务器的连接库中，以便下次启动相似的连接时能快速地建立连接。

> **注意：**
> 对数据库进行操作时，一定要首先打开数据库，操作完毕后再关闭数据库。

(3) Dispose( )：移除连接，从服务器的连接库中删除连接，以节省服务器的资源。

5. 数据命令对象 Command

连接上数据库后，接下来要对数据库进行各种操作。对数据库的操作是通过 SQL 命令来实现的。Command 对象的作用就是向数据库发送这些 SQL 指令。

和 Connection 一样，根据数据库的不同，使用的 Command 类也不一样。用于 SQL Server 数据库的是 SqlCommand 类。创建一个 SqlCommand 对象的方法为：

```
SqlCommand cmd = new SqlCommand();
```

其中，cmd 为对象的名字。

Command 对象的主要属性见表 6-10。

表 6-10　Command 对象的主要属性

属　性	说　明
Connection	指定与 Command 对象相联系的 Connection 对象
CommandType	指定命令对象 Command 的类型，有 3 种选择：分别是 Text、StoreProcedure 和 TableDirect。分别表示是 SQL 语句、存储过程和直接的表
CommandText	如果 CommandType 指明为 Text，则此属性指出 SQL 语句的内容。此为默认值。如果 CommandType 指明为 StoreProcedure(存储过程)，则此属性指出存储过程的名称。如果 CommandType 指明为 DirectTable，则此属性指出表的名称

其中，Connection 属性表示与网站连接的数据库，也就是说明“向谁发送操作命令”。CommandText 为具体的操作命令。默认情况下，CommandType 属性的值为 Text，表示发送的命令为 SQL 语句。声明 Command 对象后要为这些属性赋值，这样 Command 对象才有实际意义。

以学生管理系统为例。上节已经完成了网站与数据库的连接，下面进一步声明 Command 对象，对数据库进行查询、添加等操作。

对学生信息表 student 的查询：

```
SqlConnection conn = new SqlConnection("Data Source=.;Initial Catalog=studentmanage;
Integrated Security=True");
string sql = "select * from student";
SqlCommand cmd = new SqlCommand(sql, con);
```

对学生信息表 student 的插入：

```
SqlConnection conn = new SqlConnection("Data Source=.;Initial Catalog=studentmanage;
Integrated Security=True");
string sql1="insert into student values('2008020120', '王路', 'True', '1989-1-5',
'山东聊城'";
SqlCommand cmd = new SqlCommand(sql, con);
```

Command 对象的方法主要有 3 个，它们是 ExecuteScalar( )、ExecuteReader( )和 ExecuteNonQuery( )。

ExecuteScalar()方法用于执行查询语句，执行后返回查询结果的第一行第一列。当查找不成功时，返回值为 null。这个方法大都用在有聚合函数的查询过程中，如求某列的和、汇总统计等。

ExecuteReader( )方法执行后将会返回具有 DataReader 对象类型的行集，所以经常用在返回有多行多列的查询语句中，然后再处理 DataReader 对象便能将返回的数据显示出来。

> **注意：**
>
> ExecuteScalar 与 ExecuteReader 方法均用于执行查询语句，但前者返回查询结果的第一行第一列，后者返回的是 DataReader 类型的行集。

ExecuteNonQuery( )方法用于执行插入、删除、修改等操作。返回结果为本次操作所影响的行数。

【例 6-1】　在学生管理系统中，建立公共类 Manage，完成数据库的连接和根据 SQL 命令修改数据库的功能。

分析：由于数据库的插入、删除和修改都需要使用ExecuteNonQuery( )方法，因此将相应的实现代码放在公共类Manage中，方法名为ExecuteQuery( )。任何时候需要对数据库进行这些操作时，只需要设置SQL命令，将命令语句作为参数传给方法ExecuteQuery( )即可。ExecuteQuery( )的代码如下：

```
class Manage
  {
      private SqlConnection conn = null;  //设置private类型的conn字段
      public SqlConnection Conn           //设置属性conn，通过这个属性访问conn字段，
                                            这样避免了对字段的恶性访问
      {
          get
          {
              if (conn == null)            //若conn目前为空，则为其建立连接
              {
                  conn = new SqlConnection("Data Source=.;Initial Catalog=studentmanage;
Integrated Security=True");
              }
              return conn;                 //返回conn的值
          }
      }
      public int ExecuteQuery(string sql)
      {
      SqlCommand command = new SqlCommand(sql, Conn);  //定义Command对象，向数据
                                                          库发送SQL命令
          Conn.Open();                     //打开数据库以便进行操作
          int result = command.ExecuteNonQuery();      //执行插入、删除或修改操作
          Conn.Close();                    //关闭数据库
          return result;                   //返回结果
      }
```

解释：

(1) 使用ExecuteQuery( )执行插入、删除或修改语句。

(2) 使用Command对象的ExecuteScalar( )以及ExecuteReader( )方法之前必须打开数据库，使用完毕要关闭数据库。

【例6-2】 在主界面中单击【新建】按钮，可以打开【新建】对话框，如图6.2所示。在该对话框中输入要添加学生的信息后单击【确定】按钮，完成数据库的添加工作，并编写代码实现这一功能。

分析：实现插入功能，需要先设置SQL语句，然后调用上面的ExecuteQuery( )方法执行命令即可。

由于用户将要输入的信息添加到了对话框的各个输入控件中，因此各个控件的显示值就是待添加记录的字段值。为了增强代码的可读性，添加一个学生类Student，当在输入控件中输入内容后，就将各个字段值赋给Student对象的相应属性。这样，在执行插入函数时，将此Student对象作为函数的参数即可。

程序代码如下：

```
public  class Student
    {
        public string Id { get; set; }               //一种快速定义属性的方法
        public string name { get; set; }
        public Boolean sex { get; set; }
        public DateTime Date { get; set; }
        public string home { get; set; }
    }
```

由于系统中可能多个地方要用到数据的插入、查询等功能，因此再定义一个公共类 Mainmanage 来执行系统中常用的操作。对于插入数据来说，需要在 Mainmanage 类中定义一个插入函数 creatmain( )。根据前面所述，该函数的参数为 Student 对象，函数功能为设置 SQL 语句，通过调用 Manage.ExecuteQuery( )来实现出信息的插入。

```
class Mainmanager
    {
        public int creatmain(Student student)    //向学生表中插入数据
        {
            Manage dbmananger = new Manage();     //声明 Manage 对象
           string sql = "insert into student values('{0}','{1}','{2}','{3}','{4}')";
            //sql 语句
            sql   =   string.Format(sql,   student.Id,   student.name,   student.sex,
student.Date, student.home);//使用 format 方法格式化 sql 语句，将控件的内容填充
            int result = dbmananger.ExecuteQuery(sql);
            //调用 command 的方法执行插入命令，当插入成功时返回值为影响的行数
            return result;
        }
}
```

单击【新建】窗口上的【确认】按钮返回结果，代码如下：

```
 private void button1_Click(object sender, EventArgs e)     //
        {
            Student student= newstudent();          //新建学生
            Mainmanager mainmanage = new Mainmanager();
            mainmanage.creatmain(student);          //添加至数据库
        }
        private Student newstudent()//为待加入的学生创建一个新的 student 对象，存储其信息
        {
            Student student = new Student();
            student.Date = Convert.ToDateTime(txtbirthday.Text);
            student.Id = txtid.Text;
            student.name = txtname.Text;
            int sexs = Convert .ToInt16 ( cmbsex.SelectedIndex );
                if( sexs==1)
                    student.sex=true;       //女
                else
                    student.sex=false;      //男
            student.home = txthome.Text;
            return student;
        }
```

6. 数据阅读器 DataReader

在前面的介绍中，执行的 SQL 语句返回的只是一个值或执行一些操作，但在实际工作中往往希望能把执行语句的结果显示出来。如进行查询操作，用户要看到的并不只是查询结果的总数，而是每条具体的查询记录。这又如何实现呢？在本节中，将介绍利用数据阅读器 DataReader 对象返回查询记录的方法。

1) DataReader 对象简介

DataReader 对象用于从数据库中读取数据。它的特点是读取速度非常快，但需要手动编写代码来实现数据的处理工作。DataReader 对象中的数据获得是通过 Command 对象的 ExecuteReader( )方法，所以 DataReader 对象一般总是和 Command 对象一起使用。

> 注意：
>
> DataReader 读取数据时，只能向前读取，而且读取数据的方式是只读的，不能够对数据进行修改。

DataReader 对象同样随着所选择的数据库提供程序的不同而不同，常见的 DataReader 对象是 SqlDataReader 和 OleDbDataReader。在此依然使用 SqlDataReader 对象来处理 SQL Server 数据库。

2) DataReader 的属性与方法

DataReader 的主要属性有两个，具体如下。

(1) FieldCount：用于获取当前行的列数。

(2) IsClosed：判断当前对象是否已关闭。

DataReader 对象的主要方法见表 6-11。

表 6-11 DataReader 对象的主要方法

方　法	说　明
Close	关闭对象
GetDecimal	获取指定列的 Decimal 类型的值
GetInt16	获取指定列的 16 位的整形值
GetInt32	获取指定列的 32 位的整形值
GetInt64	获取指定列的 64 位的整形值
GetOrdinal	获取指定列名称的序列号
GetString	获取指定列的字符串形式的值
GetValue	获取以本机形式表示的指定列的值
NextResult	如果存在多个 select 语句时，此方法用于读取下一个记录集的结果
Read	使对象的指针前进到下一个记录，如果下一个记录存在，则返回真，否则返回假。可用于判断是否读到记录的末尾
GetOrdinal	获取指定列名称的序列号

【例 6-3】 打开学生管理系统的首页，显示所有的学生信息。

分析：查询所有学生信息直接使用 select 语句，设置好 SQL 命令后，执行 ExecuteReader( )方法可将查询的结果显示到文本框中。由于 ExecuteReader( )同 ExecuteNonQuery( )一样，都是直接对数据库进行操作，因此将 ExecuteReader( )方法的执行也写到公共类 Manage 中。

在 Manage 类中添加方法 getRow(sql)，用于执行 ExcuteReader( )语句并返回结果的行集。

```
//返回一条记录
  public SqlDataReader getrow(string sql)        //返回结果的行集
      {
          SqlCommand cmd = new SqlCommand(sql, Conn);
          Conn.Open();                            //打开数据库
          return  cmd.ExecuteReader();            //执行查询并返回行集
          Conn.Close();
   }
```

为主窗体 form1 添加 loaddata 方法：

```
private void loaddata()//为 DataGridView 加载数据
      {
          Manage dbmanager=new Manage();
          string s="select * from student";
          SqlDataReader reader= dbmanager.getrow(s);   //调用 getrow 返回行集
          while (reader.Read())       //每次调用 Read 方法，都将读出当前的记录并将指针指向
                                      //下一条记录，若下一条记录为空，则返回 false，反之
                                      //若读出了数据，返回 true
          {
              string sid = reader["id"].ToString();//设置字符串变量保存读出的各个字段
              string sname = reader["name"].ToString();
              string ssex = reader["sex"].ToString();
              string sbirth = reader["birthday"].ToString();
              string shome=reader["hometown"].ToString();
              textBox1.Text += sid + "\t" + sname + "\t" + ssex + "\t" + sbirth +
"\t" + shome + "\r\n";                        //显示信息
          }
      }
```

解释：

(1) 与 ExecuteNonQuery( )一样，执行 ExecuteReader( )之前要打开数据连接，执行完毕后要使用 Close( )方法关闭连接。

(2) 公共类中的 getRow( )方法返回的是 SqlDataReader 对象类型的行集，因此可以在调用方法时，将返回值赋给 SqlDataReader 类型的变量。

(3) SqlDataReader.Read( )方法能够由上至下读取下一条数据，当读至末尾时，该方法返回 false。

7. 数据集 DataSet

通过上面的例子已经知道了如何定义、打开和关闭数据库连接，并使用 DataReader 对象从数据库中获取数据，这种方法在创建 Web 页或 XML Web 服务时尤为有用，因为通常用户只是从数据库中提取数据，然后简单地将其复制到页面或 XML 输出结果中。但以这种方式对数据库进行操作时，必须是在应用程序与数据库保持连接的状态下进行。在程序设计的过程中，使用这种技术显然存在问题，当网络上有成千上万的用户需要对数据库操作时，服务器的负载是相当重的，长时间地打开数据库也是不安全的。使用 DataSet 数据集就避免了这一问题。

DataSet 对象是数据源在内存中的映射，也可以说 DataSet 是内存中的数据库。一个 DataSet 可以包含任意多个数据表(DataTable)，每个表都由若干记录组成。用户可以对 DataSet 对象进行增、删、改、查操作。

DataSet 对象组成了一套包含关系、约束和表间关联信息的数据的结合体，DataSet 对象结构如图 6.14 所示。也就是说，它在内存中并不和包含对应表或视图的数据库维持一个活动连接。这种非连接的“断开”结构体系使得只有在读写数据库时才需要使用数据库服务器资源，因而提供了更好的可伸缩型，有效地避免了由于活动连接过多而造成的数据库堵塞和网络资源的浪费。

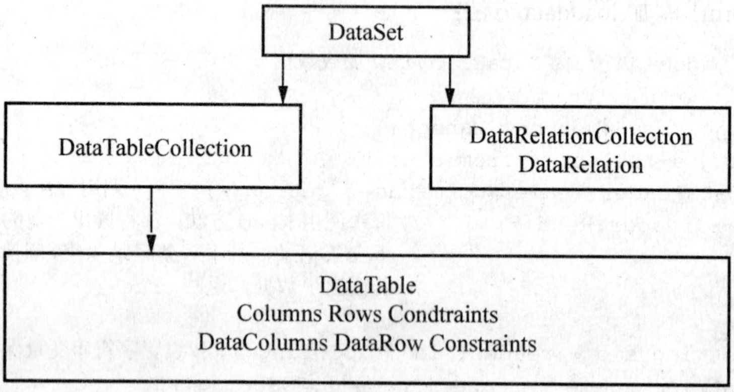

图 6.14　DataSet 对象结构

1) DataSet 对象

从上面的介绍可以看出，DataSet 对象是一个与数据库完全独立的对象。它可以从数据库中得到数据，也可以从 XML 文件中得到，还可以完全用人工的方式建立并得到数据，因此 DataSet 对象提供了独立于任何数据源的数据。由图 6.14 可以看出，DataSet 主要由 DataTableCollection 和 DataRelationCollection 两部分构成，它包含零个或多个 DataTable 对象。

DataSet 对象的常用属性见表 6-12。

表 6-12　DataSet 对象的常用属性

属　性	值
CaseSensitive	确定比较是否区分大小写
DataSetName	用于在代码中引用数据集的名称
DefaultViewManager	定义数据集的默认过滤规则和排序规则
EnforceConstraints	确定在更改过程中是否遵循约束规则
ExtendedProperties	自定义用户信息
HasErrors	指出数据集的数据行中是否包含错误
Locale	比较字符串时所使用的区域信息
Namespace	读写 XML 文档时使用的命名空间
Prefix	用做命名空间别名的 XML 前缀
Relations	定义数据表之间的数据关系对象的集合
Tables	数据集中包含的数据表的集合

DataSet 对象还支持一些方法，其支持的主要方法见表 6-13。

表 6-13　DataSet 对象支持的主要方法

方　法	说　明
AcceptChanges	将所有未定的更改提交给数据集
Clear	清除数据集中所有的表对象
Clone	复制数据集的结构
Copy	复制数据集的结构及其内容
GetChanges	返回一个数据集，这个数据集只包含表中被更改了的行
GetXml	返回数据集的 XML 表示
GetXmlSchema	返回数据集架构的 XSD 表示
HasChanges	返回一个布尔值来表示数据集是否有未定的更改
InferXmlSchema	从 XML 文本阅读器或文件来推断架构
Merge	合并两个数据集
ReadXml	将 XML 架构和数据读入数据集
ReadXmlSchema	将 XML 架构读入数据集
RejectChanges	回滚数据集中的所有未定更改
Reset	返回数据集的初始状态
WriteXml	从数据集写 XML 架构和数据
WriteXmlSchema	作为 XML 架构写数据集的结构

数据集的使用方法将在下节结合数据适配器 DataAdapter 一起介绍。

2) DataTable 对象

DataTable 表示 DataSet 对象中的表。一个 DataSet 对象可以包含多个 DataTable，DataTable 对象又包含了 DataColumn 所表示的列和 Constraints 所表示的约束。DataTable 对象还包含 DataRow 行的集合，每个 DataRow 对象代表表中的一行数据。DataRelationCollection 代表 DataSet 对象中的关系集合，关系由 DataRelation 对象来表示。

DataTable 对象中可以自定义数据表，只要把数据表的字段定义好了，就可以利用 DataTable 中的 DataRow 行集的 Add 方法加入新的数据。常用的 DataTable 对象的属性见表 6-14。

表 6-14　常用的 DataTable 对象的属性

属　性	说　明
CaseSensitive	执行字符串查找、比较、过滤时是否区分大小写
Column	获取 DataTable 内的字段集合
Constraints	获取或设置约束规则的集合
DataSet	获取或设置 DataSet 的名称
DefaultView	获取 DataSet 所包含的数据自定义的视图，该数据集使用自定义进行筛选、检索和排序
Name	获取或设置数据表的 Name 属性
ParentRelations	获取父表关系集合
PrimaryKey	获取或设置 DataTable 的主键
Rows	获取记录的集合
Relations	获取父表和子表的关系集合
TablesNames	获取或设置 DataTable 的名称

3) DataColumn 对象

DataColumn 对象包括列的名称、类型和属性。

4) DataRow 对象

填充一个表的方法比较多，既可以使用系统的自动数据绑定功能，也可以手工添加行。

> **注意：**
>
> 手工添加行时必须首先创建 DataRow 对象，并插入到 DataTable 表中，再为这个行的每个字段填写数据。

5) DataSet 对象的基本操作

定义 DataSet 对象 ds，DataRow 对象 dr，以及 DataTable 对象 dt。使用这些对象，可以对 DataSet 进行一些基本操作。

(1) 取得数据集中的表：

```
dt=ds.Tables[表名] 或 dt=ds.Tables[i] (i 为要取得的表在 ds 中的索引)
```

(2) 取回表的记录数(行数)：

```
m_rows=dt.Rows.Count
```

(3) 取回表的字段数(列数)：

```
m_colus=dt.Columns.Count
```

(4) 删除一行(一个记录)：

```
dr=dt.Rows[E.Item.ItemIndex]
dr.Delete
```

(5) 删除一列(一个字段)：

```
dt.Columns.Remove("bookName")
```

(6) 修改列的值：

```
dr=dt.Rows[E.Item.ItemIndex]                    //定位到行
dr["列名"]=值
```

(7) 按某列排序，默认为升序，加上参数 desc 则表示降序：

```
ds.Tables["表名"].DefaultView.Sort="列名 desc"
```

(8) 对行进行筛选：

```
ds.Tables["表名"].DefaultView.Filte="条件"  //条件为表达式，如 bookName="数据库"
```

8. 数据适配器 DataAdapter

DataSet 对象使用数据适配器 DataAdapter 与数据源进行交互。DataAdapter 是 ADO.NET 托管提供程序的组成部分，用于在数据源和数据集之间交换数据。在许多应用程序中，这意味着从数据库将数据读入数据集，然后从数据集将已更改数据写回数据库，即数据适配器可以在任意源和数据集之间移动数据，它充当数据源和数据集对象之间的“黏合剂”，也称为“数据搬运工”。

数据适配器接收来自 Connection 对象的数据，然后把它传递给数据集 DataSet，数据操作过程中再将数据集的变化回传给 Connection 对象以改变数据源中的数据。它使用 Command 对象在数据源中执行 SQL 命令，以便将数据加载到 DataSet 中，并使 DataSet 中数据的更改与数据源保持一致。

SQL Server 使用的数据适配器为 SqlDataAdapter，声明 SqlDataAdapter 对象的方法为：

```
SqlDataAdapter 对象名 = new SqlDataAdapter(command 对象名);
```

其中，对象名为任意合法的名称。Command 对象标明了要发送的命令，也就是要执行的 SQL 语句。

DataAdapter 对象的常用属性有 4 个，分别如下。

(1) DeleteCommand：设置或获取一个 SQL 语句或过程，从数据源中删除记录。

(2) InsertCommand：设置或获取一个 SQL 语句或过程，从数据源中插入记录。

(3) SelectCommand：设置或获取一个 SQL 语句或过程，从数据源中查询记录。

(4) UpdateCommand：设置或获取一个 SQL 语句或过程，从数据源中更新记录。

DataAdaper 支持两个重要方法：一个是 fill( )，它把数据从数据源加载到数据集中；另一个是 update( )，它向另一个方向传送数据——把数据从数据集加载到数据源中。

1) fill( )方法的使用

fill( )方法的作用是添加或更新数据集中的记录，使其与数据源中的记录一致。

【例 6-4】 利用 DataAdapter 与 DataSet 实现学生管理系统中的查询功能。

分析：数据库的查询需要使用 select 语句来实现，select 命令通过 Command 对象发送到数据库。因此最基本的查询操作是直接对数据库进行的。同 ExecuteNonQuery( )一样，直接对数据库进行的基本操作放在公共类 Manage 中，代码如下：

```
public DataTable query(string sql)
   {
      SqlCommand command = new SqlCommand(sql, Conn); //设置 SQL 命令
      SqlDataAdapter adapter = new SqlDataAdapter(command);//接收来自 conn 的数据
      DataTable table = new DataTable();                  //定义数据表对象 DataTable
      adapter.Fill(table);                         //将数据源中的内容填充到表 table 中去
      return table;                                //返回表 table
   }
```

> **解释：**
> 调用 DataAdapter 的 fill 方法，可以将执行查询后的结果填充到数据集中。

定义了 query( )方法后，需要使用查询功能时直接调用此方法即可。在查询窗体(图 6.3)中，姓名项的输入控件为下拉列表框 ComboBox，当加载该窗体时，系统可以自动查询出 student 表中所有的学生姓名，并绑定到 ComboBox 上。这一过程的实现代码如下：

```
public partial class Findform : Form
   {
      public string Id { set; get; }
      public string Name { set; get; }
      public Findform()
      {
```

```
        InitializeComponent();
        display();                                //自定义方法将姓名列绑定到 ComboBox 中
    }
    public void display()
    {
        Manage manage = new Manage();
        DataTable table = manage.query("select [name],[id] from student");
                                   //设置 SQL 并调用 query 执行查询，查询结果返回 table
        cmbname.DataSource = table;        //设置 ComboBox 的数据源属性为 table
        cmbname.DisplayMember = "name";    //设置ComboBox选项的显示内容为table中的
                                           //name 列
        cmbname.ValueMember = "name";      //设置 ComboBox 的选项值为 table 中的 name
                                           //列，多数情况下这两者不一样
    }
    private void button1_Click(object sender, EventArgs e)
    {
        try
        {
            Id = txtid.Text;                   //为属性 Id 赋值
            Name = cmbname.SelectedValue.ToString();      //为属性 Name 赋值为下拉列
                                                          //表框的选定值
        }
        catch
        {
            Name = cmbname.Text;//若当前下拉列表框无选定值，则 Name 为下拉列表框的输入值
        }
    }
}
```

说明：

(1) 下拉列表框控件 ComboBox 可以绑定到数据库上，即只显示数据库中某一列的数值。实现这一功能需首先设置 ComboBox 的 DataSource 属性，将其设置为要绑定的数据表的名称。本例中，dbmanage.query(sql)返回的结果 table 即为要绑定的数据表，所以直接通过下面的语句赋给 DataSource 属性即可。

```
cmbname.DataSource = table;              //设置 ComboBox 的数据源属性为 table
```

也可以修改 Manage 类中的 query( )方法，使其返回值为数据集 DataSet。这时再为下拉列表框的 DataSourse 属性赋值时，需要将数据集中的表格赋值给 DataSource，。

```
public DataSet Manage::query(string sql)
    {
        SqlCommand command = new SqlCommand(sql, Conn);       //设置 SQL 命令
        SqlDataAdapter adapter = new SqlDataAdapter(command);//接收来自 conn 的数据
        DataSet ds=new DataSet();              //定义数据集对象 ds
        adapter.Fill(ds);                      //将数据源中的内容填充到表 table 中去
        return ds;                             //返回表 table
    }
```

display( )函数要做如下修改：

```
public void display()
```

```
        {
            Manage manage = new Manage();
            DataSet ds = manage.query("select [name],[id] from student");
                                    //设置 SQL 并调用 query 执行查询，查询结果返回数据集 ds
            cmbname.DataSource = ds.tables[0];//将数据集的第一张表作为 ComboBox 的数据源
            cmbname.DisplayMember = "name";//设置 ComboBox 选项的显示内容为 table 中的 name 列
            cmbname.ValueMember = "name"; //设置 ComboBox 的选项值为 table 中的 name 列，
                                            //多数情况下这两者不一样
        }
```

(2) 下拉列表框显示的是数据表中某一列的属性。因此为 DataSource 赋值之后，还需要设置要显示的列名。DisplayMember 属性说明了下拉列表框中显示出的是表中的哪一列，该属性的值为表中对应列的名字。与之对应，ValueMember 属性表示选中下拉列表框的相应选项后，该选项在数据表中对应的 value 值，所以，ValueMember 属性的值也是数据表中的一个列名，而且往往为数据表中主键对应的列名。例如进行如下设置：

```
cmbname.DisplayMember = "name";//设置 ComboBox 选项的显示内容为 table 中的 name 列
cmbname.ValueMember = "id";     //设置 ComboBox 的选项值为 table 中的 id 列
```

当选择 student 表中第一个学生的姓名“王小羽”时，cmbname.DisplayMember 的值为“王小羽”，而 cmbname.ValueMember 的值为该学生的学号 2008020101。

> 注意：
> 在本例的设置中，二者是相同的。多数情况下它们不相同，根据系统的功能要求来决定。

(3) 将 ComboBox 的 DataSource、DisplayMember 与 ValueMember 属性设置完毕后，即完成了 ComboBox 的数据绑定。运行程序，当加载查询窗体后，下拉列表框中显示出所有学生的姓名信息。

(4) 用户输入查询姓名时，可以在下拉列表框中选择姓名，也可以直接输入。使用异常处理来解决这个问题。当下拉列表框中无选定值时，下列语句执行失败：

```
Name = cmbname.SelectedValue.ToString()
```

因此退出 try 代码块的执行，转去执行 catch 代码块。catch 代码块的功能是将 ComboBox 的 text 属性(也就是用户直接输入的姓名)赋值给 Name。

在主窗体中单击【查询】按钮，将显示查询窗体，并按照查询窗体的输入值进行查询，代码如下：

```
private void toolselect_Click(object sender, EventArgs e)
        {
            Findform findfrm = new Findform();
            DialogResult dresult= findfrm.ShowDialog();      //显示查询对话框
            string studentid = findfrm.Id;          //用户输入的要查询的学号
            string studentname = findfrm.Name;      //用户输入的要查询的姓名
            string sql="";
            if (dresult == DialogResult.OK)
            {
                if(studentid!="")                   //当输入学号不为空时，按学号查询
                {
```

```
            sql="select * from student where id='"+studentid+"'";
        }
        else if (studentname != "")   //当学号为空但输入姓名不为空时，按姓名查询
        {
            sql = "select * from student where name='" + studentname+ "'";
        }
        else//当学号与姓名均为空时，查询全部数据
        {
            sql = "select * from student ";
            MessageBox.Show("您未输入任何条件，查询的是全部数据！");
        }
        Manage mm = new Manage();
        dataGridView1.DataSource = mm.query(sql);
                   //调用 query 方法返回结果表，并将其显示到 DataGridView 中去
    }
}
```

2) update( )方法

由于数据集不保留有关它所包含的数据来源的任何信息，因而对数据集中的行所做的更改也不会自动回传到数据源，必须用数据适配器的 update 方法来完成这项任务。对数据集中每一个做出更改的行，update 会适当地调用数据适配器的 InsertCommand、DeleteCommand 或 UpdateCommand。

9. 数据绑定控件 DataGridView

数据库中的数据在窗体上显示出来，才能够体现出数据库管理系统的优势。所以为了最有效地使用数据库的信息，VisualStudio 提供了一些数据绑定控件，将数据源与显示控件关联起来。其中最常用的数据绑定控件为 DataGridView 控件。

DataGridView 以类似电子表格的形式显示所有的记录，使用它可以快捷方便地显示数据表中的信息。

DataGridView 的常用属性见表 6-15。

表 6-15　DataGridView 的常用属性

属性名称	属性含义
MultiSelect	表示用户是否可以一次选择 DataGridView 中的多个单元格、行、列
ReadOnly	表示用户是否可以修改 DataGridView 中的数据
SelectionMode	不同的值表示用户可以选择的 DataGridView 的范围，如单元格、整行、整列等
DataSource	设置 DataGridView 的数据源

下面通过例题来说明 DataGridView 的使用。

【例 6-5】　学生管理系统的主界面显示学生信息表 student 的内容。前面通过 DataReader 控件实现了这一功能，将所有的内容显示到了文本框中。这种显示方式不但需要编写很多代码来实现，而且显示效果也不美观。因此，将窗体中的文本框控件移除，改由 DataGridView 控件显示。

分析：同前面一样，首先建立数据连接，设置 select 语句，然后执行 SQL 命令返回结果的数据集或数据表，最后将数据表赋值给 DataGridView 的 DataSource 属性即可。

在 MainManage 类中添加方法 getalldata( )，返回所有数据信息，并将返回结果放入数据表。

```
public DataTable getalldata()
    {
        Manage dbmanager = new Manage();
        string sql = "select * from student";
        DataTable table = dbmanager.query(sql);//调用 Manage 中的 query 方法进行查询
        return table;//返回结果类型为数据表
    }
```

修改主窗体中的 loaddata 函数：

```
private void loaddata()//为 DataGridView 加载数据
    {
        Mainmanager maimanager = new Mainmanager();
        dataGridView1.DataSource = maimanager.getalldata();
    }
```

同例 6-3 中使用 DataReader 进行显示相比，使用 DataGridView 后不仅大大地简化了代码，而且优化了显示效果，如图 6.15 和图 6.16 所示。

不仅如此，DataGridView 控件还可以用于数据的编辑。

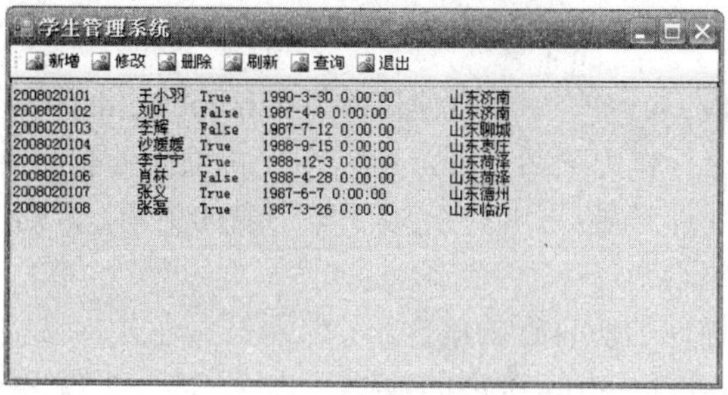

图 6.15　例 6-3 的显示效果

图 6.16　例 6-5 的显示效果

【例 6-6】　在 DataGridView 上对显示内容进行修改和删除，具体要求如下。

(1) 修改 DataGridView 的显示数据，修改完毕后单击工具栏上的【修改】按钮，可以将编辑的内容写入数据库中去。

(2) 选中 DataGridView 中的一行数据，单击工具栏上的【删除】按钮，可以将这行数据在数据库中删除。

修改操作的代码设计如下。

首先在公共类 Mainmanage 中添加代码 update( )，进行数据库的修改操作。

```
public int update(DataRow row)
    {
        //使用 datarow 中的数据来刷新数据库中的内容
        Manage dbmanager = new Manage();
        string sql = "update student set
[name]='{0}',[sex]='{1}', [birthday]= '{2}',[hometown]='{3}' where [id]='{4}'";
        sql  = string.Format(sql,row["name"].ToString(), Convert.ToBoolean(row["sex"]),
Convert.ToDateTime(row["birthday"]), row["hometown"].ToString(),row["id"].ToString());
        int result = dbmanager.ExecuteQuery(sql);
        return result;
    }
```

为工具栏上的【修改】按钮添加事件，代码如下：

```
private void toolupdate_Click(object sender, EventArgs e)
       {
           Mainmanager mm = new Mainmanager();
           int result = 0;
           foreach (DataGridViewRow dr in dataGridView1.Rows)
           //对 DataGridView 中的每行数据执行如下操作
           {
               //声明 DataRowView 对象来存储 DataGridView 中一行的数据
               DataRowView view = dr.DataBoundItem as DataRowView;
//处理 DataGridView 中最后一行数据时，默认空行作为最后一行，所以给 view 赋值时会出错。加上此
//判断，只要 view 为空，表示已经处理完所有有内容的数据，直接退出循环即可
              if (view == null)
                  break;
               result = mm.update(view.Row);//执行修改操作
           }
           if (result != 0)
               MessageBox.Show("保存成功！");
           if (result == 0)
               MessageBox.Show("您所做的操作未能保存！");
```

说明：该段代码的主要思想是，对于 DataGridView1 中的每行数据，调用 mm.update(datarow row)方法将其更新。由于 DataGridView 默认将空行作为最后一行，所以在更新每行之前都要判断当前行是否为空行，如果是空行，表示已经处理到最后一行，完成了整个表的更新。否则，继续执行 update 方法。具体实现中有以下几个知识点。

(1) DataGridView 控件的 Rows 属性表示该控件的所有行的集合。

(2) DataGridView 控件中每一行都是 DataGridViewRow 类型的数据。

(3) 由于 MainManage::update(DataRow row) 方法的参数为 DataRow 类型，而 DataGridViewRow 类型的数据不能够直接转换为 DataRow 类型的数据，因此要借助于 DataRowView 进行转换，即首先将 DataGridViewRow 转换为 DataRowView：

```
DataRowView view = dr.DataBoundItem as DataRowView;
```

DataRowView.Row 即为 DataRow 类型的数据：

```
result = mm.update(view.Row);//执行修改操作
```

与修改数据类似，删除数据首先也在类 MainManage 中定义相应的删除方法：

```
     public int delete(Student s)
       {
           Manage dbmanager = new Manage();
           string sql = "delete from student where id='" + s.Id + "'";
           int result = dbmanager.ExecuteQuery(sql);
           return result;
       }
```

然后编写主界面上【删除】按钮对应的事件代码：

```
private void tooldel_Click(object sender, EventArgs e)
       {
```

```
        Student s = new Student();          //声明学生对象 s 来保存要删除的学生信息
        Mainmanager mm = new Mainmanager();
        DialogResult dresult = MessageBox.Show("确定要删除选中项吗？", "删除记录",
MessageBoxButtons.YesNo, MessageBoxIcon.Warning, MessageBoxDefaultButton.Button2);
        if (dresult == DialogResult.Yes)//若提示对话框中用户单击了“是”按钮，则进行删除
        {
            try
            {
            //将选中行的第一个单元格中的数据为学号，并将其赋给 s.id
                s.Id = dataGridView1.SelectedRows[0].Cells[0].Value.ToString();
                int result = mm.delete(s);      //删除数据
                if (result != 0)
                    MessageBox.Show("删除成功！");
            }
            catch
            {
                MessageBox.Show("您选中的是单元格，请您选择整行数据");
            }
            loaddata();                          //删除完毕，重新加载数据
        }
    }
```

说明：

(1) 当在 DataGridView 中选中一行时，要删除这行数据，通过取出该行数据的主键值进行删除。对应本例，应将选中行的学号值赋给 s.Id：

```
s.Id = dataGridView1.SelectedRows[0].Cells[0].Value.ToString();
```

DataGridView.SelectedRows 属性表示在 DataGridView 控件中所有选定的行。这些行以数组的形式存储，数组名就是 SelectedRows。在此只允许用户一次选中一行数据进行删除，因此选中的这行数据为 dataGridView1.SelectedRows[0]。

> **注意：**
>
> 一行中的多个单元格数据也以数组的形式存放在数组 Cells 中。要访问某行数据的不同字段,根据该字段在行中的顺序修改 Cells[]的下标即可。例如 dataGridView1.SelectedRows[0].Cells[0].Value 表示选中的第一行的第一个单元格的值。由于每行的第一个单元格为学号，因此将这个值转化为字符串后赋给了 s.Id。

为了避免误操作，删除数据时应该通过消息对话框对用户进行必要的提示，一旦用户选择了“是”时才执行删除任务。否则，不执行任何操作。

(2) 删除数据的前提是 dataGridView1.SelectedRows[0]不为空，即用户选中了 DataGridView 中的一整行数据。实际操作中，很多时候用户选中的都是这行数据中的某个单元格，因此，程序给出异常处理情况。当执行过程中发生错误时，提示用户重新选择整行数据。

当然，当用户误选中了某个单元格数据进行删除时，也可以根据选定的单元格编写代码来确定当前选中行，读者可通过例 6-7 思考该如何实现。

【例 6-7】 主界面的另外一个功能是在 DataGridView 所显示的数据中，双击某个单元格的内容，可以打开成绩窗体。该窗体上方显示的是用户选定单元格所在行对应的学生信息，下

方的 DataGridView 控件显示该学生的所有成绩信息。

分析：双击 DataGridView 控件的单元格可以触发事件 CellDoubleClick( )。在此事件中将当前所选单元格对应的行信息赋给 student 对象，然后以此对象为参数显示成绩窗体即可。

DataGridView 控件的单元格双击事件代码如下：

```
private void dataGridView1_CellDoubleClick(object sender, DataGridViewCellEventArgs e)
    {
        Courseform cf = new Courseform();
        Student s = new Student();
        //当前行的第一个单元格(学号)的值
        s.Id = dataGridView1.Rows[e.RowIndex].Cells[0].Value.ToString();
        s.name = dataGridView1.Rows[e.RowIndex].Cells[1].Value.ToString();
          //当前行的姓名
        //当前行的性别
        s.sex = Convert.ToBoolean(dataGridView1.Rows[e.RowIndex].Cells[2].Value);
        //当前行的出生日期
        s.Date = Convert.ToDateTime(dataGridView1.Rows[e.RowIndex].Cells[3].Value);
        //当前行的家庭所在地
        s.home = dataGridView1.Rows[e.RowIndex].Cells[4].Value.ToString();
        cf.show(s);                    //显示成绩窗体
    }
```

解释：

当选中 DataGridView 中的某行或某个单元格数据时，该行在 DataGridView 中的索引值将传递给 e.RowIndex 变量。因此 dataGridView1.Rows[e.RowIndex]即为当前选中行。要访问该行各个字段的数据时，可以通过修改 Cells[]数组的下标来实现。

上面的代码中最后调用了 Courseformshow( )的方法。系统为每个窗体对象都定义了默认的 show( )方法。但该方法没有任何参数，只是将相应的窗体对象显示出来。在本例中，由于显示窗体的同时要传递 student 对象，因此需要在 Courseform 窗体中重写 show( )函数，代码如下：

```
public partial class Courseform : Form
    {
        public Courseform()
        {
            InitializeComponent();
        }
        public void show(Student s)//重写 show 函数，该函数的参数为 student 类型的对象 s
        {
            string id = s.Id;
            if (id != "")                //当学号不为 0 时
            {
                string sql = "select [id],[coursename],[coursescore] from score, 
course where score.id='"+id+"' and score.courseid=course.courseid";//设置 SQL 语句
                Manage mm = new Manage();
                DataTable table= mm.query(sql);          //执行查询
                dataGridView1.DataSource = table;      //设 DataGridView1 的数据源
            }
            txtid.Text  = s.Id.ToString();              //将学号显示到文本框中
```

```
            txtname.Text  = s.name.ToString();;
            string sex = s.sex.ToString();
            if (sex == "True")                              //设置性别，显示到文本框中
               txtsex.Text = "女";
            else
               txtsex.Text = "男";
            txtbirth.Text = s.Date.ToString();
            txthome.Text = s.home.ToString();
            this.Show();//调用系统默认的 show()方法来显示窗体
        }
    }
```

解释:

(1) 成绩信息存放在数据表 score 中。该表的字段为学号、课程号和成绩。为了便于用户查看，我们希望 DataGridView 中显示的字段为学号、课程名称和成绩。因此，需要根据课程号再去课程表 course 中检索课程名称，也就是通常所说的多表查询。

多表查询的最简单方式为通过一般的 SQL 语句来实现，语法如下：

select 字段 1,字段 2,…,字段 n　from 表 1,表 2,…, 表 n　where 条件表达式

例如本例中 string sql = "select [id],[coursename],[coursescore] from

core,course where score.id='"+id+"' and score.courseid=course.courseid";表示查询学号为 id 的学生的学号、课程名称和课程成绩信息。

由于这些信息位于两个不同的表中，使用条件 score.courseid=course.cou--rseid 对两个表进行连接，即首先在 score 表中查询学号为 id 的学生的信息，在查询所得的信息中取出各个课程的课程号，对应着去另一张表 course 中找出该课程号的课程名称，最后显示 score 表中的学生成绩。

其中，当多个表具有相同的字段时，例如假设 student 与 score 均有字段 name，分别表示学生姓名和课程名称，则字段列表应说明要显示的是哪个表的 name 字段。

(2) student 类型的参数 s 存储了从主窗体中传递过来的选定行的学生信息。将信息进行必要的类型转换后显示到相应的文本框中。值得一提的是性别 sex 字段的处理。sex 的值为布尔类型，而文本框中显示的内容应为“男”或“女”。因此当 sex 为 false 时，文本框内容为“男”，反之为“女”。

(3) 最后要调用 this.show( )显示当前窗体。this 表示当前窗体本身，show( )为系统默认的显示函数。

6.1.4　知识扩展

在对数据库进行操作时，经常要求一些操作同时成功或同时失败。例如当在学生表中删除数据时，只删除一个表中的学生信息还不够，还应将该学生在学生成绩表中的所有记录一并删除。若前者执行成功而后者失败，那么学生成绩表中的这些未删除数据就成了“脏数据”，非常不利于数据库的管理。要完成这一功能，就需要借助事务来实现。

事务让一系列独立的操作发生关联，当这些操作同时完成时才提交事务，否则回滚操作，也就是重复执行事务代码直至成功为止。对于数据库操作来说，不同的操作有不同的 Command

命令。当存在多个 Command 时，要将同一个事务对象作为参数分别传入每个 Command 中，从而使得所有的 Command 发生关联。

ADO.NET 对事务的支持是通过 Connection 对象实现的。事务的使用有如下几要素。

(1) 事务的启动。下面的语句表示创建一个事务，并调用 Connection 的 BeginTransaction 方法来开始事务。

```
SqlTransaction tran = Conn.BeginTransaction();
```

其中，Conn 为该程序中定义的 Connection 对象。

(2) 事务的执行。事务处理的实质是让多个不同的操作发生关联，对于数据库操作来说，也就是将事务作为 Command 对象的一个参数。当多个 Command 对象共有一个参数 tran 时，表示这些操作处于一个事务中。

(3) 事务的提交。提交事务的方法是 tran.Commit( )。执行此语句表示事务中的所有操作都顺序执行完毕。

(4) 事务的回滚。事务回滚表示当事务执行中某一环节出错时，将该事务的全部代码从头执行，直至全部代码顺利通过为止。回滚的方法为 tran.Rollback( )。

【例 6-8】 修改学生管理系统中的删除代码，使得当删除一个学生的信息时，该学生对应的成绩记录也全部删除。

```
public bool Manage::delete(string id)
{
    Conn.Open();            //打开数据库
    SqlTransaction tran = Conn.BeginTransaction();
                            //声明事务对象，使用 Connection 的方法来开始事务
    string sqlstudent = "delete from student where id='"+id+"'"; //学生表的删除语句
    string sqlscore = "delete from score where id='"+id+"'";//成绩表的删除语句
    int result1=0, result2=0;//定义两个命令的返回结果
    try
    {
        SqlCommand cmd1 = new SqlCommand(sqlstudent, Conn, tran);
  //学生表对应的 Command 对象，该对象将 tran 作为第三个参数，从而成为事务中的一部分操作
        result1 = cmd1.ExecuteNonQuery();
        SqlCommand cmd2 = new SqlCommand(sqlscore, Conn, tran);
  //成绩表对应的 Command 对象，该对象将 tran 作为第三个参数，从而成为事务中的一部分操作
       result2 = cmd2.ExecuteNonQuery();
        tran.Commit();              //执行完毕提交事务
    }
    catch                           //当上面代码执行出错时，执行 catch 中的回滚操作
    {
        tran.Rollback();            //重新开始事务的执行
    }
    Conn.Close();                   //关闭数据库
    return (Convert.ToBoolean(result1) && Convert.ToBoolean(result2));
  //返回执行结果
}
```

> **解释：**
>
> (1) 在开始事务之前一定要打开数据连接，事务提交后关闭数据连接。
>
> (2) 使用 Conn.BeginTransaction( )开始事务后，才能够将相应的事务作为参数传递给 Command 命令。
>
> (3) 事务中的两个操作，只要有一个执行失败，对应的返回值即为 0。当两个操作均成功时，才返回非零值。

修改主界面上【删除】按钮的代码如下：

```
private void tooldel_Click(object sender, EventArgs e)
      {
          Manage m = new Manage();
          Student s = new Student();
          DialogResult dresult = MessageBox.Show("确定要删除选中项吗？", "删除记录",
MessageBoxButtons.YesNo, MessageBoxIcon.Warning, MessageBoxDefaultButton.Button2);
          if (dresult == DialogResult.Yes)
          {
             try
             {
                s.Id = dataGridView1.SelectedRows[0].Cells[0].Value.ToString();
//将选中行的第一个单元格中的数据为学号，将其赋给 s.id
                bool  result= m.delete(s.Id); //使用 Manage 的 delete 方法删除数据
                if (result != false)
                   MessageBox.Show("删除成功！");
             }
             catch                                    //执行失败时进行错误提示
                MessageBox.Show("您选中的是单元格，请您选择整行数据");
             loaddata();                              //删除完毕，重新加载数据
          }
}
```

6.2 练　　习

一、选择题

1. 关于主键的说法正确的是(　　)。

   A. 一个数据库中只能有一个主键

   B. 主键是区别数据表中各字段的唯一标识

   C. 一张表中可以有多个联合主键

   D. 不同数据行的主键值有可能相同

2. 使用数据表 Tscore 记录学生的各门成绩信息，该表包含如下字段：id(学号)，name(姓名)，course(课程号)，coursename(课程名称)，score(成绩)，则该表主键应设置为(　　)。

   A. id　　B. course　　C. id 与 course　　D. id-course 与 score

使用题目 2 的数据表完成题目 3～5。

3. 要查询不及格的学生姓名、课程名与成绩，则以下写法不正确的是(　　)。

A. select name,coursename,score from tscore where score<60

B. select * from score where tscore not between 60 and 100

C. select name,coursename,score from tscore where score between 0 and 60

D. select name,coursename,score from tscore where not score>=60

4. 要将学生成绩按学号降序排列，同一学生各门成绩升序排列，则对应的正确语句为(　　)。

A. select * from tscore orderby id desc,score asc

B. select * from tscore orderby score asc,id desc

C. select * from tscore orderby score desc,id asc

D. select * from tscore orderby id asc,score desc

5. 要为学号为 001 的学生每门课都加上 10 分，则对应的语句为(　　)。

A. select tscore+10 where id='001'

B. insert into tscore values(score+10) where id='001'

C. update tscore set score=score+10 where id='001'

D. update tscore score=score+10 where id='001'

6. 通过(　　)控件可以执行 SQL 命令。

A. Connection　　B. Command　　C. DataAdapter　　D. DataSet

7. 使用 Connection 控件连接数据库，当对数据库的操作执行完毕后，需要手工关闭数据库，此时应使用 Connection 控件的(　　)方法。

A. close( )　　B. exit( )　　C. esc( )　　D. dispose( )

8. (　　)方法用于执行查询语句并返回一个数值。

A. ExecuteScalar　　B. ExecuteReader

C. ExecuteNonQuery　　D. Execute

9. 以下哪项操作不用执行 ExecuteNonQuery 方法(　　)。

A. 插入　　B. 删除　　C. 查询　　D.修改

10. 有关事务的说法错误的是(　　)。

A. 在开始事务之前一定要打开数据连接，事务提交后关闭数据连接

B. 使用 BeginTransaction( )开始事务后，才能够将相应的事务作为参数传递给 Command 命令

C. 同一事务对应的多个操作有一个执行失败，即进行事务的提交

D. 回滚事务的方法是 rollback( )

二、填空题

1. 要使用 SqlConnection 控件，需要首先引入命名空间______________。

2. DataReader 控件的______________方法用于读取下一个记录。

3. ExecuteReader 方法返回一个______________类型的数据。

4. DataGridView 控件的______________属性用于设置其数据源。

5. 若要一次选择 DataGridView 控件的多个行，应设置其______________属性。

6. DataGridView 控件中每一行都是______________类型的数据，要访问某一行，需访问该控件的______________属性。

三、问答题

1. 什么是事务？
2. 写出 ADO.NET 五大控件的名称及其各自的作用。
3. Command 对象的主要方法有 ExecuteScalar、ExecuteReader 和 ExecuteNonQuery，请说明每个方法的作用。
4. 数据库编程时需要引入哪些命名空间？其各自的含义是什么？

四、操作题

本章实现了一个学生管理系统。通过该系统讲解了数据库编程的基本内容。但本系统还不完善，请从以下几个方面补充系统的功能。

1. 删除数据时，可以一次选中 DataGridView 中的多行数据进行删除。
2. 查询数据时，查询条件除了可以是学号和姓名外，还可以将性别、家庭所在地等设置为查询条件，进行多方面查询。
3. 为课程表 course 增加授课教师姓名、是否考查课、开课学期等信息。在查看学生成绩窗体 Courseform 中，当双击 DataGridView 控件的相应行时，可以打开一个新窗口显示这门课程的信息。
4. 仿照主窗体的模式，为 Courseform 窗体设置工具栏按钮，实现成绩表的插入、修改、删除、查询等功能。操作过程中注意保持多个表之间的数据一致性。以插入为例，当要插入一条新的成绩记录时，首先应确定用户输入的学号在学生表中有对应的记录，其次还要保证用户输入的课程号在课程表中也有相应的记录，两个条件都满足时，执行插入功能，否则提示错误。

第7章 文件操作

教学目标

(1) 流的概念。

(2) 数据流的写入与读出操作。

(3) File、FileInfo 和 DirectoryInfo 类的应用。

(4) 常用对象框的应用。

(5) 多文档应用程序。

教学要求

知识要点	能力要求	关联知识
写入流	文件数据的写入	流的概念、文件的写入
读出流	文件数据的读取	文件的读出
File	(1) 掌握 File 类的属性 (2) 掌握 File 类的常用方法	Create、Copy、Move、Delete、Open 方法
FileInfo	(1) 掌握 FileInfo 类的属性 (2) 掌握 FileInfo 类的常用方法	CanRead、CanWrite、CanSeek、Length、Name、Position、ReadTimeout、WriteTimeout 等属性，BeginRead、BeginWrite、Close、EndWrite、Flush、Lock、Read 等方法
DirectoryInfo 类	(1) 掌握 DirectoryInfo 类的属性 (2) 掌握 DirectoryInfo 类的常用方法	CreationTime、Exists、Extension、FullName 等属性，Create、CreateSubdirectory、Delete、GetDirectories、GetFiles、MoveTo 等方法
对话框	掌握使用常用对话框	OpenFileDialog、SaveFileDialog FontDialog、ColorDialog
多文档应用程序	(1) 多文档的特点 (2) 多文档窗体的创建	MDI

重点难点

- ✧ File 类的常用方法
- ✧ FileInfo 类的常用方法
- ✧ DirectoryInfo 类的常用方法
- ✧ 对话框的应用
- ✧ 多文档应用程序

7.1　项目一　编写记事本程序

7.1.1　项目描述

在第 4 章的项目四已经对界面进行了设计，本章要完善记事本的功能，可以实现的功能如下。

(1) 文件的读写操作。

(2) 文件的新建、打开及保存等菜单功能。

(3) 文件的查找功能。

(4) 格式菜单的实现。

(5) 将记事本程序改写成多文档窗体程序。

(6) 记事本的拖动功能。

记事本界面如图 7.1 所示。

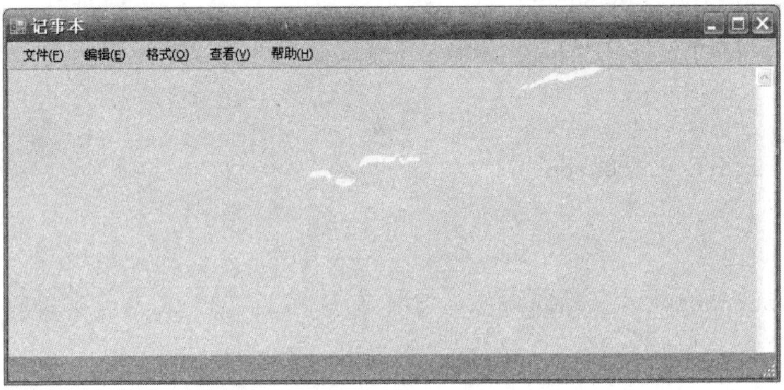

图 7.1　记事本界面

7.1.2　实践操作

1. 项目功能

在本程序中没有按钮控件，所有的功能通过菜单来实现，因此需要设置菜单控件。编辑菜单的具体功能为撤销、剪切、复制、粘贴、删除、全选，这些功能的实现原来学习过，直接调用文本框的相应方法即可。

打开功能的实现：单击此按钮，应调出【打开】对话框，在该对话框中选中相应的文件后，单击【确定】按钮，可以将选中的文件打开。

保存功能的实现：单击此按钮，应调出【保存】对话框，在该对话框中选择文件路径后，单击【保存】按钮，可以保存文件。

完善记事本程序的“查找与替换”功能：单击相应的菜单，显示出【查找与替换】窗口。在“查找内容”处输入待查找内容，单击【查找】按钮，可以在原来的文本框中找到相应内容。单击【查找下一个】按钮，可以逐个向后查找。

格式菜单的实现：完成字体、颜色和自动换行。

将记事本程序改写成多文档窗体程序：当单击显示时出现记事本界面。

记事本的拖动功能：当选中一个文本文件的图标，将其拖动到记事本区域内后，松开鼠标，可以打开该文本文件。

2. 代码实现

(1) 公共变量及属性的设置代码如下：

```
namespace NotePad
{
   public partial class MainForm : Form
   {
      private int filestate=1;//state 为 1 时，表示新建文件还没有被保存过，这时应该显示
【保存】对话框，而且一旦显示过一次之后就将其的状态改为 0，表示不再需要【保存】对话框。在当前文
//本框中有内容时，如果从上次保存后还未对文件进行过修改，则 state 为 0，此时直接清空文本框即可，
//反之若自上次保存后又修改过，则内容为 2，此时新建的时候要提示 MessageBox
      private string filename;
      private int position=0;           //表示查找的起始位置
      private int lastposition = 0;
      private string subcontent;
      public string Subcontent
      {
         get
         {
            return subcontent;
         }
         set
         {
            subcontent = value;
         }
      }
      public int Position
      {
         get
         {
            return position;
         }
         set
         {
            position = value;
         }
      }
```

```
    public int LastPosition
    {
        get
        {
            return lastposition;
        }
        set
        {
            lastposition = value;
        }
    }
    public string getfilename              //设置属性保存文件的名称
    {
        get
        {
            return filename;
        }
        set
        {
            filename=value ;
        }
    }
    public string content
    {
        get
        {
            return txtcontent.Text;
        }
    }
    public int state     //设置属性保存文件的状态，即新建为保存的状态为 1，其余状态为 0
    {
        get
        {
            return filestate;
        }
        set
        {
            filestate = value;
        }
    }
    public MainForm()
    {
        InitializeComponent();
    }
    private void MenuCut_Click(object sender, EventArgs e)
    {
        txtcontent.Cut();
    }
}
```

(2) 【另存为】对话框，如图 7.2 所示。

图 7.2 【另存为】对话框

【保存】对话框的实现代码如下：

```
private void MenuSave_Click(object sender, EventArgs e)//每次保存之后都修改文本框的
//状态，将其设为 0，表示已经保存，不用再显示保存对话框了
      {
          if (state==1)//表示当前显示的是新建但还未保存的文件，此时显示【保存】对话框
          {
              DialogResult result = saveFileDialog1.ShowDialog();
              if (result != DialogResult.OK)
              {
                  return;
              }
              String filename = saveFileDialog1.FileName;
              getfilename = filename;//将文件名给相应的属性
              state = 0;//一旦打开了一次【保存】对话框，就修改其状态为 0
              using (TextWriter writer = new StreamWriter(filename, false,
Encoding.Default))//使用 StreamReader 读取；使用 AtreamWriter 写入，第一个参数表示文件名，
//第二个为 true 表示追加，为 false 表示覆盖，第三个参数表示编码方式
              {
                  writer.Write(txtcontent.Text);//使用 write 方法将参数中的内容写入文件
                  writer.Close();//关闭 writer 对象
              }
          }
          else //表示当前显示的是打开的原有文件，此时不显示【保存】对话框，直接保存
          {
              String filename = getfilename;
              using (TextWriter writer = new StreamWriter(filename, false,
Encoding.Default))//使用 StreaMreader 读取，使用 StreamWriter 写入，第一个参数表示文件名，
//第二个为 true 表示追加，为 false 表示覆盖，第三个参数表示编码方式
              {
                  writer.Write(txtcontent.Text);//使用 write 方法将参数中的内容写入文件
                  writer.Close();//关闭 writer 对象
```

```
            }
            state = 0;
        }
    }
```

另存为功能的实现代码如下：

```
    private void txtcontent_TextChanged(object sender, EventArgs e)//只要文件是已
//经保存过的文件，每次就都设置其 state 为 2
    {
        if (state==0)//表示是打开的文件
        state = 2;    //表示打开文件的文件已经进行了修改，此时保存不显示对话框，但是新建
                      //时要提示 MessageBox，询问是否保存
    }
    private void MenuAnother_Click(object sender, EventArgs e)
    {
        DialogResult result = saveFileDialog1.ShowDialog();
        if (result != DialogResult.OK)
        {
            return;
        }
        String filename = saveFileDialog1.FileName;
        using (TextWriter writer = new StreamWriter(filename, false, Encoding.
Default))  //使用 StreamReader 读取，使用 StreamWriter 写入，第一个参数表示文件名，第二个
         //为 true 表示追加，为 false 表示覆盖，第三个参数表示编码方式
        {
            writer.Write(txtcontent.Text);  //使用 writer 方法将参数中的内容写入文件
            writer.Close();                 //关闭 writer 对象
        }
    }
```

(3) 新建功能的实现代码如下：

```
    private void MenuNew_Click(object sender, EventArgs e)
    {
        if (txtcontent.Text != "")
        {
            if (state == 2||state==1)//表示打开的文件已经改变,或者新建为保存时就提示保存
            {
                DialogResult result = MessageBox.Show("您要保存对当前文档所做的修改
吗？", "保存", MessageBoxButtons.YesNo, MessageBoxIcon.Question);
                if (result == DialogResult.Yes)
                {
                    MenuSave_Click(sender, e);
                }
            }
        }
        txtcontent.Text = "";
        state = 1;
    }
```

(4) 【打开】对话框，如图 7.3 所示。

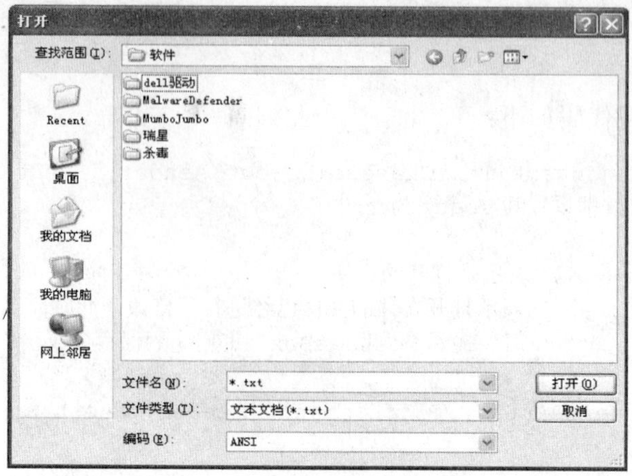

图 7.3 【打开】对话框

【打开】对话框的代码如下：

```
private void MenuOpen_Click(object sender, EventArgs e)
     {
          DialogResult result = openFileDialog1.ShowDialog();//定义一个变量，返回
//对话框的结果
          if (result != DialogResult.OK)       //当结果为取消时，直接返回
          {
             return;
          }
          //方法 1 读取一个文件,可以读取任何的文件
          using  (FileStream  stream  =  File.Open(openFileDialog1.FileName,
FileMode.Open, FileAccess.Read))//使用 using 命名空间的作用是可以限制 stream 在一定的范
//围内使用。定义一个文件流对象用来接受
          //打开文件的内容，这个里面有 3 个参数，参数 1 为文件路径，参数 2 为打开模式，参数 3 为
//打开文件时允许别人进行的操作
          {
             Byte [] buffer=new Byte[stream.Length];//定义一个文件流长度的数组，因为
//后面的 read 函数第一个参数为数组
             int readcount =stream.Read(buffer, 0,(int)(stream.Length));//read
//方法有 3 个参数，参数 1 为要将文件读到的数组名称，参数 2 为从第几个位置开始读，参数 3 为最多读长
//度为多少的数组。这个函数的返回值是一个整数，表示实际读取出来的字符长度
             txtcontent.Text =
System.Text.Encoding.Default.GetString(buffer);//System.Text.Encoding 是一个命名
//空间，控制所有文本的编码格式，这里采用默认的 defaut，GetString 表示将指定字符数组中所有的字
//节解码为一个字符串
             state = 0;//表示打开文件但还未对其修改，此时保存不显示对话框，新建时也不提示
//MessageBox 直接将内容清空
             getfilename=openFileDialog1.FileName ;
             stream.Close();//关闭文件流
          }
 }
```

(5) 【查找】窗口：在主窗体中编写查找函数，然后主窗体可以访问查找窗体中文本框的内容，【查找】窗口如图 7.4 所示。

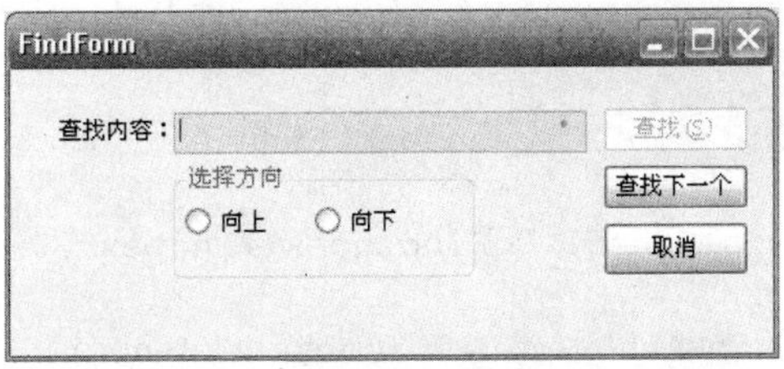

图 7.4 【查找】窗口

查找功能实现代码如下：

```
public void DoFind(string text)          //查找
       {
           int startindex = txtcontent.Text.IndexOf(text);//IndexOf 表示在相应的文
//本中找出要查找的文本的位置，其中待查找文本为参数，原始文本为方法的调用者。返回值为找到结果起
//始位置的索引
           if (startindex != -1)          //查找失败时，返回-1
           {
               txtcontent.SelectionStart = startindex;      //设置高亮显示的起始位置
               txtcontent.SelectionLength = text.Length;    //设置高亮显示的长度
           }
           else
           {
               MessageBox.Show("对不起，您要查找的内容不存在！", "查找", MessageBox
Buttons.OK, MessageBoxIcon.Information);
           }
       }
private void btnok_Click(object sender, EventArgs e)
       {
           ((MainForm)this.Owner).DoFind(findtext);  //使用 MainForm 将 this.Owner
//强制转换为了主窗体，因此可以调用主窗体的方法
       }
public void DoFindIndex(string text,int thisposition)      //查找下一个
       {
           thisposition = Position;
           if (Position < txtcontent.Text.Length)
           {
               int  startindex  =  txtcontent.Text.IndexOf(text,  thisposition);
//IndexOf 表示在相应的文本中找出要查找的文本的位置，其中待查找文本为参数，原始文本为方法的调用
//者。返回值为找到结果起始位置的索引
               if (startindex != -1)//查找失败时，返回-1
               {
                   txtcontent.SelectionStart = startindex;    //设置高亮显示的起始位置
                   txtcontent.SelectionLength = text.Length; //设置高亮显示的长度
                   Position = startindex + text.Length;
               }
               else
               {
                   MessageBox.Show("对不起，您要查找的内容不存在！","查找",MessageBoxButtons.
OK, MessageBoxIcon.Information);
                   Position = 0;
               }
```

```
            }
        }
private void button1_Click(object sender, EventArgs e)
        {
            ((MainForm)this.Owner).DoFindIndex(findtext,0);
        }
private void 显示ToolStripMenuItem_Click(object sender, EventArgs e)
        {
            MainForm frm = new MainForm();
            frm.MdiParent = this;
            frm.Show();
        }
private void 全部关闭ToolStripMenuItem_Click(object sender, EventArgs e)
        {
            foreach (Form frm in this.MdiChildren)//this.mdichildren 返回的是一个数
//组，这个数组的每一个元素都是一个窗体
            {
                frm.Close();
            }
        }
    }
```

(6) 格式菜单中的【字体】对话框，如图 7.5 所示。

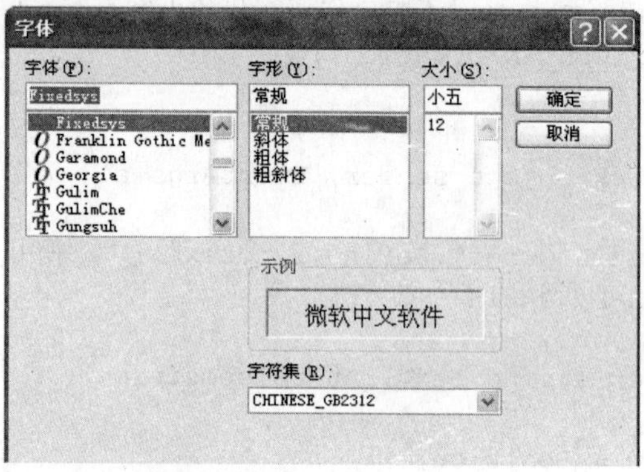

图 7.5 【字体】对话框

格式菜单的实现代码如下：

```
    private void MenuColor_Click(object sender, EventArgs e)
    {
        DialogResult result = colorDialog1.ShowDialog();
        if (result != DialogResult.OK)
        {
            return;
        }
        txtcontent.ForeColor = colorDialog1.Color;
    }
    }
    private void MenuFont_Click(object sender, EventArgs e)
    {
        DialogResult result = fontDialog1.ShowDialog();
```

```
        if (result != DialogResult.OK )
        {
            return;
        }
        txtcontent.Font = fontDialog1.Font;
    }
    private void MenuTrip_Click(object sender, EventArgs e)
    {
        if (txtcontent.WordWrap == true)
        {
            txtcontent.WordWrap = false;
            MenuTrip.Checked = false;
        }
        else
        {
            txtcontent.WordWrap = true;
            MenuTrip.Checked = true ;
        }
    }
```

(7) 【打印】对话框，如图 7.6 所示。

图 7.6　【打印】对话框

打印功能的实现代码如下：

```
    Private void printDocument1_PrintPage(object sender System.Drawing. Printing.
PrintPageEventArgs e)
    {
        e.Graphics.DrawString(txtcontent.Text, txtcontent.Font, Brushes.Black, 0, 0);
    }
    Private void 打印 PToolStripMenuItem_Click(object sender, EventArgs e)
    {
        DialogResult result = printDialog1.ShowDialog();
        if (result != DialogResult.OK)
        {
```

```
            return;
        }
        printDocument1.Print();
```

(8) 将记事本程序改写成多文档窗体程序，当单击显示时出现记事本界面。【多文档】窗口如图 7.7 所示。

图 7.7　【多文档】窗口

多文档功能的实现代码如下：

```
private void ToolStripMenuItem_Click(object sender, EventArgs e)
      {
          MainForm frm = new MainForm();
          frm.MdiParent = this;
          frm.Show();
      }
      private void 全部关闭ToolStripMenuItem_Click(object sender, EventArgs e)
      {
          foreach (Form frm in this.MdiChildren)//this.mdichildren 返回的是一个数
//组，这个数组的每一个元素都是一个窗体
          {
              frm.Close();
          }
      }
```

(9) 记事本拖动功能的实现代码如下：

```
首先编写 DragEnter 事件，即判断文件是否为文本文件：
private void txtcontent_DragEnter(object sender, DragEventArgs e)//当用户拖动文件
//至边界时就触发该事件
      {
          //string[] s=e.Data.GetFormats();
          string[] filenames = (string[])e.Data.GetData("FileNameW");//e.Data中
//全部是跟拖动的文件有关的内容，这些内容可以在 e.Data.GetFormats()中查看，查得的结果是名称
//存在 FileNameW 中
          //将文件的名称赋值给一个字符串变量 filenames
          if (filenames != null)        //只要文件名不为空
          {
              string ext = Path.GetExtension(filenames[0]);//定义一个字符串来存储取
//得的文件的扩展名
              if (ext == ".txt")        //若扩展名等于".txt"
```

```
                {
                    e.Effect = DragDropEffects.Copy;//设置当文件拖动到边框以后，鼠标显示
//的图标。Copy 为加号，Scoll 为不允许操作图标，Link 为快捷方式图标，等等
                }
            }
        }
DragDrop 事件:前面一样，但是判断完后打开文件(将打开的代码提取成过程):
private void txtcontent_DragDrop(object sender, DragEventArgs e)//松开鼠标时触发的操作
        {
            string[] filenames = (string[])e.Data.GetData("FileNameW");
            if (filenames != null)
            {
                string ext = Path.GetExtension(filenames[0]);
                if (ext == ".txt")
                {
                    OpenFileDrag(sender, e,filenames[0]);//过程与 DragEnter 一样，只不
//过当释放鼠标时执行的操作为打开文件。修改上面的打开文件函数，为其增加一个参数 thisfilename
//表示文件名
                }
            }
        }
private void OpenFileDrag(object sender, EventArgs e,string thisfilename)//修改
//OpenFile 函数，使得拖动一个文件时可以打开该文件
        {
            if (txtcontent.Text != "")
            {
                if (state == 2 || state == 1)//只要当前显示不为空且内容已经发生改变，就提
//示保存;只要是新建未保存的文件，就提示保存
                {
                    DialogResult result1 = MessageBox.Show("您要保存对当前文档所做的修
改吗？", "保存", MessageBoxButtons.YesNo, MessageBoxIcon.Question);
                    if (result1 == DialogResult.Yes)
                    {
                        MenuSave_Click(sender, e);
                    }
                }
            }
            //方法 1 读取一个文件,可以读取任何的文件
            using  (FileStream  stream  =  File.Open(thisfilename,  FileMode.Open,
FileAccess.Read))//使用 using 命名空间的作用是：可以限制 stream 在一定的范围内使用。定义一
//个文件流对象用来接受
            //打开文件的内容，这个里面有 3 个参数，参数 1 为文件路径，参数 2 为打开模式，参数 3 为
//打开文件时允许别人进行的操作
            {
                Byte[] buffer = new Byte[stream.Length];//定义一个文件流长度的数组，因
//为后面的 read 函数第一个参数为数组
                int readcount = stream.Read(buffer, 0, (int)(stream.Length));//read
//方法有 3 个参数，参数 1 为要将文件读到的数组名称，参数 2 为从第几个位置开始读，参数 3 为最多读长
```

```
//度为多少的数组，这个函数的返回值是一个整数，表示实际读取出来的字符长度
            txtcontent.Text =
System.Text.Encoding.Default.GetString(buffer);//System.Text.Encoding 是一个命名
//空间，控制所有文本的编码格式，这里采用默认的 defaut，GetString 表示将指定字符数组中所有的字
//节解码为一个字符串
            state = 0;//表示打开文件但还未对其修改，此时保存不显示对话框，新建时也不提示
//MessageBox，直接将内容清空
            getfilename = openFileDialog1.FileName;
            stream.Close();             //关闭文件流
        }
    }
```

7.1.3 问题探究

1. System.IO 命名空间

以字节形式向磁盘写入的数据通常称为字节流(比特流)。存储在磁盘上的字节集合称为文件。在 Windows 应用程序中，经常会读取文件中的数据，也会把处理后的数据存放到文件中，这就需要对外存上的文件进行输入/输出处理。

.NET2.0 环境下的软件系统开发已经把文件的读写操作从底层转移到对类库的使用中。类库结构中有一个 System.IO 命名空间，里面包含允许读写文件和数据流的类型以及提供基本文件和目录支持的类型。System.IO 命令空间一些常用的类见表 7-1。

表 7-1 System.IO 命名空间一些常用的类

类	说　明
File	提供用于创建、复制、删除、移动和打开文件的静态方法，并协助创建 FileStream 对象
FileInfo	提供用于创建、复制、删除、移动和打开文件的实例方法，并且帮助创建 FileStream 对象。无法继承此类
FileStream	公开以文件为主的 Stream，既支持同步读写操作，也支持异步读写操作
BinaryReader	用特定的编码将基元数据类型读作二进制值
BinaryWriter	以二进制形式将基元类型写入流，并支持用特定的编码写入字符串
BufferedStream	给另一流上的读写操作添加一个缓冲层。无法继承此类
Directory	公开用于创建、移动和枚举目录和子目录的静态方法。无法继承此类
DirectoryInfo	公开用于创建、移动和枚举目录和子目录的实例方法。无法继承此类
Path	对包含文件或目录路径信息的 String 实例执行操作。这些操作是以跨平台的方式执行的
StreamReader	实现一个 TextReader，使其以一种特定的编码从字节流中读取字符
StreamWriter	实现一个 TextWriter，使其以一种特定的编码向字节流中写入字符
FileSysWatcher	侦听文件系统更改通知，并在目录或目录中的文件发生更改时引发事件

System.IO 命名空间的类结构图如图 7.8 所示。

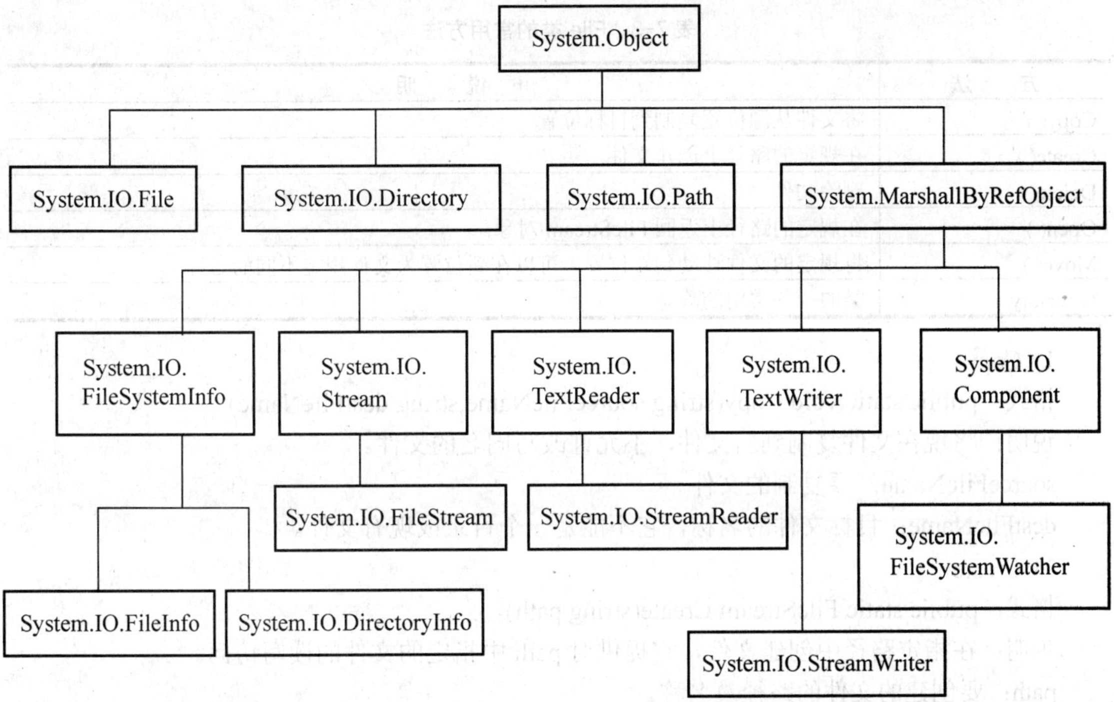

图 7.8　System.IO 命名空间的类结构图

此外还有几个常作为参数的枚举，见表 7-2。

表 7-2　常作为参数的枚举

枚　　举	说　　明
FileMode	指定操作系统打开文件的方式
FileShare	包含用于控制其他 FileStream 对象对同一文件可以具有的访问类型的常数
FileAccess	定义用于控制对文件的读访问、写访问或读写访问的常数

> **注意：**
> 建议使用 Using 来引用 System.IO 命名空间。若在代码页的头部引用了 System.IO 命名空间 Using System.IO，在代码中就可以随意使用其所包含的类及枚举，如 File.Creat( );否则，需要在代码中加上 System.IO 前缀，如 System.IO.File.Creat( )。

2. File 类

File 类通常和 FileStream 类协作来完成对文件的创建、删除、复制 、移动、打开等操作。

File 类的构造函数形式为：Public File(string fileName)。

同样，File 类也有自己的属性，如绝对路径名 DericoryName、创建时间 CreationTime、上次访问时间 LastAccessTime、上次修改时间 LastWriteTime、文件长度 Length 等。

File 类为我们提供的方法主要有 CopyTo、MoveTo、Delete 等，利用它们可以完成一些基本的文件管理。File 类的常用方法见表 7-3。

表 7-3 File 类的常用方法

方　法	说　明
Copy( )	将文件从源位置复制到目标位置
Create( )	在规定的路径上创建文件
Delete( )	删除文件
Open( )	在规定的路径上返回 FileStream 对象
Move( )	将规定的文件移动到新位置。可以在新位置为文件规定不同的名称
Directory	类的一些常用的静态

1) Copy

格式：public static void Copy(string sourceFileName,string destFileName)

说明：将现在文件复制到新文件，不允许改写同名的文件。

sourceFileName：要复制的文件。

destFileName：目标文件的名称，它不能是一个目录或现有文件。

2) Create

格式：public static FileStream Create(string path)

说明：在指定路径中创建文件，它提供对 path 中指定的文件的读写访问。

path：要创建的文件的路径及名称。

3) Delete

格式：public static void Delete(string path)

说明：删除指定文件，如果指定的文件不存在，则不引发异常。

path：要删除的文件名称。

4) Open

格式：public static FileStream Open(string path,FileMode mode)

说明：打开指定路径上的 FileStream，具有读写访问权限。

path：要打开的文件名称。

mode：FileMode 值用于指定在文件不存在时是否创建该文件，并确定是保留还是改写现有的文件的内容。

5) Move

格式：public static void Move(string sourceFileName,string destFileName)

说明：将指定文件移到新位置，并提供指定新文件名的选项。

sourceFileName：要移动的文件名称。

destFileName：文件的新路径。

【例 7-1】 File 类的一些主要方法，代码如下：

```
using System;
using System.IO;
class Test
{
   public static void Main()
   {
      String path=@"c:\temp\MyTest.txt";
```

```
        if (!File.Exists(path))
        {
            //创建文件以便写入内容
            using (StreamWriter sw=File.CreateText(path))
            {
                sw.WriteLine("Welcome");
                sw.WriteLine("to");
                sw.WriteLine("China");
            }
        }
        //打开文件，从中读数据
        using (StreamReader sr=File.OpenText(path))
        {
            string s="";
            while ((s=sr.ReadLine())!=null)
            {
                Console.WriteLine(s);
            }
        }
        Try
        {
         string path?=path+"temp";
         //确认将要复制成的文件是否已经有同名的文件存在
         File.Delete(path2);
         Console.WriteLine("{0} was copied to {1}.",path,path2);
         //删除新生成的文件
         File.Delete(path2);
         Console.WriteLine("{0} was successfully deleted.",path2);
       }
       catch (Exception e)
       {
         Console.WriteLine("The process failed: {0}",e.ToString());
       }
   }
}
```

3. FileStream 类

FileStream 对象也称为文件流对象，为文件的读写操作提供通道，而 File 对象相当于提供一个文件句柄，在文件操作中，针对 FileStream 对象的操作必须首先实例化一个 FileStream 类对象后才可以使用，这一点与 File 类的操作是不一样的。

FileStream 文件流是文件读写操作的一种方式，既支持文件的同步读写操作，又支持文件的异步读写操作。

> **解释：**
>
> FileStream 类在实例后可以用于读写文件中的数据，而要构造 FileStream 实例，需要以下 3 条信息。

(1) 要访问的文件。

(2) 表示如何打开文件的模式。例如创建一个新文件或打开一个现有的文件。如果打开一个现有的文件，写入操作覆盖文件原来的内容，还是添加到文件的末尾？

(3) 表示访问文件的方式。是只读、只写，还是读写。

1) FileStream 属性

CanRead：获取一个值，该值指示当前流是否支持读取。如果流支持读取，则为 true；如果流已关闭或是通过只写访问方式打开的，则为 false。

CanSeek：获取一个值，该值指示当前流是否支持查找。如果流支持查找，则为 true；如果流已关闭或者如果 FileStream 是从操作系统句柄构造的，则为 false。

CanWrite：获取一个值，该值指示当前流是否支持写入。如果流支持写入，则为 true；如果流已关闭或是通过只写访问方式打开的，则为 false。

Length：获取用字节表示的流长度。

Name：获取传递给构造函数的 FileStream 的名称。

Position：获取或设置此流的当前位置。

ReadTimeout：获取或设置一个值，该值确定流在超时前尝试读取多长时间。

WriteTimeout：获取或设置一个值，该值确定流在超时前尝试写入多长时间。

2) FileStream 方法

(1) BeginRead。

格式：`public override IAsyncResult BeginRead(byte[] array,int offset,int numBytes,AsyncCallback userCallback,object stateObject)`

说明：开始异步读。

array：要读入数据的缓冲区。

offset：array 中的字节偏移量，从此处开始读取。

numBytes：最多读取的字节数。

userCallback：异步读操作完成后调用的方法。

stateObject：一个用户提供的对象，它将该特定的异步读取请求与其他请求区别开来。

(2) BeginWrite。

格式：`public override IAsyncResult BeginWrite(byte[] array,int offset,int numBytes,AsyncCallback userCallback,object stateObject)`

说明：开始异步写。

array：包含要写入当前流的数据的缓冲区。

offset：array 中的字节偏移量，从此处开始将字节复制到当前流。

numBytes：最多写入的字节数。

userCallback：异步写操作完成后调用的方法。

stateObject：一个用户提供的对象，它将该特定的异步写入请求与其他请求区别开来。

(3) Close。

格式：`public virtual void Close()`

说明：关闭当前流并释放与之关联的所有资源。

(4) EndWrite。

```
格式：public override void EndWrite(IAsyncResult asyncResult)
```

说明：结束异步写入，在I/O操作完成之前一直阻止。

asyncResult：挂起的异步I/O请求。

(5) Flush。

```
格式：public override void Flush()
```

说明：清除该流的所有缓冲区，使得所有缓冲的数据都被写入到基础设备。

(6) Lock。

```
格式：public virtual void Lock(long position,long length)
```

说明：允许读取访问的同时防止其他进程更改FileStream。

position：要锁定的范围的开始处。此参数的值必须大于或等于零。

length：要锁定的范围。

(7) Read。

```
格式：public override int Read([InAttribute][OutAttribute] byte[] array,int
offset,int count)
```

说明：从流中读取字节块并将该数据写入给缓冲区中。

array：当此方法返回时，包含指定的字节数组，数组中offset和(offset+count-1)之间的值被从当前源中读取的字节替换。

offset：array中的字节偏移量，从此处开始读取。

count：最多读取的字节数。

(8) Seek。

```
格式：public override long Seek(long offset,SeekOrigin origin)
```

说明：将该流的当前位置设置为给定值。

offset：相对于origin的点，从此处开始查找。

origin：使用SeekOrigin(Begin、Current、End)类型的值，将开始位置、结束位置或当前位置指定origin的参考点。

【例7-2】 使用类FileStream的构造函数。

```
FileStream mikecatstream;
   mikecatstream = new FileStream("c:\\mikecat.txt", FileMode.OpenOrCreate,
FileAccess.Write);
   //本段代码的含义：
   //利用类FileStream的构造函数打开在C:根目录下的文件mikecat.txt，打开的模式为打开或创
//建，对文件的访问形式为只写，并把文件流赋给mikecatstream。
```

类FileStream的构造函数提供了15种重载，最常用的有3种，见表7-4。

表 7-4 类 FileStream 的 3 种常用的构造函数

名称	说明
FileStream(string FilePath, FileMode)	使用指定的路径和创建模式初始化 FileStream 类的新实例
FileStream(string FilePath, FileMode, FileAccess)	使用指定的路径、创建模式和读写权限初始化 FileStream 类的新实例
FileStream(string FilePath, FileMode, FileAccess, FileShare)	使用指定的路径、创建模式、读写权限和共享权限创建 FileStream 类的新实例

在构造函数中使用的 FilePath, FileMode, FileAccess, FileShare 分别是指：使用指定的路径、创建模式、读/写权限和共享权限。其中 FilePath：将封装的文件的相对路径或绝对路径。

下面介绍一下 FileMode 和 FileAccess，FileShare，它们 3 个都是 System.IO 命名空间中的枚举类型，见表 7-5。

表 7-5 枚举类型 FileMode 和 FileAccess,FileShare

名称	取值	说明
FileMode	Append、Create、CreateNew、Open、OpenOrCreate 和 Truncate	指定操作系统打开文件的方式
FileAccess	Read、ReadWrite 和 Write	定义用于控制对文件的读访问、写访问或读/写访问的常数
FileShare	Inheritable、None、Read、ReadWrite 和 Write	包含用于控制其他 FileStream 对象对同一文件可以具有的访问类型的常数

> 注意：
>
> 对于 FileMode，如果要求的模式与文件的现有状态不一致，就会抛出一个异常。如果文件不存在，Append、Open 和 Truncate 会抛出一个异常，如果文件存在，CreateNew 会抛出一个异常。Create 和 OpenOrCreate 可以处理这两种情况，但 Create 会删除现有的文件，创建一个新的空文件。FileAccess 和 FileShare 枚举是按位标志，所以这些值可以与 C#的按位 OR 运算符合并使用。

4. StreamReader 类

StreamReader 类是文本输出流类，实现一个 TextReader，使其以一种特定的编码从字节流中读取字符。

StreamReader 方法如下。

1) Read

```
格式：public override int Read()
```

说明：读取输入流中的下一个字符或下一组字符。

返回值：输入流中表示为 int32 对象的下一个字符。如果不再有可用的字符，则为-1。

2) ReadLine

```
格式：public override string ReadLine()
```

说明：从当前流中读取一行字符并将该数据作为字符串返回。

返回值：输入流中的下一行，如果到达了输入流的末尾，则为空引用(在 Visual Basic 中为 Nothing)。

3) ReadToEnd

```
格式：public override string ReadToEnd()
```

说明：从流的当前位置到末尾读取流。

返回值：字符串形成的流的其余部分(从当前位置到末尾)。如果当前位置位于流的末尾，则返回空字符串(“”)。

5. StreamWriter 类

StreamWriter 类是文本写入流，一般可以实现对文本文件的数据的写入操作。实现一个 TextWriter，使其以一种特定的编码向流中写入字符。

StreamWriter 的方法如下。

Writer：数据写入。

```
格式 1：public virtual void Write(bool value)
```

说明：将 Boolean 值的文本表示形式写入文本流。

```
格式 2：public override void Write(char value)
```

说明：将字符写入文本流。

```
格式 3：public override void Write(string value)
```

说明：将字符串写入文本流。

【例 7-3】 向文本文件中写入文本流，代码如下：

```
using System;
using System IO;
classFileTest
{
  public static void Main()
   {
    StreamWriter srd;
      try
        {
         srd=File.CreateText("c:\\c#\\file1\\file2.txt");
        }
          catch
        {
         Console.WriteLine("File create failed");
         return;
          }
        srd.WriteLine("“Web Address: ");
        srd.WriteLine("www.sohu.com");
        srd.WriteLine("www.263.com");
        srd.WriteLine("www.sina.com.cn");
        srd.WriteLine("www.microsoft.com/china");
        srd.Close();
```

```
        }
    }
```

7.1.4 知识拓展

1. MessageBox 类

计算机系统与用户交互过程中，系统通过弹出消息框告知用户的操作是否合法、准确，以及结果、错误或其他信息。这些消息框弹出和告知可以通过使用 MessageBox 类来完成。

MessageBox 方法如下。

Show：显示消息框。

```
格式：public static DialogResult Show (IWin32Window owner,string text,string caption,MessageBoxButtons buttons,MessageBoxIcon icon,MessageBoxDefaultButton defaultButton)
```

说明：在指定对象的前面显示具有指定文本、标题、按钮、图标和默认按钮的消息框。

text：要在消息框中显示的文本。

buttons：MessageBoxButtons 值之一，可指定在消息框中显示哪些按钮。

defaultButton：MessageBoxDefaultButton 值之一，可指定消息框中的默认按钮。

返回值：DialogResult 值之一。

2. OpenFileDialog 类

许多的系统在打开文件时都用到了打开文件对话框，以便用户方便地找到所需的文件，我们可以通过 OpenFileDialog 类来实现，【打开】对话框如图 7.9 所示。

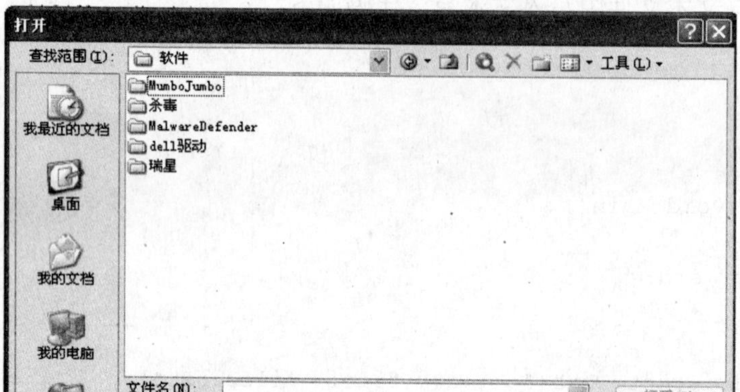

图 7.9 【打开】对话框

1) OpenFileDialog 属性

(1) AddExtendsion：获取或设置一个值，该值指示如果用户使用默认的扩展名，对话框是否自动在文件名中添加扩展名。

属性值：当用户默认了扩展名时，如果对话框在文件名中添加扩展名，值为 true；反之，值为 false。默认值为 true。

(2) CheckFileExists：获取或设置一个值，该值指示如果用户指定不存在的文件名，对话框是否显示警告。

属性值：如果对话框在用户指定的文件名不存在时显示警告，值为 true；反之，值为 false。默认值为 true。

(3) CheckPathExists：获取或设置一个值，该值指示如果用户指定不存在的路径，对话框是否显示警告。

属性值：当用户用户指定不存在的路径时，如果对话框显示警告，值为 true；反之，值为 false。默认值为 true。

(4) FileName：获取或设置一个包含在文件对话框中选定的文件名的字符串。

属性值：对话框中选择的文件名，默认值为空字符串。

(5) FileNames：获取对话框中所有选定文件的文件名。

属性值：包含对话框中所有选定文件的文件名的 string 类型数组。每个文件名都既包含文件路径又包含文件扩展名，如果未选定文件，该方法将返回空数组。

(6) Filter：获取或设置当前文件名筛选器字符串，该字符串决定对话框的【另存为】文件类型或【文件类型】列表框中出现的选择内容。

属性值：对话框中可用的文件筛选选项。

2) OpenFileDialog 方法

ShowDialog：运行通用对话框。

```
格式：public DialogResult ShowDialog()
```

返回值：如果用户在对话框中单击【确定】按钮，则为 DialogResult.OK，否则为 DialogResult.cancel。

3. SaveFileDialog 类

系统与用户进行数据保存交互时，往往会弹出【另存为】对话框，以方便用户保存，如图 7.10 所示。

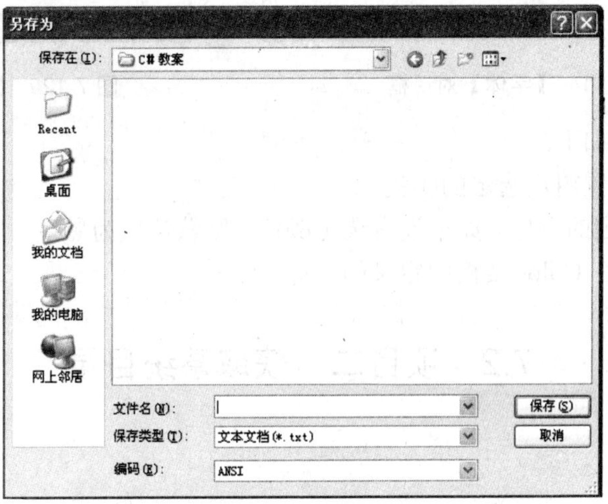

图 7.10 【另存为】对话框

SaveFileDialog 属性如下。

OverWritePrompt：获取或设置一个值，该值指示如果用户指定的文件名已存在，Save as 对话框是否显示警告。

属性值：在用户指定的文件名存在的情况下，如果在改写该文件之前对话框对用户进行提示，则为 true；如果对话框不征得用户许可就自动改写现有文件，则为 false。默认值为 true。

4. FontDialog 类

字符串的操作中，如果想让用户方便地改变字符字体，可以通过【字体】对话框进行操作，如图 7.11 所示。

FontDialog 属性如下。

(1) Font：获取或设置选定的字体。

属性值：选定的字体。

(2) Color：获取或设置选定字体的颜色。

属性值：选定字体的颜色。默认值为 Black。

5. ColorDialog 类

ColorDialog 类是用来向用户提供颜色操作的对话框。【颜色】对话框如图 7.12 所示，表示一个通用对话框，该对话框显示可用的颜色以及允许用户定义自定义颜色的控件。

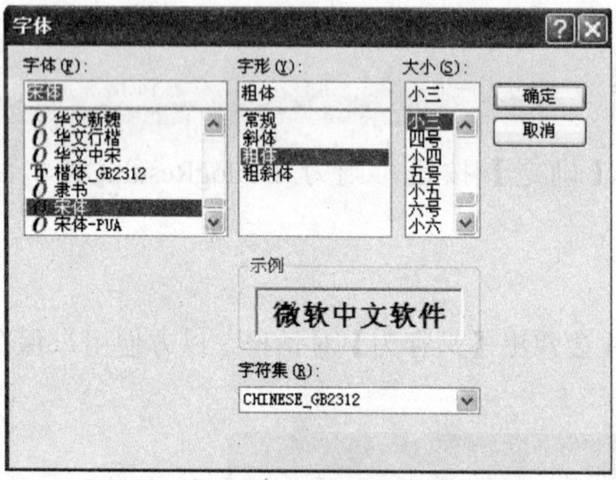

图 7.11 【字体】对话框

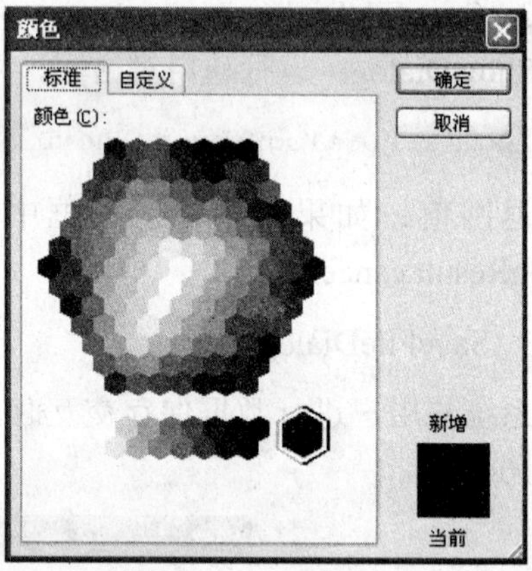

图 7.12 【颜色】对话框

ColorDialog 属性如下。

Color：获取或设置用户选定的颜色。

属性值：用户选定的颜色。如果没有选定颜色，则默认值为黑色。用户运行程序时在对话框中选定的颜色如同在 Color 结构中定义的一样。

7.2 项目二 获取系统目录

7.2.1 项目描述

.NET 框架在 System.IO 命名空间中提供了 Directory 类和 DirectoryInfo 类进行目录的管理。其中 Directory 类提供了关于目录的典型操作的一系列静态方法，例如复制、移动、重命名、创建和删除目录。DirectoryInfo 类的作用类似于 Directory 类，但它提供的是实例方法，即必须先创建对象实例后才可调用方法。

本节利用 DirectoryInfo 类来开发一个获取系统目录的项目，本项目可以实现的功能如下。

(1) 获取系统目录。

(2) 获取目录属性。

7.2.2 实践操作

(1) 创建“获取系统目录”项目。

创建名为“获取系统目录”的 Windows 应用程序。

(2) 添加控件。

添加两个 Label 控件、两个 Button 控件、一个 TreeView 控件和一个 TextBox 控件到 Form1 窗体上。使用属性窗口将两个 Label 的 Text 属性分别设置为“请选择一个文件夹或文件：”和“文件夹或文件信息：”，将两个 Button 的 Text 属性分别设置为“显示”和“清空”，最后清空 TextBox 的 Text 属性。运行效果如图 7.13 所示。

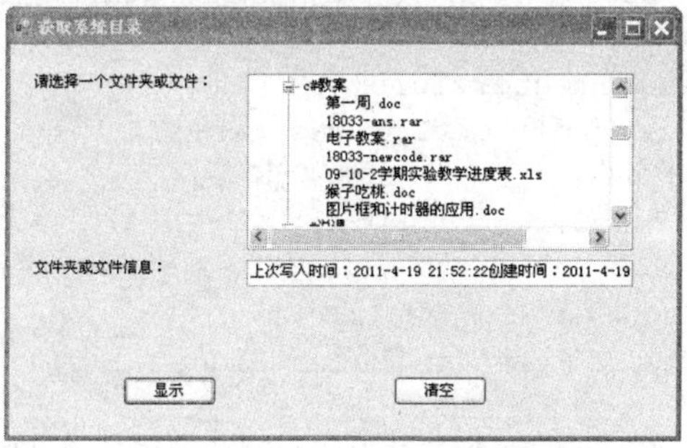

图 7.13 获取系统目录界面图

(3) 编写代码。

① 切换到窗体代码编辑器，为窗体引入命名空间，并添加 FillTree 和 GetSubDirectoryNode 方法以及为 Form1 窗体构造函数添加代码：

```
using System.IO;                    //用到 DirectoryInfo、FileInfo 类
//填充目录和文件到 TreeView 控件中。参数 isSource 表示是否显示文件
private void FillTree(TreeView treeView,bool isSource)
{
treeView.Nodes.Clear();             //清空
//获取系统上所有的逻辑驱动器
string[] strDrives=Environment.GetLogicalDrives();
foreach(string rootDirectoryName in strDrives)
{
   try
   {
     //获取驱动器顶级目录列表
     DirectoryInfo dir=new DirectoryInfo(rootDirectoryName);
     //如果获得的目录信息正确，则将它添加到 TreeView 控件中
     if (dir.Exists==true)
     {
        TreeNode newNode=new TreeNode(rootDirectoryName);
        treeView.Nodes.Add(newNode);
        if (isSource)
       {
        GetSubDirectoryNodes(newNode,newNode.Text,true);
```

```
        }
        else
        {
          GetSubDirectoryNodes(newNode,newNode.Text,false);
        }
      }
    }
    catch(Exception e)
    {
      MessageBox.Show(e.Message);
    }
  }
}
//遍历子目录
private void GetDirectoryNodes(TreeNode parentNode,string fullName,bool getFileName)
{
  DirectoryInfo dir= new DirectoryInfo(fullName);
  DirectoryInfo[ ] subDirs= dir.GetDirectories();
  //为每一个子目录添加一个子节点
  foreach(DirectoryInfo subDir in subDirs)
  {
   //显示隐藏文件夹
   if ((subDir.Attributes & FileAttributes.Hidden)!=0)
   {
      continue;
    }
   TreeNode subNode=new TreeNode(subDir.Name);
   parentNode.Nodes.Add(subNode);
   //递归调用 GetSubDirectoryNodes
   GetSubDirectoryNodes(subNode,subDir.FullName,getFileNames);
  }
//获取目录中的文件
if (getFileNames)
{
   FileInfo[ ] files=dir.GetFiles();
   foreach(FileInfo file in files)
   {
      TreeNode fileNode = new TreeNode(file.Name);
      parentNode.Nodes.Add(fileNode);
   }
    }
}
//在 Form1 构造函数中添加粗体显示
private void Form1_Load(object sender, EventArgs e)
{
          FillTree(treeView1, true);
}
```

② 切换到窗体设计器并双击【显示】按钮，为它添加事件处理程序，添加代码如下：

```
private void button1_Click(object sender,System.EventArgs e)
{
```

```
  try
  {
    TreeNode selectedNode=treeView1.selectedNode;
    DirectoryInfo info = new DirectoryInfo(selectedNode.FullPath);
    string [ ] strArray = new string[4];
    strArray[0]="完整路径名: "+info.FullName;
    strArray[1]="创建时间: "+info.CreationTime.ToString();
    strArray[2]="上次访问时间: "+info.LastAccessTime.ToString();
    strArray[0]="上次写入时间: "+info.LastWriteTime.ToString();
    textBox1.Lines=strArray;
   }
  catch(Exception exc)
  {
    MessageBox.Show(exc.Message);
   }
}
```

③ 为【清空】按钮添加事件处理程序，添加代码如下：

```
private void button2_click(object sender,System.EventArgs a)
{
  textBox1.Text=" ";
}
```

④ 保存完成的项目，编译运行程序。

7.2.3 问题探究

1. DirectoryInfo 类

DirectoryInfo 类用来对文件目录进行操作，它公开用于创建、移动枚举目录子目录的实例方法。

1) DirectoryInfo 属性

(1) CreationTime：获取或设置当前 FileSystemInfo 对象的创建时间。

属性值：当前 FileSystemInfo 对象的创建日期和时间。

(2) Exists：获取指示目录是否存在的值。

属性值：如果目录存在，则为 true；否则为 false。

(3) Extension：获取表示文件扩展名部分的字符串。

属性值：包含 FileSystemInfo 扩展名的字符串。

(4) FullName：获取目录或文件的完整目录。

属性值：包含完整目录的字符串。

2) DirectoryInfo 方法

(1) Create：创建目录。

```
格式：public void Creat()
```

说明：如果目录已经存在，则此方法不执行任何操作。

(2) CreateSubdirectory：在指定路径中创建一个或多个子目录。指定路径可以是相对于 DirectoryInfo 类的此实例的路径。

格式：public DirectoryInfo CreateSubdirectory(string path)

path：指定的路径。它不能是另一个磁盘或“统一命令约定”的名称。

返回值：在 path 中指定的最后一个目录。

(3) Delete：从路径中删除 DirectoryInfo 及其内容。

格式：public override void Delete()

(4) GetDirectories：指定当前目录的子目录。

格式：public DirectoryInfo[] GetDirectories()

返回值：DirectoryInfo 对象的数组。

(5) GetFiles：返回当前目录的文件列表。

格式：public FileInfo[] GetFiles()

返回值：FileInfo 类型数组。

(6) MoveTo：将 DirectoryInfo 实例及其内容移动到新路径。

格式：public void MoveTo(string destDirName)

destDirName：要将此目录移动到目标位置的名称和路径。目标不能是另一个具有相同名称的磁盘卷或目录。它可以将此目录作为子目录添加到其中的一个现有目录中。

【例 7-4】 利用 Directory 的 CreateDirectory 和 CreateDirectories 方法创建一级和二级子目录。

```
using System;
using System IO;
class DirectoryTest
{
 public static void Main()
 {
   Directory d=new Directory("c:\\c#");
   Directory d1;
   Directory d2;
   try {
      d1=d.CreateSubdirectory("file1");
     }
 catch(IOException e)
 {
    Console.WriteLine("directory file1 failed because:{0},"e");
   return;
   }
   try {
      d2=d.CreateSubdirectory("file1\\file2");
      //等于 d2=d1.CreateSubdirectory("file2");
      }
   catch(IOException e)
   {
      Console.WriteLine("directory file2 failed because:{0},"e");
   return;
   }
   Console.WriteLine("Create directory successfully!");
```

```
    }
}
```

> **注意：**
> 上面例子中的异常 IOException 表示准备创建的目录名已经存在。SystemIO 中提供了各种输入输出的异常，便于我们了解任务失败的原因所在，或者是给程序的用户提示信息。

2. FileInfo 类

FileInfo 类提供创建、复制、删除、移动和打开文件的实例方法，并且帮助创建 FileStream 对象。

1) FileInfo 属性

(1) Directory：获取父类目录的实例。

属性值：表示此文件父目录的 DirectoryInfo 对象。

(2) DirectoryName：获取表示目录的完整路径的字符串。

属性值：表示目录的完整路径的字符串。

(3) Length：获取当前文件的大小。

2) FileInfo 方法

(1) AppendText：创建一个 StreamWriter，向 FileInfo 表示的文件追加文本。

```
格式：public StreamWriter AppendText()
```

返回值：新的 StreamWriter。

(2) CopyTo：将现有文件复制到新文件，不允许改写现有文件。

```
格式：public FileInfo CopyTo(string destFileName)
```

destFileName：要复制到的新文件的名称。

返回值：带有完全限定路径的新文件。

(3) CreateText：创建写入新文本文件的 StreamWriter。

```
格式：public StreamWriter CreateText()
```

返回值：新的 StreamWriter。

(4) Open：在指定的模式中打开文件。

```
格式：public FileStream Open(FileMode mode)
     public FileStream Open(FileMode mode,FileAccess access)
     public FileStream Open(FileMode mode FileAccess access,FileShare share)
```

mode：一个 FileMode 常数，它指定打开文件所采用的模式(例如 Open 或 Append)。

access：一个 FileAccess 常数，它指定是使用 Read、Write 还是 ReadWrite 文件访问权限来打开文件。

share：一个 FileShare 常数，它指定其他 FileStream 对象对此文件拥有的访问类型。

返回值：用指定的模式、访问权限和共享选项打开的 FileStream 对象。

(5) OpenRead：创建只读 FileStream。

```
格式：public FileStream OpenRead()
```

返回值：新的只读 FileStream 对象。

3. FolderBrowserDialog 类

FolderBrowserDialog 类是文件夹浏览类，可能通过它向用户提供方便的路径搜索操作。【浏览文件夹】对话框如图 7.14 所示。

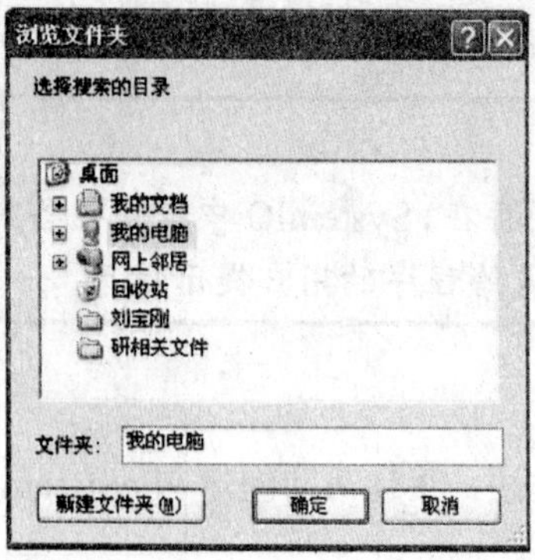

图 7.14 【浏览文件夹】对话框

1) FolderBrowserDialog 属性

(1) RootFolder：获取或设置从其开始浏览的根文件夹。

属性值：Environment.SpecialFolder 值之一。默认为 Desktop。

(2) SeletedPath：获取或设置用户选定的路径。

属性值：对话框中选定的第一个文件夹或用户选定的最后一个文件夹的路径。默认值为空字符串。

(3) ShowNewFolderButton：获取或设置一个值，该值指示【新建文件夹】按钮是否显示在浏览文件夹对话框中。

属性值：如果【新建文件夹】按钮显示在对话框中，则为 true；否则为 false。默认为 true。

2) FolderBrowserDialog 方法

ShowDialog：运行通用对话框。

```
格式：public DialogResult ShowDialog()
      public DialogResult ShowDialog(IWin32Window owner)
```

owner：任何实现 IWin32Window(表示将拥有模式对话框的顶级窗口)的对象。

返回值：如果用户在对话框中单击【确定】按钮，则为 DialogResult.OK；否则为 DialogResult.Cancel。

7.2.4 知识拓展

1. 多文档界面的特点

C#可以创建多文档(MDI)界面的应用程序，且具有以下 5 大特点。

(1) 多文档界面有一个可以容纳许多其他窗体的主窗体。主窗体就是一个文档窗口的容器，它可以容纳多个文档窗体，每个文档窗体内都显示各自的文档。这种多文档应用程序是由主窗体和子窗体构成，在主窗体内建立和维护多个子窗体。

(2) 多文档界面与多重窗体不是一个概念。多重窗体应用程序中的各个窗体是彼此独立的，不具有包含和容纳关系。

多文档界面虽然是多个窗体，其中，只有一个多文档主窗体，其他窗体都是多文档子窗体，这些子窗体都包含于多文档主窗体中，每个子窗体只显示在自己的多文档子窗体中，多文档主窗体为所有多文档子窗体中的文档提供了操作空间。多文档子窗体只能在多文档主窗体的工作区中打开，不管多文档子窗体是最小化还是最大化状态，仍然在多文档主窗体的区域内。

(3) 当多文档子窗体被最小化后，它将以标题栏形式出现在多文档主窗体中，而不会出现在 Windows 的任务栏中；当多文档主窗体最小化时，所有的子窗体也被最小化，同时只有多文档主窗体的图标出现在 Windows 的任务栏中。

(4) 当多文档窗体被最大化后，主窗体可以充满整个屏幕；当子窗体最大化时，子窗体可以充满整个主窗体划定的工作区域，同时子窗体的标题栏消失，其标题与多文档主窗体的标题合并，并出现在主窗体的标题栏中。当移动子窗体时，不可以将子窗体移出主窗体划定的区域，子窗体会随着主窗体的移动而移动。

(5) 一个多文档应用程序可以包含普通窗体、多文档主窗体和多文档子窗体。普通窗体是与主窗体平级的窗体，没有包含与被包含的关系。多文档主窗体也可以叫做父窗体或 MDI 窗体，多文档子窗体也可以简称为子窗体。

2. 多文档窗体的创建

将记事本程序设置为多文档窗体，即打开主界面后可以在该界面内打开多个记事本。【多文档】窗体如图 7.15 所示。

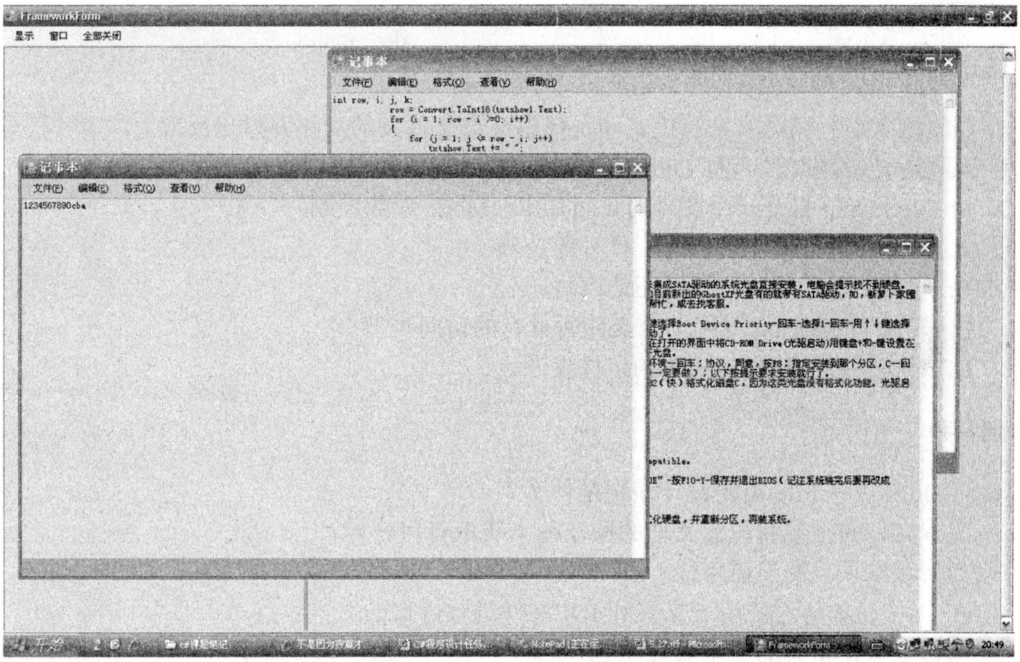

图 7.15 【多文档】窗体

(1) 新建一个子窗体 Frameworkform。

(2) 修改其 ismidcontainer 属性。ismidcontainer 属性表示某窗体是否是一个子窗体的容器，设置 true，则该窗体就成了窗体的容器。

(3) 修改启动窗体为 frameworkform。

(4) 为 frameworkform 添加一个菜单，代码如下：

```
private void MenuShowSub_Click(object sender, EventArgs e)
{
    MainForm frm = new MainForm();
    frm.MdiParent = this;
    frm.Show();
}
```

(5) 默认的父窗体与子窗体菜单合并，若不想合并，则选中子窗体的菜单，修改其 allowmerge 属性为 false。

解释:

当在主窗体中显示多个窗口时，可以在一个【窗口】菜单中为其添加列表。

(1) 在 frameworkform 中添加一个菜单项【窗口】。

(2) 选中整个菜单，修改其 mdiwindowlistitem 属性，将其值改为“窗口”菜单项的名称。这样运行程序，每打开一个窗体，就可以在“窗口”中增加一个列表项。

7.3 练　　习

一、选择题

1. C#可使用(　　)对象来监控文件系统中某个文件夹的变化并做出反应。

   A. DirectoryInfo　　B. Directory　　C. FileSystemWatcher　　D. File

2. 用 FileStream 打开一个文件时，可用 FileMode 参数控制(　　)。

   A. 对文件进行覆盖、创建、打开等选项

   B. 对文件进行只读、只写还是读写

   C. 其他 FileStream 对同一个文件所具有的访问类型

   D. 对文件进行随机访问时的定位参考点

二、问答题

1. FileInfo 类和 File 类的设计差别是什么?
2. 文本文件的操作和图像文件的操作在本质上有何差异?
3. 如何获取项目的当前路径?
4. 在 C#中是如何对注册表文件和 INI 文件进行操作的?
5. 与目录操作相关的类主要有哪些?
6. 如何获取项目的当前路径?

三、操作题

1. 创建文本阅读器，使其能够引导到硬盘中的文本文件，并将文件内容读取出来。

2. 编写代码，在一个 WinForm 窗体中建立一个菜单，命名为“文件夹“，其子菜单包括【创建文件夹】、【删除文件夹】和【移动文件夹】，通过单击这 3 个文件夹按钮分别实现在 C:\下面相应的功能。

3. 使用 Directory 类和 File 类编写一个复制整个目录(包括目录、子目录及目录下的所有文件)的程序。

4. 模拟 Windows 操作系统，开发一个完整的文本文件编辑器软件。

第 8 章 开发 Web 应用程序

教学目标

(1) 通过本章的学习，了解 ASP.NET 的开发环境。

(2) 能够掌握 ASP.NET 的事件处理流程，创建 ASP.NET Web 应用程序。

(3) 掌握 Web 服务器控件的应用。

教学要求

知识要点	能力要求	关联知识
ASP.NET	(1) 掌握 ASP.NET Web 应用程序布局 (2) 掌握 ASP.NET 页面设计与编程 (3) 掌握 ASP.NET 服务器环境	控件属性设置及编码
Web 服务器控件	掌握 Web 服务器控件	标准 Web 服务器控件 数据 Web 服务器控件

重点难点

- ✧ ASP.NET 的开发环境
- ✧ 创建 ASP.NET Web 应用程序
- ✧ Web 服务器控件的应用

8.1 项目一 用户登录界面

8.1.1 项目描述

本项目使用ASP.NET开发本书的第一个网站。运行页面如图8.1所示。页面上有一个button按钮，当用户单击此按钮时，会弹出一个窗口来显示欢迎信息，运行结果如图8.2所示。

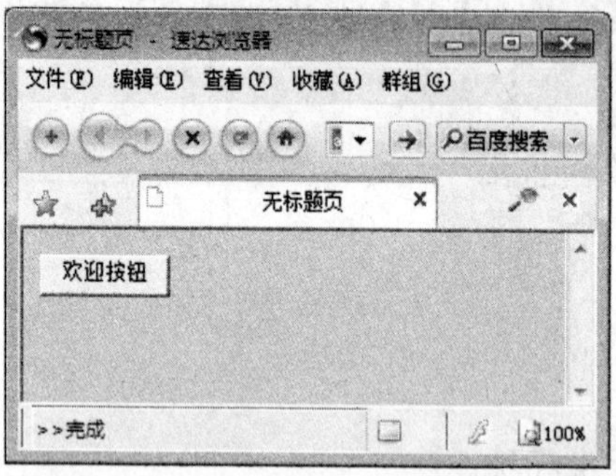

图8.1 运行页面

图8.2 运行结果

8.1.2 实践操作

1. 首先启动Visual Studio 2008编程环境

在【文件】菜单中选择【新建网站】命令，系统会出现【新建网站】对话框，如图8.3所示。

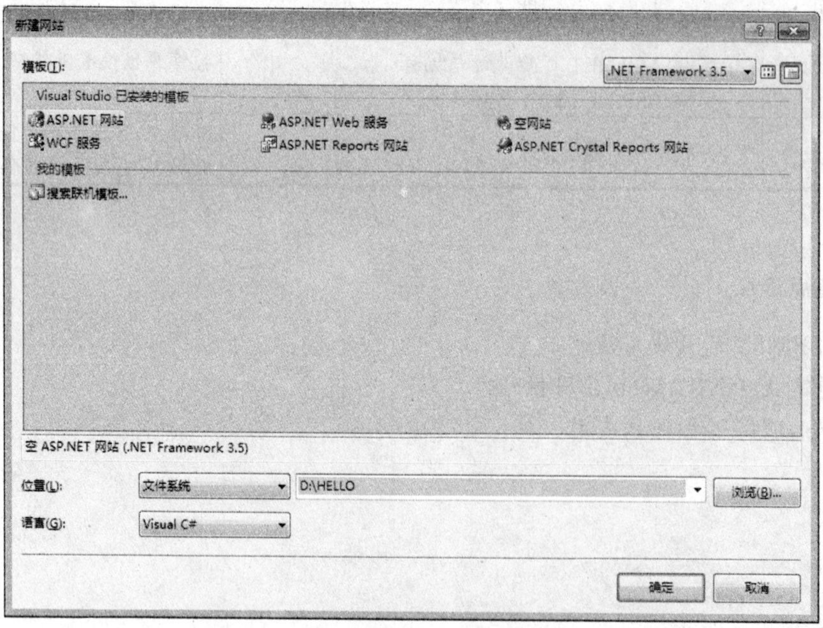

图8.3 【新建网站】对话框

在【语言】下拉列表框中选择Visual C#语言，在左侧的【Visual Studio 已安装的模板】列表框中选择【ASP.NET 网站】选项，在【位置】下拉列表框中选择解决方案所保存的位置。

若是第一次建立网站，系统将网站保存到默认位置，并设置网站名称为默认名称 WebSite1。可以在【位置】下拉列表框中修改这个设置，并单击【浏览】按钮，选择用户想要的保存位置即可。本例中将网站保存到 D 盘根目录下，网站名称为 HELLO，如图 8.3 所示。然后单击【确定】按钮，完成网站的创建，效果如图 8.4 所示。

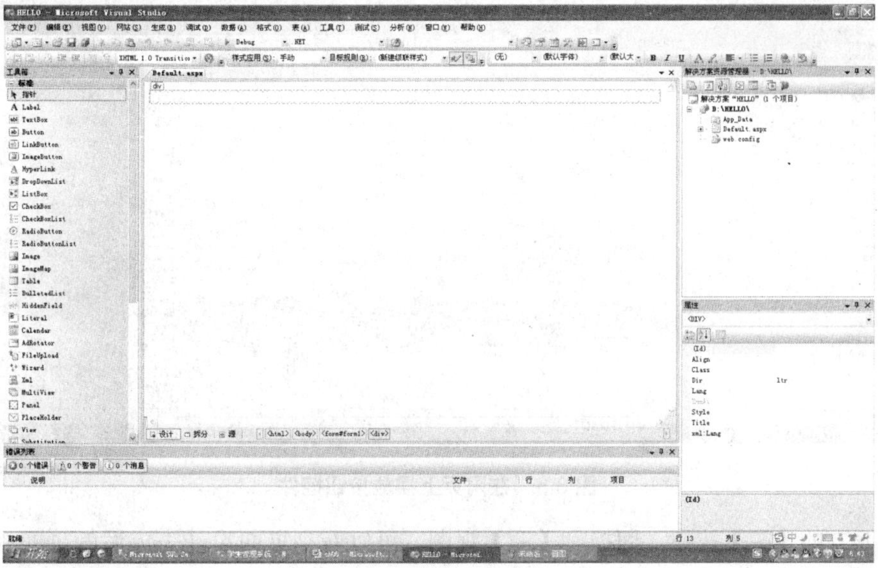

图 8.4　新建网站

当编辑完网站后，需要保存网站，步骤为：单击工具栏中的【全部保存】按钮，或者选择【文件】|【全部保存】命令。

2. 设计用户界面并设置控件属性

使用 ASP.NET 创建的网站，网页的扩展名为.aspx。在每个新建的网站中，系统会自动生成一个网页 Default.aspx。用户可以根据自己的需要修改该网页的名称，也可以向该网站中添加其他的网页。

我们将 Default.aspx 网页重命名为 Hello.aspx。方法是在右方的解决方案资源管理器中选中对应项 Default.aspx，单击右键，在弹出的快捷菜单中选择【重命名】命令，使得网页名称处于可编辑状态，输入想要的名称即可。需要注意的是扩展名不允许改变。

修改好网页名称后，接下来要根据项目要求设置页面，即在网页上添加相应的控件。ASP.NET 提供了很多的用户控件用于界面设置，从而简化了网页设计步骤。这些控件位于开发环境右方的工具箱中，选中相应的控件拖动到开发页面中即可。对于大多数网页而言，往往会含有多个不同的控件，用户应该根据自己的需求做好页面布局，力求布局清晰，方便使用。

本项目中根据项目要求，需要在界面上摆放一个 button 控件。选中工具箱中的 button 选项，将其拖动到页面中，如图 8.5 所示，此时页面上包含了一个按钮控件。

设置完页面后，需要修改各个控件的属性。方法是选中页面中相应的控件，在屏幕右下方的属性窗口中即可列出该控件的所有属性，用户根据需要进行修改即可。

本项目中选择 button 控件，在属性列表框中找到 text 属性，设置其内容为“欢迎按钮”，可以看到按钮的显示文本发生了变化。

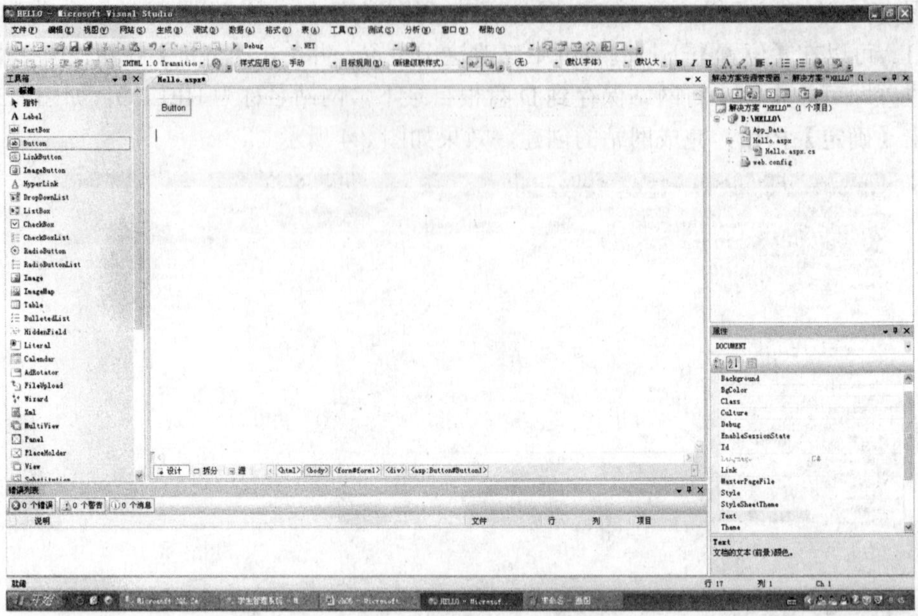

图 8.5　在网页上摆放按钮控件

单击下方的【源】按钮，切换到【源】视图。可以看到页面设计完成后的页面源代码，如图 8.6 所示。从图 8.6 中可以看到，页面源文件的内容主要由 HTML 标签构成。其中，形如 <asp: …　runat="server"></asp: …>的代码就是添加到 Web 窗体中的控件代码。

3. 编写事件代码

编写事件代码是在代码编辑窗口中进行。在 Web 页面中空白处右击，选择“查看代码命令”，将进入代码编辑界面，如图 8.6 所示。

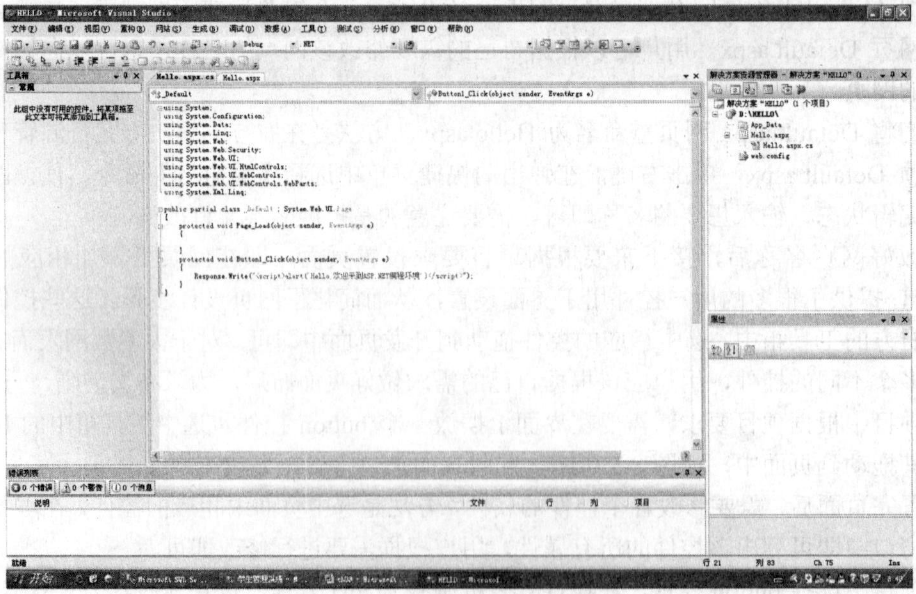

图 8.6　页面源代码

本项目中需要编写的代码放在 Button 按钮的单击事件中。在设计界面中双击 Button 按钮，进入该按钮的单击事件，并编写如下代码：

```
protected void Button1_Click(object sender, EventArgs e)
    {
        Response.Write("<script>alert('Hello,欢迎来到ASP.NET编程环境')</script>");
}
```

4. 运行调试程序

编写完代码后，该 ASP.NET 应用程序处于编辑状态，如果需要测试已编辑的内容，或者需要编译和运行网站，可以用以下几种方式对网站进行测试。

(1) 单击工具栏中的【启动测试】按钮。

(2) 选择【调试】|【启动调试】命令或【开始执行(不调试)】命令。

(3) 按 F5 键或 Ctrl+F5 组合键。

8.1.3 问题探究

在 Visual Studio 2008 开发环境中创建一个 ASP.NET 网站，即开发一个 ASP.NET Web 应用程序的开发步骤如下。

1) 需求分析

根据实际应用的需要进行需求分析。需要设计程序具有什么样的功能，对应的功能需要什么样的控件来实现，以及需要编写什么样的代码，等等。

本项目中由于网站的功能简单，可以直接根据项目描述得到需求分析的结果。

2) 新建 ASP.NET Web 应用程序

打开 Visual Studio 2008，新建一个 ASP.NET 网站。用户根据所要创建的程序要求选择合适的应用程序类型。

3) 新建用户界面

建立网站之后，根据程序的功能要求，在 Web 页面上合理地布置控件，并调整合适的大小和位置。

4) 设置对象的属性

布局好控件之后，需要对控件的外观以及初始状态进行设置，以满足程序的需要。可以打开属性窗口进行属性设置。

5) 编写代码

将控件布局好并设置好控件的初始属性之后，就可以编写代码了。可以双击控件或右击 Web，通过属性窗口中的事件选择需要编写的事件，也可以直接进入代码界面编写代码。代码的编写将根据程序的需要进行选择。

6) 运行调试程序

完成上述步骤后就可以运行程序，并做测试，以发现问题并及时修改问题。调试和改错是程序开发过程中非常重要的步骤，需要反复使用，以便尽可能地优化程序。

8.1.4 知识扩展

1. 服务器端和客户端

对于每一个网站开发人员来说，了解网页工作原理是一项基本功。要了解网页的工作原理，首先要明白服务器端和客户端的概念。在网络中，提供服务的一方成为服务器端，而接受服务的一方称为客户端。例如当我们在浏览搜狐主页时，搜狐主页所在的服务器就称为服务器端，而大家自己的计算机就称为客户端。

网页根据其生成方式，可以大致分为静态网页和动态网页两种。两种网页的工作原理不同。

2. 静态网页及其工作原理

所谓静态网页，就是说该网页文件里没有程序代码，只有HTML标记，这种网页一般以后缀.htm或.html存放。静态网页一经形成，内容就不会再变化，不管何时何人访问，显示的都是一样的内容，如果要修改有关内容，就必须修改源代码，然后重新上传到服务器上。比如一些常见的单位简介、个人介绍等页面。

静态网页的工作过程如下。

(1)用户在浏览器中输入静态网址。

(2) 用户按Enter键后向服务器端提出一个浏览网页的请求。

(3) 服务器端接受请求，找到用户要浏览的静态网页文件。

(4) 服务器端将网页文件发送给用户。

3. 动态网页及其工作原理

所谓动态网页，就是说该网页文件不仅含有HTML标记，而且含有程序代码，这种网页的后缀一般根据不同的程序设计语言而不同，如ASP.NET文件的后缀为.aspx。动态网页能够根据不同的时间、不同的来访者而显示不同的内容。如常见的BBS、留言板等都是通过动态网页实现的。

动态网页的工作原理如下。

(1) 用户在浏览器中输入动态网址。

(2) 用户按Enter键后向服务器端提出一个浏览网页的请求。

(3) 服务器端接受请求，找到用户要浏览的动态网页文件。

(4) 执行网页文件中的程序代码，将执行结果转化为静态网页。

(5) 服务器端将静态网页文件发送给用户。

8.2 项目二 网上调查问卷

8.2.1 项目描述

本项目设计一个网上问卷调查页面，使用RadioButtonList控件实现单选操作，使用CheckBoxList控件实现多选操作。

8.2.2 实践操作

操作步骤：

(1) 启动VS.NET，新建一个ASP.NET Web应用程序。

(2) 在窗体中添加标题为“网上调查问卷”。

(3) 添加1个RadioButtonList控件，ID属性设置为age，如图8.7所示。单击Items属性，如图8.8所示。

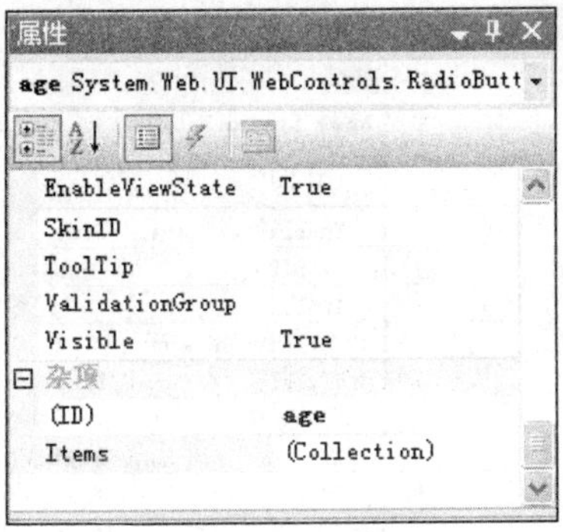

图 8.7　属性

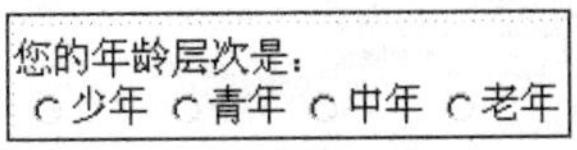

图 8.8　年龄选择

添加四个选项，如图 8.9 所示。

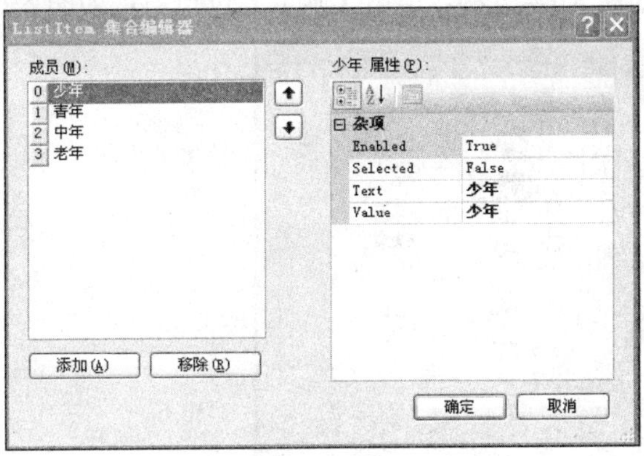

图 8.9　添加年龄选项

(4) 添加一个 CheckBoxList 控件，ID 属性为 sport，RepeatColumns 属性为 Horizontal，用来供用户选择体育活动，如图 8.10 所示。单击 Items 属性，如图 8.11 所示。

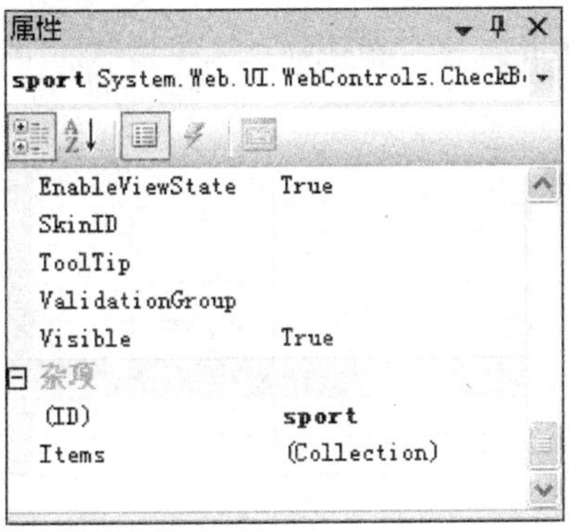

图 8.10　属性

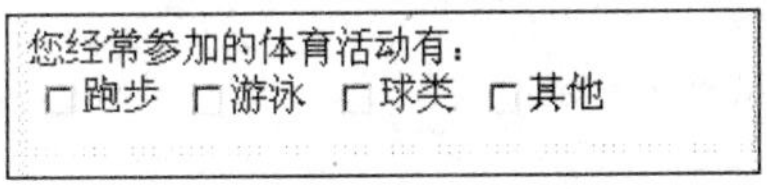

图 8.11　体育活动界面

添加 4 个选项，如图 8.12 所示。

(5) 添加一个 CheckBoxList 控件，ID 属性设置为 book，RepeatColumns 属性为 Horizontal。如图 8.13 所示。

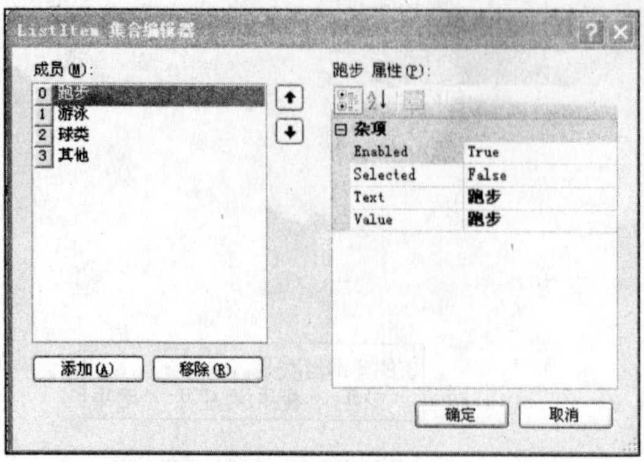

图 8.12　添加体育选项

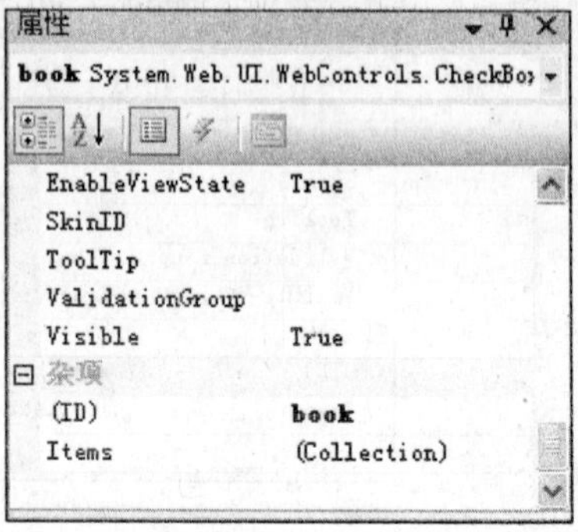

图 8.13　属性

单击 Items 选项，如图 8.14 所示。单击【确定】按钮后，如图 8.15 所示。

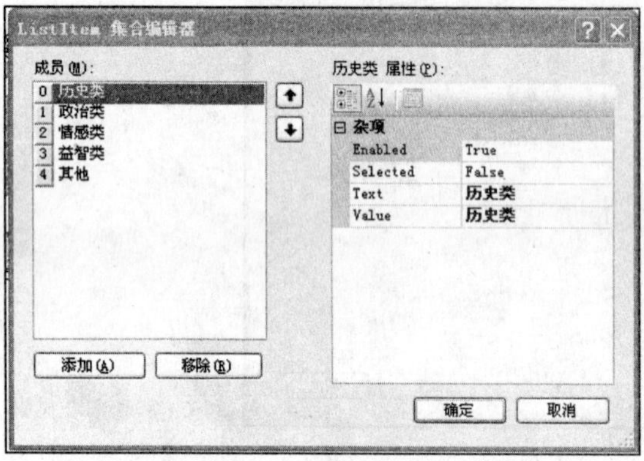

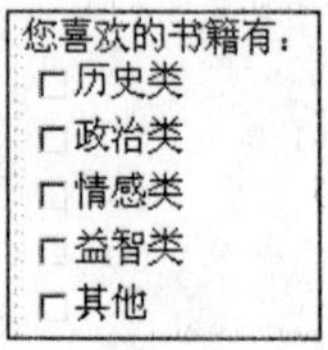

图 8.14　添加书籍选项

图 8.15　运行界面

(6) 添加三个标签，分别用来存放用户选择三个题的答案。ID 分别为 lbl_answer1、lbl_answer2、lbl_answer3。

(7) 添加 Button 按钮，ID 为 btn_OK。双击 Button 按钮，在按钮的 Click 事件中输入以下代码。

```
protected void btn_OK_Click(object sender, EventArgs e)
  {
      //获得第一题的答案
      lbl_answer1.Text  = "您的年龄层次是：" + age.SelectedItem.Text;
      //获得第二题的答案
      int n = 0;
      string answer2 = "您经常参加的体育活动有：";
      for (int i = 0; i < sport.Items.Count; i++)
      {
         if (sport.Items[i].Selected)
         {
            answer2 += sport.Items[i].Text + "、";
            n++;
         }
      }
      //去掉字符串 answer2 最后的一个"、"
      answer2 = answer2.Substring(0, answer2.Length - 1);
```

```
        if(n==0)
            answer2 ="您什么体育活动都不喜欢，应该积极参加体育锻炼！";
                //显示第二题答案
    lbl_answer2 .Text =answer2 ;
    //获得第三题答案
    n=0;
     string answer3 = "您喜欢的书籍有：";
    for (int i = 0; i <book.Items.Count; i++)
    {
        if (book.Items[i].Selected)
        {
            answer3 += book.Items[i].Text + "、";
            n++;
        }
    }
    //去掉字符串 answer2 最后的一个"、"
    answer3=answer3 .Substring (0,answer3 .Length -1);
        if(n==0)
            answer3 ="您什么书都不喜欢，应该多读书！"; //显示第二题答案
    lbl_answer3 .Text =answer3 ;
}
```

(8) 运行程序如图 8.16 所示。

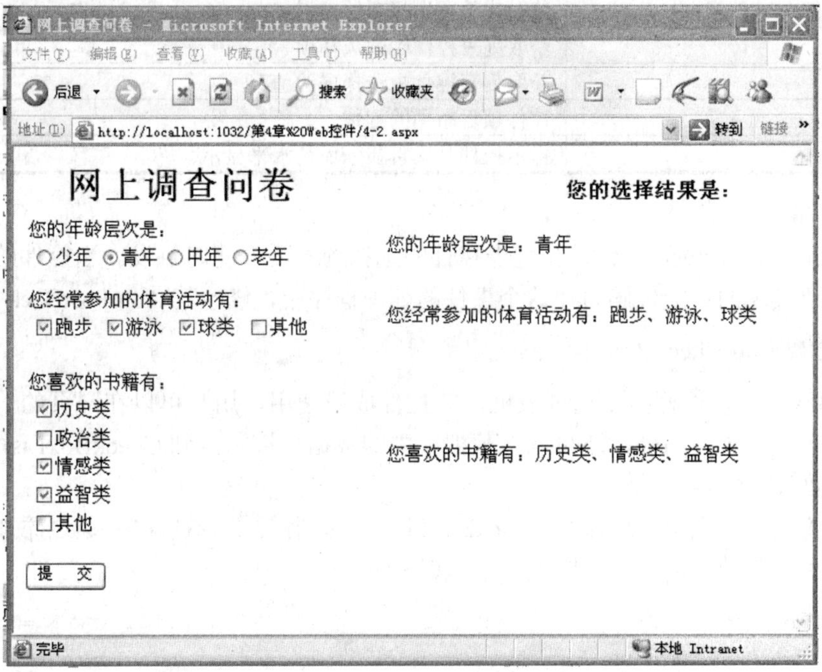

图 8.16 网上调查问卷运行界面

8.2.3 问题探究

1. 单选按钮组 RadioButtonList

RadioButtonList 称为单选按钮组，使用户在一组选项中进行单项选择。

1) 创建单选框列表

有两种方式在页面上添加 RadioButtonList 控件。

在页面源视图中，通过添加代码实现，例如在项目中，想要添加一个 ID 为“age”的 RadioButtonList 控件对象，并且包含 4 个选项，可以通过添加下面的代码实现：

```
<asp:RadioButtonList ID="age" runat="server" RepeatDirection="Horizontal"
                Width="227px">
                <asp:ListItem>少年</asp:ListItem>
                <asp:ListItem>青年</asp:ListItem>
                <asp:ListItem>中年</asp:ListItem>
                <asp:ListItem>老年</asp:ListItem>
</asp:RadioButtonList>
```

在页面设计视图中，从工具箱“标准”选项卡中，通过鼠标拖放或双击操作，添加对象。初始 RadioButtonList 不包含选项，可以通过编辑其 Items 属性来添加。

2) 属性

RadioButtonList 的属性如表 8-1 所示。

表 8-1 RadioButtonList 的属性

属 性	功 能
Items	获取列表控件项的集合
SelectedIndex	获取或设置选择项的索引号
SelectItem	获取列表控件中的选择项
SelectValue	获取列表控件中选择项的值
RepeatColumns	控件项目布局的列数
RepeatDirection	指示控件是垂直显示还是水平显示

3) 常用事件

SelectedIndexChanged 事件，当列表控件的选择项发生变化时触发。当控件的选择项发生改变后立即要实现的功能代码写在这个事件的处理程序中，修改其 AutoPostBack 属性为 true。

2. 复选列表框 CheckBoxList

CheckBoxList 控件称为复选列表框，该控件成组使用，用户可以在网页的一组复选列表框上选择多项或一项。另外，还可以把数据库中的数据直接绑定到 CheckBoxList 控件上。

1) 创建复选框列表对象

有两种方式在页面上可以添加 CheckBoxList 对象，在页面源视图中，通过添加代码实现，、例如，在项目中创建的 sport 复选列表框，代码如下：

```
<asp:CheckBoxList   ID="sport"   runat="server"   RepeatDirection="Horizontal"
Width="249px">
                <asp:ListItem>跑步</asp:ListItem>
                <asp:ListItem>游泳</asp:ListItem>
                <asp:ListItem>球类</asp:ListItem>
                <asp:ListItem>其他</asp:ListItem>
  </asp:CheckBoxList>
```

也可以在页面设计视图中，从工具箱“标准”选项卡中通过鼠标拖放或双击操作，添加对象。初始 CheckBoxList 不包含选项，可以通过编辑其 Items 属性来添加。

2) 常用属性

CheckBoxList 控件的常用属性和事件如表 8-2 所示：

表 8-2 CheckBoxList 控件的常用属性和事件

属 性	功 能
AutoPostBack	指示在操作时，DropDownList 是否自动将信息回发到服务器
Items	获取列表控件项的集合
SelectedIndex	获取或设置控件中的选择项的索引
SelectItem	获取列表控件中的选择项
SelectValue	获取列表控件中选择项的值
RepeatColumns	获取或设置要在 CheckBoxList 控件中显示的列数
RepeatDirection	指示控件是垂直(Vertical)显示还是水平(Horizontal)显示

3) 常用事件

SelectedIndexChanged 事件，当列表控件的选择项发生变化时触发。当控件的勾选状态发生改变后立即要实现的功能，可将处理代码写在这个事件中，修改 AutoPostBack 属性为 True。

8.2.4 知识拓展

1. Web Form 概述

服务器控件是动态网页技术的一大进步，它真正地将后台程序和前端网页融合在一起。服务器控件的广泛应用，简化了应用程序的开发，提高了工作效率。服务器控件是指在服务器上执行程序逻辑的组件，常常具有一定的用户界面，但也可能不包括用户界面。服务器控件包含在 ASP.NET 页面中，当运行页面时，用户可与控件发生交互行为，当页面被用户提交时，控件可在服务器端引发事件，在服务器端，则会根据相关事件处理程序来进行事件处理。

ASP.NET 标准服务器控件在空间 System.Web.UI.WebControls 中定义。所谓“标准”是指这类服务器控件内置于 ASP.NET 框架中，是预先定义的。按照控件所提供的功能，ASP.NET 标准服务器控件可分为以下类型。

(1) 标准控件：主要是指传统的 Web 窗体控件，例如 TextBox、Button、Panel 等。它们有一组标准化的属性、事件和方法，使开发工作变得简单易行。

(2) 数据绑定控件：完成数据源连接、数据操作，以及数据显示、更新、删除等功能的控件。

(3) 验证控件：完成用户输入验证功能的控件。

(4) 用户自定义控件。

Web Form 由“可视化组件(Viaual Component)”和“用户接口逻辑(user interface logic)”组成。其中，前者指包含 HTML 标记及 Server 控件声明的部分(也就是可在浏览器上看到的部分)；后者则指用于实现服务器和用户交互的代码。如果使用普通的文本编辑器进行设计，则上述两个部分共处同一文件中；如果使用 Visual Studio.NET 进行设计，则可视化组件与用户接口逻辑将分处不同的文件中。Web 控件是用于在 Web 窗体执行所有任务的工具，控件定义 Web 窗体的外观，Microsoft Visual Studio .NET 提供了两种可用于 Web 窗体的控件，分别为：Web 服务器控件、HTML 控件。

2. Web 控件与 HTML 控件

Web 控件和 HTML 控件不一样，HTML 控件是将 HTML 标注对象化，让程序代码比较好控制以及管理这些控件；不过基本上它还是转成相对应的 HTML 标注。而 Web 控件的功能比较强。一些能够简化开发工作的功能和特性，其中包括：

(1) 丰富而一致的对象模型：WebControl 基类实现了对所有控件通用的大量属性，包括 ForeColor、BackColor、Font、Enabled 等，有助于减少编程错误。

(2) 对浏览器的自动检测：Web 控件能够自动检测客户机浏览器的功能，并相应地调整它们所提交的 HTML，从而充分发挥浏览器的功能。

(3) 数据绑定：Web 控件还拥有一个非常重要的功能，那就是支持数据链接(Data Binding)，这种能力可以和数据库连接，用来显示或修改数据源的数据。

Web 服务器控件(ASP.NET 控件)可以直接加入到“. aspx”文件中。这些控件是使用标记<ASP：servercontrol>声明的，所有的 ASP.NET 都必须以结束标记</ ASP：servercontrol>结束。

如同HTML控件一样，我们必须赋予每个控件一个ID属性，并且指定Runat属性为Server，表示控件是在 Server 端执行。Web 控件设定属性的方式有两种，一种是开始在页面布置对象时便将属性设定好；另一种是由程序来设定。下列程序代码范例声明了 Label Web 控件，并分别利用两种方式来设定 Web 控件的属性：

```
<asp:Label ID="Label1" runat="server" Text="用户名: "></asp:Label>
message.Text = "用户名: "
```

以上两种方法虽然都会使 Label Web 控件上出现文字，不过一般来说我们习惯将不变动的属性直接就设定在标注中，如：

```
<aSP:Label Id="Label1" Text="这是标签" Runat="Server"/><br>
```

而会变动的属性就用程序代码来设定，如：

```
Label2.Text="这是另一个标签";
```

ASP.NET 中的 Web 服务器控件都位于“工具箱”中的“Web 窗体”下拉列表中。每个 Web 服务器控件都有一个标记符，在 Web 窗体的 HTML 模板上用作控件类的引用。每个控件的标记符都是带有前缀 asp:的控件名称，例如，文本框的标记符是 asp:TextBox。

下面是一个单行文本框的代码：

```
<asp:TextBox id="TextBox1" ></asp:TextBox>
```

8.3 练　　习

一、填空题

1. 控件的__________属性，表示该控件是在服务器端运行的，而不是在客户端上运行。

2. 每个 ASP.NET 服务器控件都具有自己的__________、__________和__________。

3. 当整个页面被浏览器读入的时候，在服务器控件加载到 Page 对象中时触发__________事件。

4. ASP.NET 的一个重要特征就是以__________________的方式进行程序设计。

5. __________________是对应的 HTML 元素在服务器端的体现。

二、程序设计题

1. 制作一个可以动态交换图像的图片按钮，当单击按钮时，可换成不同的图片。

2. 设计一个网页，用于输入新闻，输入内容有新闻标题、内容和作者，3 项都设置为强制输入。

3. 在用户注册界面中使用 Web 服务。

4. 制作一个用户注册界面，包括 ID、姓名、性别、家庭住址、联系电话、密码、个人简介等信息。

第9章 综合实训

教学目标

(1) 通过本章的学习，使学生能够了解软件开发的基本步骤和一般流程。

(2) 能够运用所学的C#知识开发 Windows 应用程序。

(3) 能够提高学生的项目开发能力。

教学要求

知识要点	能力要求	关联知识
软件开发流程	(1) 掌握软件开发的基本流程 (2) 了解 MaskedTextBox 控件的属性及用法	软件工程
界面设计	掌握 C#常用控件的属性及用法	C#中的控件
数据库操作	掌握数据库的基本操作方法	SQL

重点难点

- 正确使用软件开发的流程进行设计
- C# Windows 应用程序的界面设计
- 数据库的基本操作

9.1　图书管理系统概述

本章我们以图书管理系统为例，介绍 C#应用程序的开发过程。在本软件的开发过程中，读者可以学习到如何具体地开发一个基于 C# Windows 应用系统。

图书馆是学校必不可少的一部分，原来的图书管理主要是基于手工处理，信息量大，需要的工作人员多，并且在管理过程中容易出现错误，基于以上原因，我们开发与设计图书管理系统，要求界面简单，操作方便，可以实现对图书馆的基本工作实现统一管理，提高图书管理的工作效率和管理水平。通过对图书馆的调研，确定该系统主要由 3 部分组成：图书管理、读者管理和借还管理。

在图书管理方面，具体要求如下。

(1) 可以浏览图书信息。

(2) 可以对图书信息进行维护，包括修改和删除。

(3) 可以添加图书信息。

(4) 可以根据条件对图书进行查询。查询结果包括该图书的基本信息以及该图书的借阅信息等。

在读者管理方面，具体要求如下。

(1) 可以浏览读者信息。

(2) 可以对读者信息进行维护，包括添加、修改和删除等操作。

(3) 可以通过一定条件查询读者的信息。

在借还管理方面，具体要求如下。

(1) 输入图书编号后，系统自动识别该图书的状态，如果已经借出，则把读者的信息调出，否则提示输入读者编号。

(2) 可以统计已经借出图书的信息。

9.2　系 统 设 计

9.2.1　系统目标

通过对图书管理系统的研究，以及与图书馆工作人员的交流讨论对图书馆的各个方面的工作流程有了具体的了解，经过和图书馆的相关人员协商后，最终确定在图书管理系统中要具有以下几个方面的内容。

(1) 界面设计。

界面设计应该友好，操作方便简单，数据存储应安全、可靠。

(2) 提供权限设置功能，从而使操作人员管理分工明确。

(3) 添加信息功能。

添加图书信息的功能：能够添加图书的相关信息，如图书编号、图书书名、图书类别、作者、价格、出版日期、出版社以及图书简介等。

添加读者信息的功能：能够添加读者的相关信息，如借书证号、姓名、性别、身份证号等。

(4) 实现对图书借阅、还书等信息的存储。

(5) 能够方便快捷地浏览图书的详细信息、读者的详细信息、图书的清单等。

(6) 能够查询读者借阅信息、图书信息等。

(7) 具有数据维护功能和系统维护功能。

9.2.2 系统流程

根据图书管理系统需求分析以及对系统目标的分析，可以得出图书管理系统可分为系统设置、读者管理、图书管理、图书借阅、图书归还、图书查询等模块。在设计各功能模块之前，首先要理清系统的操作流程，如图 9.1 所示。

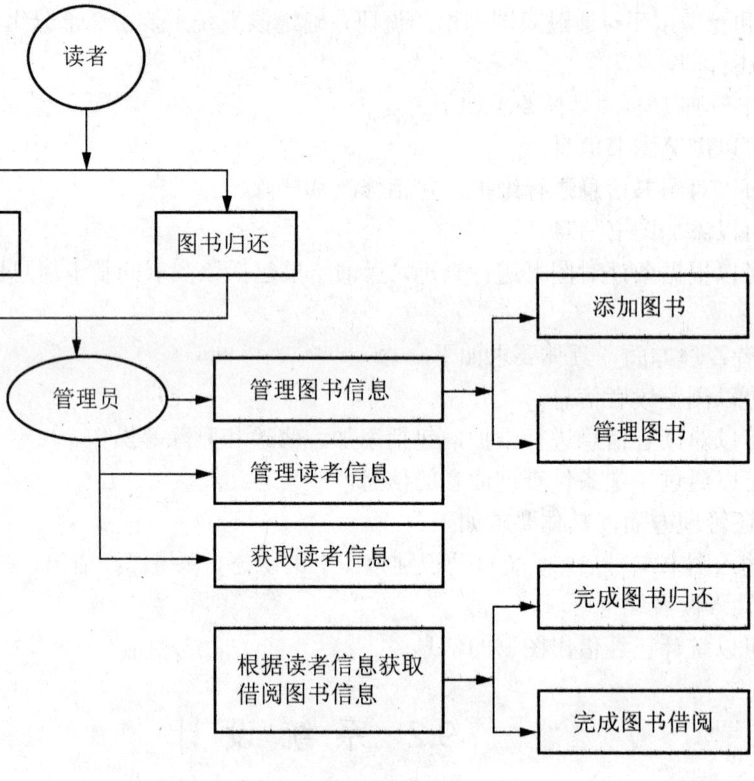

图 9.1 系统的操作流程

9.3 数据库设计

本系统采用 Microsoft Access 数据库管理系统，数据库名称为 library。下面分别给出数据库概要说明。

9.3.1 数据库概要设计

通过对图书管理系统的需求分析、系统设计以及系统功能结构的确定，规划出系统中使用的数据库实体对象，设计 E-R 图。

(1) 用户信息(借书证号、姓名、登录密码、用户类型、身份证、电话、E-mail 邮箱)E-R 图如图 9.2 所示。

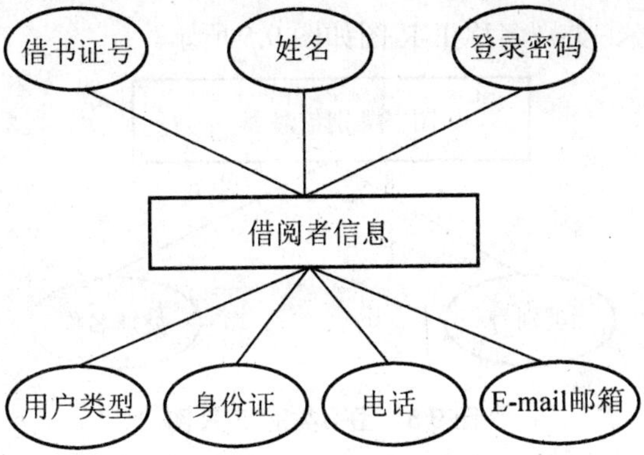

图 9.2　用户信息 E-R 图

(2) 借阅信息(借书证号、图书编号、借书者、借阅日期、归还日期、是否归还)E-R 图如图 9.3 所示。

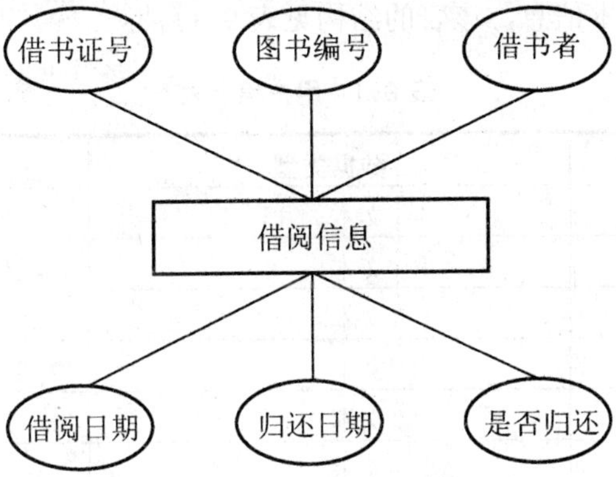

图 9.3　借阅信息 E-R 图

(3) 图书信息(图书编号、图书名字、图书作者、出版社、图书类型、图书价格、图书简介)E-R 图如图 9.4 所示。

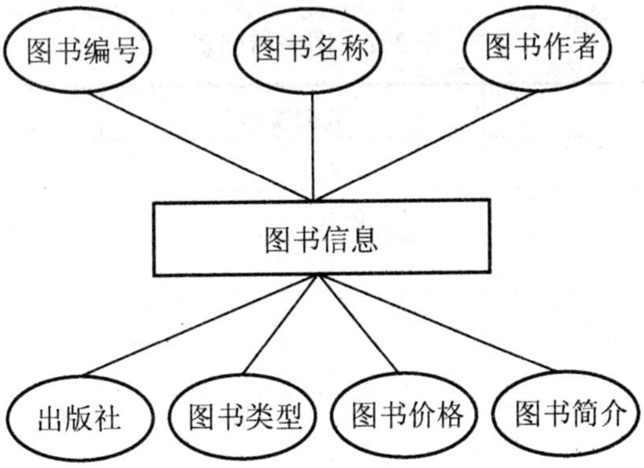

图 9.4　图书信息 E-R 图

(4) 图书类别(类别号、类别名称)E-R 图如图 9.5 所示。

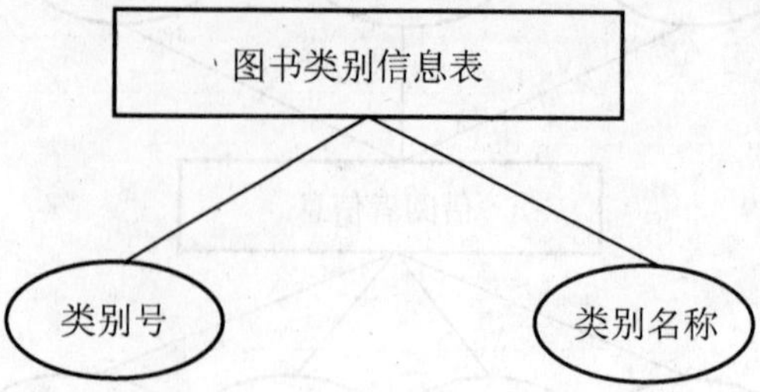

图 9.5 图书类别 E-R 图

9.3.2 数据库逻辑结构设计

根据数据库的概念设计，结合 E-R 图设计数据表结构。下面给出数据表的数据结构和用途。

1) 用户信息表(userinfo)

用途：存放用户的基本信息，该表的结构见表 9-1。

表 9-1 用户信息表

字段名称	数据类型	描述
UserID	文本	借书证号
UserName	文本	用 户 名
UserPwd	文本	登录密码
UserType	文本	用户类型
UserIdentity	文本	身份证
UserTel	文本	用户电话
UserEmail	文本	用户邮箱

2) 借阅信息表(BookBorrow)

用途：存放用户的借阅信息，以准确地记录每本图书的借阅情况，该表的结构见表 9-2。

表 9-2 图书借阅表

字段名称	数据类型	描述
UserID	文本	借书证号
BookID	文本	图书编号
UserName	文本	用户名
BorrowBeginDate	日期	借书日期
BorrowEndDate	日期	还书日期
BorrowState	数字	图书是否已还 0：已 1：未还

3) 图书信息表(Book)

用途：存放图书的基本信息，该表的结构见表 9-3。

表 9-3　图书信息表

字段名称	数据类型	描　述
BID	文本	图书编号
BName	文本	图书名
BAuthor	文本	作者
BPublish	文本	出版社
BClassify	文本	图书类型
BPrice	货币	图书价格
BDescription	文本	图书简介

4) 图书类别表(BookType)

用途：存放图书类别，该表的结构见表 9-4。

表 9-4　图书类别表

字段名称	数据类型	描　述
typeID	文本	类别号
typeName	文本	类别名称

9.3.3　创建数据表

本系统使用的是 Microsoft Access 数据库管理系统。下面我们将介绍如何创建图书管理系统的数据库和相关数据表，步骤如下。

(1) 新建一个 Microsoft Access 数据库，并将数据库命名为 library。

(2) 打开该数据库，如图 9.6 所示。选择【使用设计器创建表】选项，打开表结构设计器，如图 9.7 所示。

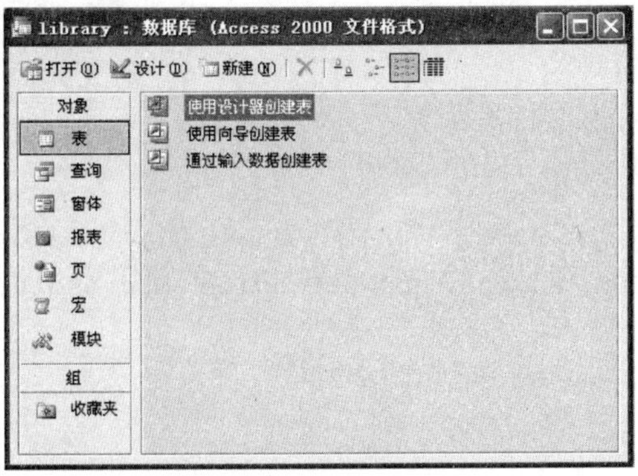

图 9.6　数据库

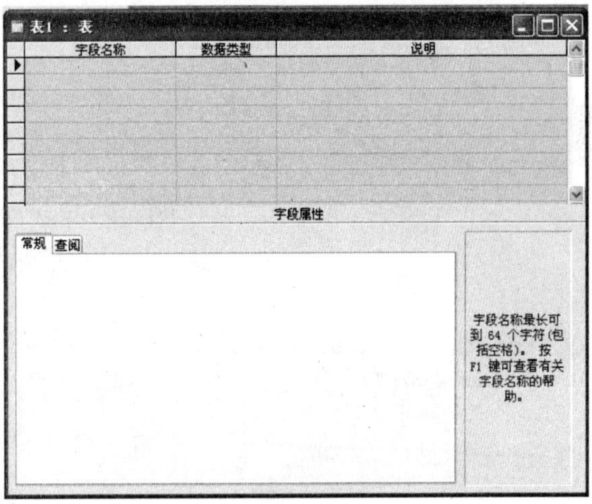

图 9.7　表结构设计器

(3) 在该表结构中，添加要创建的表的字段以及每个字段的属性。最后保存，在弹出的【另存为】对话框中输入要创建的表的名称，如图 9.8 所示，即创建了用户信息表 userinfo。

(4) 按照上面的步骤，创建该项目使用到的 4 张数据表，分别为 userinfo、BookBorrow、Book、BookType。

9.3.4 为数据表中添加数据

为了方便调试程序，我们向创建的表中添加若干条记录。例如向用户信息表(userinfo)中添加两条用户信息，如图 9.9 所示。

图 9.8 数据表命名

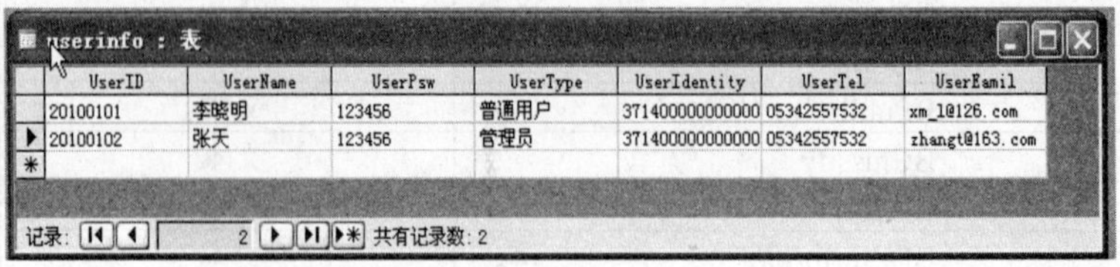

图 9.9 添加两条用户信息

通过上述方法为其他的数据表也添加若干条记录。

9.4 系统详细设计

9.4.1 数据库连接

本系统采用 Access 数据库，需要把数据库文件放置到合适的目录中。本项目中，数据库文件放置的目录是“第 9 章综合实训\library\library\bin\Debug\library.mdb”。

在开发过程中，经常会用到数据库连接操作，因此在开发系统前需要设计公共模块，这样可以减少重复代码的编写，有利于代码的维护。本系统设计了一个实现数据库连接操作的类，该类用于完成数据库的连接操作，代码如下：

```
using System;
namespace Library.database
{
  public class dbConnection
  {
         public dbConnection()
         {
         }
         public static string connection
         {
           get
           {
   return  "Data Source=library.mdb; Jet OLEDB; Engine Type=5;Provide= Microsoft.
Jet.OLEDB.4.0;";
           }
        }
}
}
```

数据库调用代码：

```
private OleDbConnection conn = new OleDbConnection(library.database.dbConnection.
connection);
```

整个系统的所有窗体列表见表 9-5。

表 9-5　窗体列表

窗　体	说　明
Login.cs	登录窗体
Main.cs	系统主界面
UserModify.cs	修改用户信息窗体
UserAdd.cs	添加用户窗体
ModifgPwd.cs	密码修改窗体
AddBook.cs	添加图书窗体
SearchBook.cs	图书查询窗体
ReturnBook.cs	归还图书窗体
BorrowBook.cs	图书借阅窗体
Help.cs	帮助

9.4.2　主界面模块设计

1. 窗体制作

系统的主界面作为整个项目的一个父窗体，其他的窗体作为该窗体的子窗体。我们可以通过选择主窗体菜单栏上的不同菜单项来进行窗体间的切换。

主窗体的属性设置见表 9-6。

表 9-6　主窗体的属性设计

对　象	属　性	值	说　明
Form1	Name	main	窗体名称
	Text	图书管理系统	窗体标题
	MainMenuStrip	menuStrip1	为窗体指定主 MainMenuStrip
	StartPosition	CenterScreen	窗体第一次出现的位置

2. 制作菜单栏

从左边的工具箱中拖出一个菜单控件 MenuStrip，默认为 menuStrip1。这时，窗体上就有了菜单组件。单击该菜单组件，向菜单组件中添加具体的菜单项，出现如图 9.10 所示的编辑菜单。在组件的“请在此处键入”文本框处输入菜单的名称为“系统管理”。

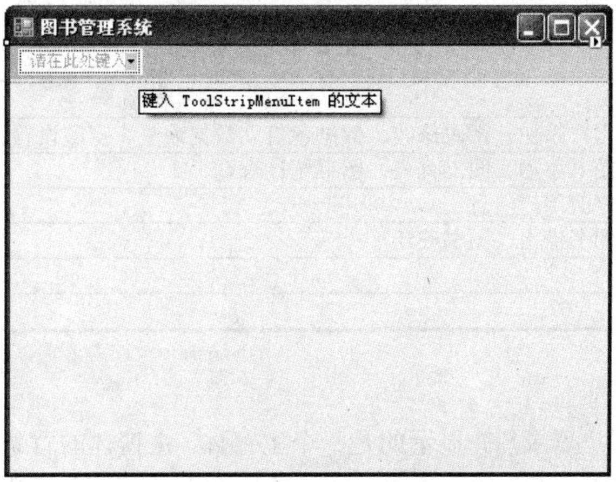

图 9.10　编辑菜单

选择【系统名称】菜单，可以在菜单中增加子菜单。如图 9.11 所示的子菜单设计器，在指定位置输入子菜单的名称即可。

图 9.11 子菜单设计器

根据本系统的要求，菜单的布局如图 9.12 所示。

图 9.12 菜单的布局

在主菜单 menuStrip1 上面添加表 9-7 所列的菜单项。

表 9-7 主窗体上的菜单项

主菜单项	子菜单项
系统管理	用户添加、密码修改、数据备份、数据恢复、打印设置、退出系统
图书管理	图书添加、图书列表、图书统计查询
读者管理	修改用户信息
借还管理	图书借出、图书归还
查询操作	
关于	

3. 添加控件

本系统的目的是用户登录后，显示的是一个主窗体，主窗体的背景是一幅图片，同时在窗体的任务栏中显示当前的用户、用户类型、当前的日期以及时间，并且时间和日期会随系统时间的变化而变化。这里我们从工具箱中向窗体上添加一个 StatusStrip 控件和 Timer 控件。

StatusStrip 控件和 Timer 控件属性设置见表 9-8。

表 9-8 StatusStrip 控件和 Timer 控件属性设置

对　象	属　性	值
ToolStripStatusLabel	Name	UserName
ToolStripStatusLabel	Name	UserType
ToolStripStatusLabel	Name	UserTime
Timer	Enabled	True
	Interval	1000

4. 编写代码

设置完成各个组件的属性后，就可以测试运行程序。运行程序时，发现各个菜单没有任何功能，在任务栏中也没有显示出当前的用户名、日期和时间，原因是没有编写程序来处理这些事件，下面编程实现相应的功能。

1) 实现显示当前的操作用户以及操作用户的类型

按 F7 键进入代码编写页面，在状态栏中显示的当前用户名是在登录页面中保存的用户名，用户类型则是根据相应的用户名在数据表中查找出用户类型。时间则是由 Timer 控件获取的系统时间。代码如下：

```
UserName.Text = "当前用户: "+Login .usName ;   //获取用户名
UserType.Text = "用户类型: "+Login .usPower;   //用户类型
```

双击 Timer1 控件，为其 Tick 事件添加代码：

```
UserTime.Text="当前时间: "+ DateTime.Now.ToString();
```

2) 数据备份

将数据库文件备份为“原文件名”+“当前日期”+“.bak”。

```
string BakName="library.mdb"+DateTime.Now.ToString("yyyy-MM-dd")+".bak";
if (File.Exists(AppDomain.CurrentDomain.BaseDirectory + BakName))
{
if (MessageBox.Show("文件已经存在! 是否继续? ", MessageBoxButtons.YesNo) != DialogResult.Yes)
return;
}
File.Copy(AppDomain.CurrentDomain.BaseDirectory + " library.mdb", AppDomain.
CurrentDomain.BaseDirectory + BakName,true);//复制文件以备份
MessageBox.Show("文件已备份为: "+BakName);
```

3) 数据恢复

```
string BakName =AppDomain.CurrentDomain.BaseDirectory+ "library.mdb" + ".bak";
if (!File.Exists(BakName))
MessageBox.Show("文件不存在! ");
File.Copy(AppDomain.CurrentDomain.BaseDirectory              +              BakName,
AppDomain.CurrentDomain.BaseDirectory + "library.mdb", true);
```

4) 打印

```
System.IO.Stream st = new System.IO.Stream();
PrintDialog pt = new PrintDialog();
pt.ShowDialog();
```

```
PrintSet=pt.Site;
```

5) 实现各个页面的切换

其中密码修改菜单项的代码如下，其他类似。

```
private void 密码修改CtrlBToolStripMenuItem1_Click(object sender, EventArgs e)
{
ModifyPwd ModifyPwd = new ModifyPwd();
ModifyPwd.Show();
//显示窗体
ModifyPwd.MdiParent = this;
//设置该窗体为主窗体的子窗体
}
```

6) 系统退出代码

```
private void 退出系统CtrlBToolStripMenuItem3_Click(object sender, EventArgs e)
{
Application.Exit();
}
```

9.4.3 登录模块设计

1. 功能描述

该窗体主要是提供给用户进入系统的一个入口。该模块主要用于对用户身份的验证，本系统中的登录窗体的身份验证由用户名和密码组成。用户输入用户名和密码后，单击【登录】按钮，如果用户名和密码验证成功则弹出主界面，否则提示用户名或密码错误。单击【退出】按钮则关闭系统。

2. 窗体设计

根据上面的功能描述，向登录窗体中添加两个 Label 控件、两个 TextBox 控件以及两个 Button 控件。整个登录窗体界面如图 9.13 所示。

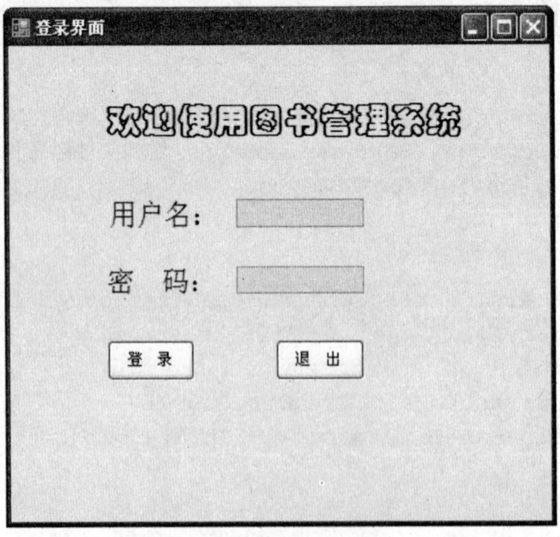

图 9.13　整个登录窗体界面

该窗体中各个控件的属性设置见表 9-9。

表 9-9　登录窗体控件的属性设置

对　象	属　性	值
Form1	Name	login
	Text	登录界面
Label1	Text	用户名：
Label2	Text	密　码：
Button1	ID	btnOk
	Text	确定
Button2	ID	btnClose
	Text	退出
TextBox1	Name	txtUserName
TextBox2	Name	txtUserPsw
	PasswordChar	*

3. 编写代码

```
using System;
using System.Collections.Generic;
using System.ComponentModel;
using System.Data;
using System.Drawing;
using System.Text;
using System.Windows.Forms;
using System.Data.OleDb;
namespace  Library
{
        public partial class Login : Form
                    {
        public static Main  mainfrm;
        static public string userName;              //保存用户名,在主窗体的状态栏显示
        static public string userPsw;               //保存密码
        static public string userPower;             // 保存用户类型,在主窗体的状态栏显示
        public Login()
           {
               InitializeComponent();
           }
          //CheckInput()主要用于检查用户输入信息是否完整
          private bool CheckInput()
          {
             if (txtUserName .Text .Trim()==""||txtUserPsw .Text=="")
           // 判断用户名或密码是否输入，否则返回 false
                 return false;
                 else
                  return true;
             }
            //单击【登录】按钮事件
            private void btnok_Click(object sender, EventArgs e)
```

```
        {
            if (!CheckInput())               // 登录框输入内容不完整
            {
             MessageBox.Show("用户名或密码为空，请重新输入！");
               return;
             }
                         // 创建数据库连接对象
        private OleDbConnection conn =
             new OleDbConnection(library.database.dbConnection.connection);
         conn.Open();    // 打开数据库连接
         string sql = "select UserName,UserPsw,UserType  from userinfo where
UserName='" + txtUserName.Text + "' and UserPsw='" + txtUserPsw.Text + "'";
                         // SQL查询语句
                         //创建命令对象
         OleDbCommand cmd = new OleDbCommand(sql, conn);
                         // 进行数据库操作
         OleDbDataReader dr = cmd.ExecuteReader();
         if (dr.Read())
                             {
             userPsw = txtUserName.Text;           //获取当前用户密码
             userName = txtUserPsw.Text;           //获取当前登录用户名
             //由当前用户名来获取当前用户的类型
             userType = dr["UserType"].ToString();
                 Hide();                           //隐藏登录界面
             mainfrm = new Main();
             mainfrm.Show();                       //显示 MenuFrm 主窗体
             }
             else
             {  MessageBox.Show("用户名或密码不正确！");}
             conn.Close();                         //关闭数据库连接
             }
             // 单击【退出】按钮事件
         private void btnClose_Click(object sender, EventArgs e)
         {
             Application.Exit();
         }
     }
 }
```

9.4.4 图书添加模块设计

1. 功能描述

该窗体的主要作用就是实现图书的添加，图书信息主要包含了图书编号、图书名、作者、出版社、价格、分类以及图书简介。

2. 窗体设计

根据图书信息，在窗体上添加 6 个 TextBox 控件、7 个 Label 控件、1 个 ComboBox 控件和两个 Button 按钮控件。该窗体的界面设计如图 9.14 所示。

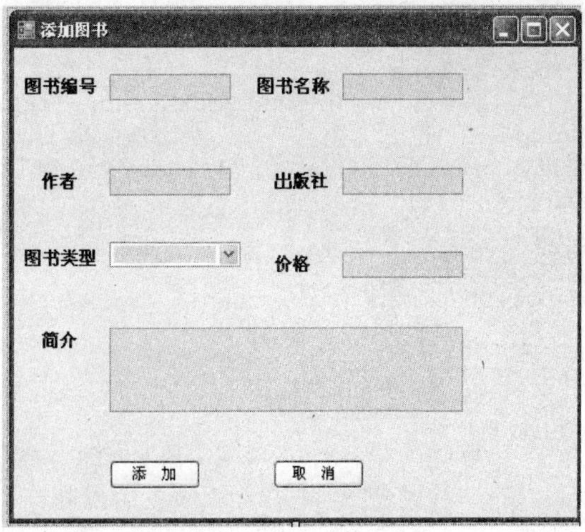

图 9.14　图书窗体的界面设计

3. 各个控件属性设置(表 9-10)

表 9-10　各个控件属性设置

控件类型	控件属性	属性值
Form1	Name	AddBook
	Text	图书添加
TextBox1	Name	txtBookID
TextBox2	Name	txtBookName
TextBox3	Name	txtBookAuthor
TextBox2	Name	txtBookPublish
TextBox5	Name	txtBookPrice
TextBox6	Name	txtBookDes
	Multiline	True
ComboBox	Name	txtBookType
Label1	Text	图书编号
Label2	Text	图书名称
Label3	Text	作者
Label4	Text	出版社
Label5	Text	价格
Label6	Text	图书类型
Label7	Text	简介
Button1	Name	btnadd
	Text	添加
Button2	Name	btncancel
	Text	取消

4. 编码

1) 【添加】按钮代码

```
private void btnadd_Click(object sender, EventArgs e)
{
  private OleDbConnection conn = new OleDbConnection(library.database.dbConnection.
```

```
connection);
//
string  sql = "into Book values " + "('" + txtBookID .Text.Trim() + "','"+
txtBookName.Text.Trim()  +  "','"  +  txtBookAuthor.Text.Trim()  +  "','"  +
txtBookPublish.Text.Trim()
+ "','" + txtBookClassify.Text.Trim() + "','" +txt BookPrice.Text.Trim() + "','"
+ txtBookDes.Text.Trim() + "')";
conn.Open();
//创建命令对象
OleDbCommand cmd = new OleDbCommand(sql, conn);
// 进行数据库操作
cmd.ExecuteNonQuery();
conn.Close();
MessageBox.Show("添加图书成功！");
this.Close();
}
```

2) 取消按钮代码

```
private void btncancel_Click(object sender, EventArgs e)
{
        Application.Exit();
}
```

9.4.5 修改用户信息模块设计

1. 功能描述

该窗体主要是实现对用户信息的修改，主要执行的是先从数据表中将登录用户的信息显示到文本框中，然后再执行修改操作。

2. 窗体设计

根据用户信息表中的字段，在窗体上添加 4 个 TextBox 控件、5 个 Label 控件、1 个 ComboBox 控件和两个 Button 按钮控件用来接收用户信息。该窗体的界面设计如图 9.15 所示。

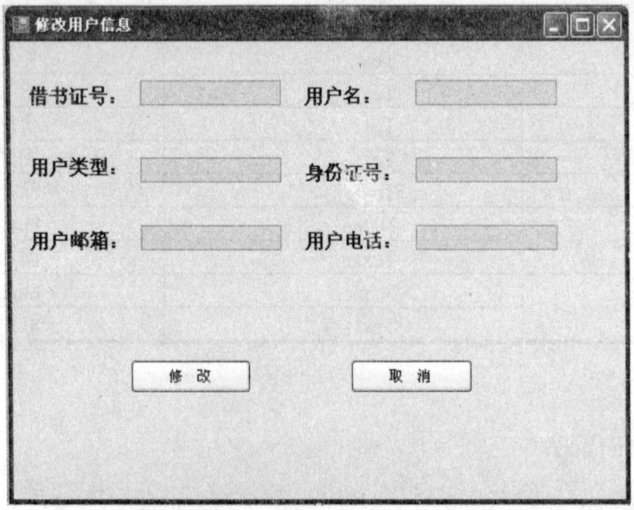

图 9.15 用户信息修改窗体的界面设计

3. 密码修改窗体属性设置(表 9-11)

表 9-11　密码修改窗体属性设置

控件类型	控件属性	属性值
Form1	Name	UserAdmin
	Text	读者管理
TextBox1	Name	txtuserid
TextBox2	Name	txtusername
TextBox3	Name	txtuseridentity
TextBox4	Name	txtusertel
TextBox5	Name	txtuseremail
ComboBox1	Name	txtusertype
Label1	Text	借书证号
Label2	Text	用户名
Label3	Text	用户类型
Label4	Text	身份证号
Label5	Text	用户电话
Labe6	Text	用户邮箱
Button1	Text	修改
	Name	btnModify
Button2	Text	取消
	Name	btnCancel

4. 编写代码

```
namespace  Library
{
   public partial class UserAdmin : Form
   {
      public UserModify()
      {
         InitializeComponent();
      }
      // 将用户信息显示在文本框中
      private void UserModify_Load(object sender, EventArgs e)
      {
          private OleDbConnection conn = new OleDbConnection(library.database.
dbConnection.connection);
         string sql = "select * from userinfo where UserName='"+Login .userName +"'";
         conn.Open();
         OleDbCommand cmd = new OleDbCommand(sql, conn);
         OleDbDataReader dr = cmd.ExecuteReader();
         if (dr.Read())
         {
            //填充数据信息
            txtuserid.Text = dr["UserID"].ToString();
```

```
                txtusername.Text = dr["UserName"].ToString();
                txtusertype.Text = dr["UserType"].ToString();
                txtuseridentity.Text = dr["UserIdentity"].ToString();
            txtuseremail.Text = dr["UserEmail"].ToString();
                txtusertel.Text = dr["UserTel"].ToString();
            }
            dr.Close();
            conn.Close();
        }
        //单击【修改】按钮事件
        private void btnModify_Click(object sender, EventArgs e)
        {
             private OleDbConnection conn = new OleDbConnection(library.database.
dbConnection.connection);
            string sql = "UPDATE userinfo SET UserName='"+txtusername .Text .Trim
()+"', UserType='"+txtusertype .Text .Trim ()+"', UserIdentity='"+txtuserindextity.
Text  .Trim  ()+"',    UserEmail='"+txtuseremail.Text  .Trim  ()+"',  UserTel=
'"+txtusertel .Text .Trim ()+"' where UserID='"+txtuserid .Text .Trim ()+"'";
            conn.Open();
            OleDbCommand cmd = new OleDbCommand(objsql, conn);
            cmd.ExecuteNonQuery();
            conn.Close();
            MessageBox.Show("修改信息成功！");
            this.Close();
        }
        //单击【取消】按钮事件
        private void btnCancel_Click(object sender, EventArgs e)
        {
            Application.Exit();
        }
    }
}
```

9.4.6 修改密码模块设计

1. 功能描述

该窗体主要完成对用户密码的修改。修改密码主要有注意以下几点要求：旧密码必须正确；新密码不能为空；两次新密码的输入要一致。

2. 窗体设计

根据上面的设计思想，在该窗体上主要包含了 3 个文本框和两个按钮，3 个文本框分别实现对旧密码验证以及新密码的确认。密码修改窗体界面如图 9.16 所示。

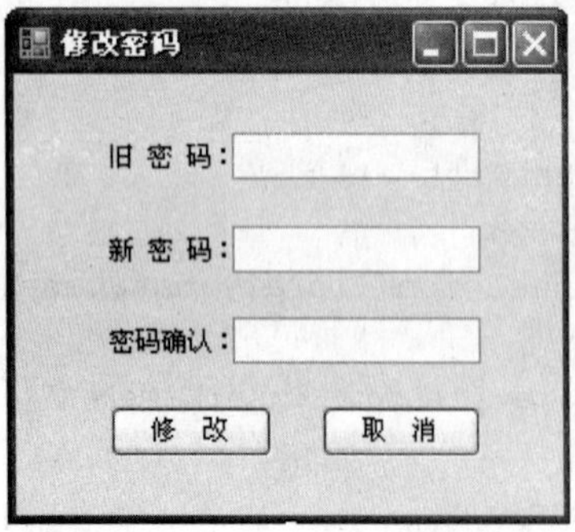

图 9.16 密码修改窗体界面

3. 窗体和各个控件的属性

密码修改窗体属性设置见表 9-12。

表 9-12　密码修改窗体属性设置

控件类型	控件属性	属性值
Form1	Name	ModifyPwd
	Text	修改密码
TextBox1	Name	txtOldPwd
	UseSystemPasswordChar	True
TextBox2	Name	txtNewPwd
	UseSystemPasswordChar	True
TextBox3	Name	txtAffirmPwd
	UseSystemPasswordChar	True
Label1	Text	旧密码
Label2	Text	新密码
Label3	Text	密码确认
Button1	Text	修改
	Name	btnModify
Button2	Text	退出
	Name	btnCancel

4. 编写代码

1) 单击【修改】按钮事件

```
    private void btnModify_Click(object sender, EventArgs e)
    {
        if (txtOldPwd.Text == Login.userPsw)
        //判断输入的密码是否与登录框输入的密码相同，如果相同则继续
        {
            if (txtNewPwd.Text == txtAffirmPwd.Text)
       //判断两次输入的密码是否相同
            {
                  private OleDbConnection conn = new OleDbConnection(library.
database.dbConnection.connection);
                conn.Open();
               string sql = "update userinfo set UserPwd='" +txt NewPwd.Text.Trim()
+ "'";
                //创建命令对象
                OleDbCommand cmd = new OleDbCommand(sql, conn);
                cmd.ExecuteNonQuery();
                conn.Close();
                MessageBox.Show("密码修改成功！");
                this.Close();
            }
            else
            {
                MessageBox.Show("两次密码输入不一致！");
            }
```

```
            }
            else
            {
                MessageBox.Show("旧密码错误！");
            }
        }
```

2) 单击【取消】按钮事件

```
private void btnCancel_Click(object sender, EventArgs e)
        {
            this.Close();
        }
```

9.4.7 图书借阅模块设计

1. 功能描述

该窗体主要是记录用户借阅图书的信息，完成的主要功能是向数据借阅表 Borrow 中添加一条借阅信息。

2. 窗体设计

根据设计思想，在窗体上添加 9 个 TextBox 控件、1 个 ComboBox 控件、1 个 DataGrid 控件和两个 Button 按钮控件。该窗体的界面如图 9.17 所示。

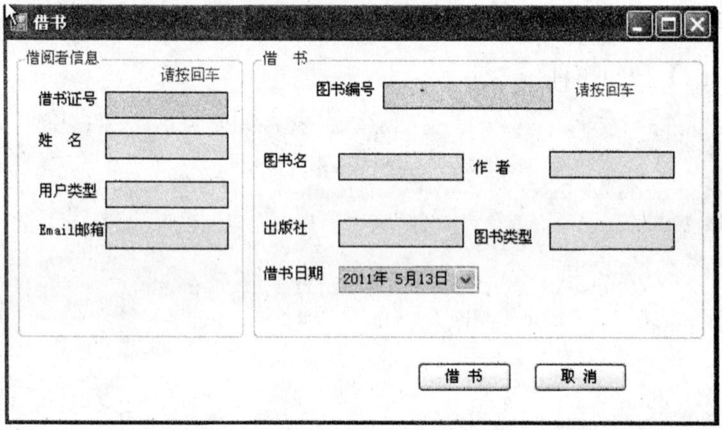

图 9.17 图书借阅窗体的界面

3. 各个控件的名称和属性

图书借阅窗体属性设置见表 9-13。

表 9-13 图书借阅窗体属性设置

控件类型	控件属性	属性值
Form	Name	BorrowBook
	Text	借书
TextBox1	Name	txtUserID
TextBox2	Name	txtUserName

续表

控件类型	控件属性	属性值
TextBox3	Name	txtUserType
TextBox4	Name	txtUserEmail
TextBox5	Name	txtBookID
TextBox6	Name	txtBookName
TextBox7	Name	txtBookAuthor
TextBox8	Name	txtBookPublish
TextBox9	Name	txtBookClassify
DateTimePicker1	Name	txtBookOutDate
Button1	Text	借书
	Name	btnOut
Button2	Text	取消
	Name	btnCancel

4. 编写代码

```
//txtUserID 文本框输入内容后，按下 Enter 键，触发的响应事件
private void txtUserID_KeyDown(object sender, System.Windows.Forms.KeyEventArgs e)
        {
            if (e.KeyData.ToString()=="Enter")
            {
                private OleDbConnection conn = new OleDbConnection(library.
database.dbConnection.connection);
        string sql = "select UserName as 姓名,UserType as 用户类型,UserEmail as 用
户邮箱"+ "from userinfo where UserID='"+txtUserID.Text.Trim()+"'";
          conn.Open();
          OleDbCommand cmd = new OleDbCommand(sql, conn);
          OleDbDataReader dr = cmd.ExecuteReader();
          if (dr.Read())
          {
              //填充数据信息
             txtuserid.Text = dr["UserID"].ToString();
             txtusername.Text = dr["UserName"].ToString();
             txtusertype.Text = dr["UserType"].ToString();
             txtuseridentity.Text = dr["UserIdentity"].ToString();
             txtuseremail.Text = dr["UserEmail"].ToString();
             txtusertel.Text = dr["UserTel"].ToString();
          }
            else
                MessageBox.Show("没有该借书证号","提示");
          dr.Close();
          conn.Close();
        }
}
}

private void txtBookID_KeyDown(object sender, System.Windows.Forms.KeyEventArgs e)
        {
            if (e.KeyData.ToString()=="Enter")
```

```
        {
            private OleDbConnection conn = new OleDbConnection (library.
database.dbConnection.connection);
        string sql = "select BookName as 图书名,BookAuthor as 作者,BookPublish as
出版社, BookClassify as 图书类型"+"from Book where UserID='"+txtBookID.Text.
Trim()+"'";conn.Open();
            OleDbCommand cmd = new OleDbCommand(sql, conn);
            OleDbDataReader dr = cmd.ExecuteReader();
            if (dr.Read())
            {
                txtBookName.Text = dr["BookName"].ToString();
                txtBookAuthor.Text = dr["BookAuthor "].ToString();
                txtBookPublish.Text = dr["BookPublish"].ToString();
                txtBookClassify.Text = dr["BookClassify "].ToString();
            }
            else
              MessageBox.Show("没有该图书编号","提示");
              oleConnection1.Close();
              }
              dr.Close();
            conn.Close();
          }
    }
//单击【借阅】按钮事件
       private void btnOut_Click(object sender, EventArgs e)
       {
            string BorrowBeginDate, BorrowEndDate;
            BorrowBeginDate = txtBookOutDate.vale;  //当前借书日期
            BorrowEndDate = ((DateTime.Now).AddDays(30)).ToLongDateString();  //
还书日期(一月后)。
private OleDbConnection conn = new OleDbConnection(library.database.dbConnection.
connection);
            string sql = "declare @name char(20) select @name= UserName from userinfo
where UserID='" + UserID.Text.Trim()
               + "'insert into Borrow values ('" + txtUserID.Text.Trim() + "','" +
txtBookID.Text.Trim()
            + "','@name ','" + BorrowBeginDate + "','" + BorrowEndDate + "','" + '1'
+ "')";
             conn.Open();
            //创建命令对象
            OleDbCommand cmd = new OleDbCommand(sql, conn);
            // 进行数据库操作
            cmd.ExecuteNonQuery();
            conn.Close();
            MessageBox.Show("借书成功！");
            this.Close();
       }

private void btnCancel_Click(object sender, EventArgs e)
       {
            Application.Exit();
       }
```

9.4.8 图书归还模块

1. 功能描述

该窗体主要是归还图书的一个操作，通过输出图书编号来实现图书的归还，即对借阅信息表 Borrow 表中的记录 BorrowState 状态由 1 改为 0。

2. 窗体设计

根据设计思想，在窗体上添加 1 个 TextBox 控件、1 个 Label 控件和两个 Button 按钮控件。图书归还窗体界面如图 9.18 所示。

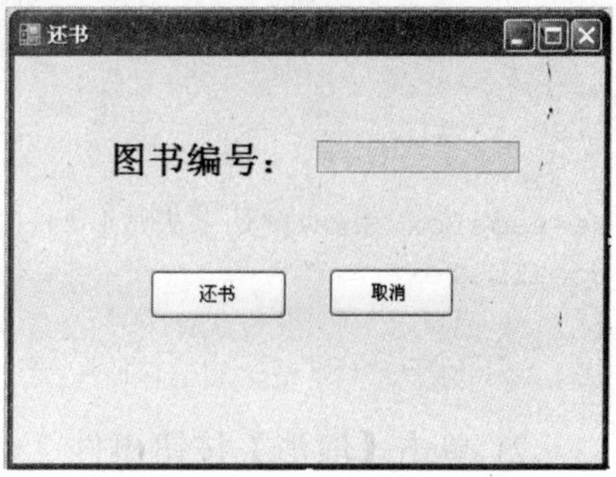

图 9.18 图书归还窗体界面

3. 窗体控件属性设置

还书窗体属性设置见表 9-14。

表 9-14 还书窗体属性设置

控件类型	控件属性	属性值
Form1	Name	BookReturn
	Text	图书归还
TextBox1	Name	BookID
Label1	Text	图书编号
Button1	Text	还书
	Name	btnIn
Button2	Text	取消
	Name	btnCancel

4. 编写代码

1) 单击【还书】按钮事件

```
private void btnIn_Click(object sender, EventArgs e)
{
private OleDbConnection conn = new OleDbConnection(library.database.dbConnection.
connection);
string sql = "select BookID from Borrow where BookID='" + BookID.Text.Trim() + "'";
conn.Open();
//创建命令对象
OleDbCommand cmd = new OleDbCommand(sql, conn);
// 进行数据库操作
OleDbDataReader dr = cmd.ExecuteReader();
if (dr.Read())
{
string sql = "UPDATE Borrow SET BorrowState='0' where BookID='" + BookID.Text.Trim()
+ "'";
OleDbCommand objcmd = new OleDbCommand(sql, conn);
objcmd.ExecuteNonQuery();
conn.Close();
```

```
MessageBox.Show("还书成功! ");
this.Close();
}
else
{
MessageBox.Show("还书失败! ");
BookID.Text = "";
}
}
```

2) 单击【取消】按钮事件

```
private void btnCancel_Click(object sender, EventArgs e)
{
    Application.Exit();
}
```

9.4.9 图书查询模块设计

1. 功能描述

该窗体主要用来查询图书，根据输入的条件查询图书信息，可以按图书编号、书名、作者和出版社进行查询。

2. 窗体设计

根据设计思想，在窗体上添加 1 个 DataGridView 控件、4 个 Label 控件、4 个 TextBox 控件和 1 个 Button 控件。该窗体的界面如图 9.19 所示。

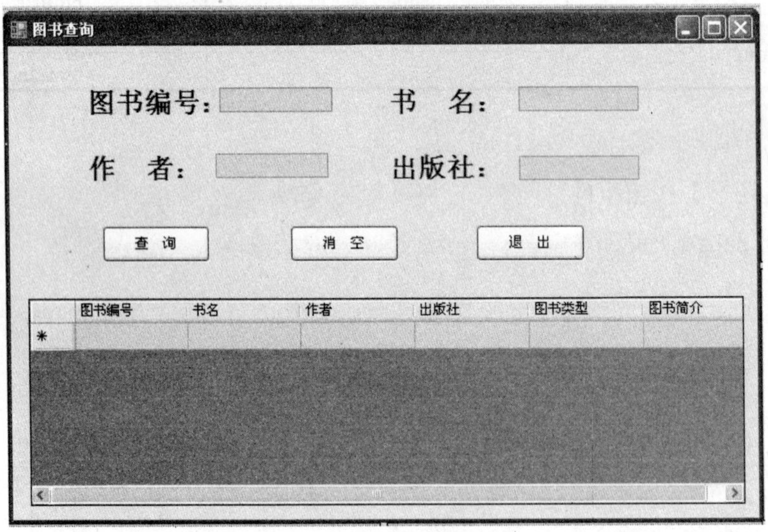

图 9.19　图书查询窗体的界面

3. 窗体控件属性设置

图书馆查询窗体属性设置见表 9-15。

表 9-15 图书查询窗体属性设置

控件类型	控件属性	属性值
Form1	Name	BookSearch
	Text	图书查询
DataGridView1	Name	selectBookview
Label1	Text	图书编号
Label2	Text	书名
Label3	Text	作者
Label4	Text	出版社
TextBox1	Name	txtBookId
TextBox2	Name	txtBookName
TextBox3	Name	txtBookAuther
TextBox4	Name	txtBookPublish
Button1	Name	btnSearch
	Text	查询
Button2	Name	btnClear
	Text	清空
Button3	Name	btnCancel
	Text	退出

4. 编写代码

```
private void btnSearch_Click(object sender, System.EventArgs e)
        {
            string sql =  "select BookID as 图书编号,BookName as 书名,BookAuther as 
作者,BookPublish as 出版社,BookClassify as 图书类型,Bookdescription as 简介 ";
            if (txtBookID.Text.Trim() != "")
            {
                sql = sql +"from Book where BookID= "+"'"+txtBookID.Text.Trim()+"'";
            }
            else if (txtBookName.Text.Trim() != "")
            {
                sql= sql+ "from book where BookName= "+"'"+txtBookName.Text+"'";
            }
            else if (txtAuthor.Text.Trim() != "")
            {
                sql = sql+ "from book where BookAuthor= "+"'"+txtBookAuthor.Text+"'";
            }
else if (txtPublish.Text.Trim() != "")
            {
                sql = sql+ "from book where BookAPublish= "+"'"+txtBookPublish.Text+"'";
            }
            else
            {
                MessageBox.Show("请输入查询条件","提示");
                return;
            }
private OleDbConnection conn = new OleDbConnection(library.database.dbConnection.
```

```
connection);
conn.Open();
            OleDbDataAdapter adp = new OleDbDataAdapter(sql,conn);
            DataSet ds = new DataSet();
            ds.Clear();
            adp.Fill(ds,"Book");
            selectBookview.DataSource=ds.Tables[0].DefaultView;
            conn.Close();
        }
        private void btClear_Click(object sender, System.EventArgs e)
        {
            txtBookID.Text="";
            txtBookName.Text="";
            txtAuther.Text="";
txtBookPublish="";
        }
        private void btnCancel_Click(object sender, System.EventArgs e)
        {
            this.Close();
        }
```

9.5 练　　习

根据本项目 Windows 应用程序的开发步骤。合作完成学生管理系统的开发与实现该系统，实施后，应达到以下目标。

(1) 界面设计友好、美观，数据存储安全、可靠。

(2) 系统管理员添加年级信息、班级信息、所开设的课程信息和系统用户信息，对用户进行权限设置并对其进行维护。

(3) 考试结束后，任课老师可以录入学生成绩，并对成绩进行分析。

(4) 学生可以查询、修改自己的个人信息。

参 考 文 献

[1] 罗兵．C#程序设计大学教程[M]．北京：机械工业出版社，2008．

[2] 戴芳胜．Visual C#.NET 可视化程序设计[M]．上海：华东理工大学出版社，2005．

[3] 明日科技．C#程序开发范例宝典[M]．北京：人民邮电出版社，2008．

[4] 张晓蕾．C#程序设计实用教程[M]．北京：人民邮电出版社，2009．

全国高职高专计算机、电子商务系列教材推荐书目

【语言编程与算法类】

序号	书号	书名	作者	定价	出版日期	配套情况
1	978-7-301-13632-4	单片机 C 语言程序设计教程与实训	张秀国	25	2011	课件
2	978-7-301-15476-2	C 语言程序设计(第 2 版)(2010 年度高职高专计算机类专业优秀教材)	刘迎春	32	2011	课件、代码
3	978-7-301-14463-3	C 语言程序设计案例教程	徐翠霞	28	2008	课件、代码、答案
4	978-7-301-16878-3	C 语言程序设计上机指导与同步训练(第 2 版)	刘迎春	30	2010	课件、代码
5	978-7-301-17337-4	C 语言程序设计经典案例教程	韦良芬	28	2010	课件、代码、答案
6	978-7-301-09598-0	Java 程序设计教程与实训	许文宪	23	2010	课件、答案
7	978-7-301-13570-9	Java 程序设计案例教程	徐翠霞	33	2008	课件、代码、习题答案
8	978-7-301-13997-4	Java 程序设计与应用开发案例教程	汪志达	28	2008	课件、代码、答案
9	978-7-301-10440-8	Visual Basic 程序设计教程与实训	康丽军	28	2010	课件、代码、答案
10	978-7-301-15618-6	Visual Basic 2005 程序设计案例教程	靳广斌	33	2009	课件、代码、答案
11	978-7-301-17437-1	Visual Basic 程序设计案例教程	严学道	27	2010	课件、代码、答案
12	978-7-301-09698-7	Visual C++ 6.0 程序设计教程与实训(第 2 版)	王　丰	23	2009	课件、代码、答案
13	978-7-301-15669-8	Visual C++程序设计技能教程与实训——OOP、GUI 与 Web 开发	聂　明	36	2009	课件
14	978-7-301-13319-4	C#程序设计基础教程与实训	陈　广	36	2011	课件、代码、视频、答案
15	978-7-301-14672-9	C#面向对象程序设计案例教程	陈向东	28	2011	课件、代码、答案
16	978-7-301-16935-3	C#程序设计项目教程	宋桂岭	26	2010	课件
17	978-7-301-15519-6	软件工程与项目管理案例教程	刘新航	28	2011	课件、答案
18	978-7-301-12409-3	数据结构(C 语言版)	夏　燕	28	2011	课件、代码、答案
19	978-7-301-14475-6	数据结构(C#语言描述)	陈　广	28	2009	课件、代码、答案
20	978-7-301-14463-3	数据结构案例教程(C 语言版)	徐翠霞	28	2009	课件、代码、答案
21	978-7-301-18800-2	Java 面向对象项目化教程	张雪松	33	2011	课件、代码、答案
22	978-7-301-18947-4	JSP 应用开发项目化教程	王志勃	26	2011	课件、代码、答案
23	978-7-301-19821-6	运用 JSP 开发 Web 系统	涂　刚	34	2012	课件、代码、答案
24	978-7-301-19890-2	嵌入式 C 程序设计	冯　刚	29	2012	课件、代码、答案
25	978-7-301-19801-8	数据结构及应用	朱　珍	28	2012	课件、代码、答案
26	978-7-301-19940-4	C#项目开发教程	徐　超	34	2012	课件
27	978-7-301-15232-4	Java 基础案例教程	陈文兰	26	2009	课件、代码、答案
28	978-7-301-20542-6	基于项目开发的 C#程序设计	李　娟	32	2012	课件、代码、答案

【网络技术与硬件及操作系统类】

序号	书号	书名	作者	定价	出版日期	配套情况
1	978-7-301-14084-0	计算机网络安全案例教程	陈　昶	30	2008	课件
2	978-7-301-16877-6	网络安全基础教程与实训(第 2 版)	尹少平	30	2011	课件、素材、答案
3	978-7-301-13641-6	计算机网络技术案例教程	赵艳玲	28	2008	课件
4	978-7-301-18564-3	计算机网络技术案例教程	宁芳露	35	2011	课件、习题答案
5	978-7-301-10226-8	计算机网络技术基础	杨瑞良	28	2011	课件
6	978-7-301-10290-9	计算机网络技术基础教程与实训	桂海进	28	2010	课件、答案
7	978-7-301-10887-1	计算机网络安全技术	王其良	28	2011	课件、答案
8	978-7-301-12325-6	网络维护与安全技术教程与实训	韩最蛟	32	2010	课件、习题答案
9	978-7-301-09635-2	网络互联及路由器技术教程与实训(第 2 版)	宁芳露	27	2010	课件、答案
10	978-7-301-15466-3	综合布线技术教程与实训(第 2 版)	刘省贤	36	2011	课件、习题答案
11	978-7-301-15432-8	计算机组装与维护(第 2 版)	肖玉朝	26	2009	课件、习题答案
12	978-7-301-14673-6	计算机组装与维护案例教程	谭　宁	33	2010	课件、习题答案
13	978-7-301-13320-0	计算机硬件组装和评测及数码产品评测教程	周　奇	36	2008	课件
14	978-7-301-12345-4	微型计算机组成原理教程与实训	刘辉珞	22	2010	课件、习题答案
15	978-7-301-16736-6	Linux 系统管理与维护(江苏省省级精品课程)	王秀平	29	2010	课件、习题答案
16	978-7-301-10175-9	计算机操作系统原理教程与实训	周　峰	22	2010	课件、答案
17	978-7-301-16047-3	Windows 服务器维护与管理教程与实训(第 2 版)	鞠光明	33	2010	课件、答案
18	978-7-301-14476-3	Windows2003 维护与管理技能教程	王　伟	29	2009	课件、习题答案
19	978-7-301-18472-1	Windows Server 2003 服务器配置与管理情境教程	顾红燕	24	2011	课件、习题答案

【网页设计与网站建设类】

序号	书号	书名	作者	定价	出版日期	配套情况
1	978-7-301-15725-1	网页设计与制作案例教程	杨森香	34	2011	课件、素材、答案

序号	书号	书名	作者	定价	出版日期	配套情况
2	978-7-301-15086-3	网页设计与制作教程与实训(第 2 版)	于巧娥	30	2011	课件、素材、答案
3	978-7-301-13472-0	网页设计案例教程	张兴科	30	2009	课件
4	978-7-301-17091-5	网页设计与制作综合实例教程	姜春莲	38	2010	课件、素材、答案
5	978-7-301-16854-7	Dreamweaver 网页设计与制作案例教程(2010 年度高职高专计算机类专业优秀教材)	吴　鹏	41	2010	课件、素材、答案
6	978-7-301-11522-0	ASP .NET 程序设计教程与实训(C#版)	方明清	29	2009	课件、素材、答案
7	978-7-301-13679-9	ASP .NET 动态网页设计案例教程(C#版)	冯　涛	30	2010	课件、素材、答案
8	978-7-301-10226-8	ASP 程序设计教程与实训	吴　鹏	27	2011	课件、素材、答案
9	978-7-301-13571-6	网站色彩与构图案例教程	唐一鹏	40	2008	课件、素材、答案
10	978-7-301-16706-9	网站规划建设与管理维护教程与实训(第 2 版)	王春红	32	2011	课件、答案
11	978-7-301-17175-2	网站建设与管理案例教程(山东省精品课程)	徐洪祥	28	2010	课件、素材、答案
12	978-7-301-17736-5	.NET 桌面应用程序开发教程	黄　河	30	2010	课件、素材、答案
13	978-7-301-19846-9	ASP .NET Web 应用案例教程	于　洋	26	2012	课件、素材

【图形图像与多媒体类】

序号	书号	书名	作者	定价	出版日期	配套情况
1	978-7-301-09592-8	图像处理技术教程与实训(Photoshop 版)	夏　燕	28	2010	课件、素材、答案
2	978-7-301-14670-5	Photoshop CS3 图形图像处理案例教程	洪　光	32	2010	课件、素材、答案
3	978-7-301-12589-2	Flash 8.0 动画设计案例教程	伍福军	29	2009	课件
4	978-7-301-13119-0	Flash CS 3 平面动画案例教程与实训	田启明	36	2008	课件
5	978-7-301-13568-6	Flash CS3 动画制作案例教程	俞　欣	25	2011	课件、素材、答案
6	978-7-301-15368-0	3ds max 三维动画设计技能教程	王艳芳	28	2009	课件
7	978-7-301-14473-2	CorelDRAW X4 实用教程与实训	张祝强	35	2011	课件
8	978-7-301-10444-6	多媒体技术与应用教程与实训	周承芳	32	2011	课件
9	978-7-301-17136-3	Photoshop 案例教程	沈道云	25	2011	课件、素材、视频
10	978-7-301-19304-4	多媒体技术与应用案例教程	刘辉珞	34	2011	课件、素材、答案

【数据库类】

序号	书号	书名	作者	定价	出版日期	配套情况
1	978-7-301-10289-3	数据库原理与应用教程(Visual FoxPro 版)	罗　毅	30	2010	课件
2	978-7-301-13321-7	数据库原理及应用 SQL Server 版	武洪萍	30	2010	课件、素材、答案
3	978-7-301-13663-8	数据库原理及应用案例教程(SQL Server 版)	胡锦丽	40	2010	课件、素材、答案
4	978-7-301-16900-1	数据库原理及应用(SQL Server 2008 版)	马桂婷	31	2011	课件、素材、答案
5	978-7-301-15533-2	SQL Server 数据库管理与开发教程与实训(第 2 版)	杜兆将	32	2010	课件、素材、答案
6	978-7-301-13315-6	SQL Server 2005 数据库基础及应用技术教程与实训	周　奇	34	2011	课件
7	978-7-301-15588-2	SQL Server 2005 数据库原理与应用案例教程	李　军	27	2009	课件
8	978-7-301-16901-8	SQL Server 2005 数据库系统应用开发技能教程	王　伟	28	2010	课件
9	978-7-301-17174-5	SQL Server 数据库实例教程	汤承林	38	2010	课件、习题答案
10	978-7-301-17196-7	SQL Server 数据库基础与应用	贾艳宇	39	2010	课件、习题答案
11	978-7-301-17605-4	SQL Server 2005 应用教程	梁庆枫	25	2010	课件、习题答案

【电子商务类】

序号	书号	书名	作者	定价	出版日期	配套情况
1	978-7-301-10880-2	电子商务网站设计与管理	沈凤池	32	2011	课件
2	978-7-301-12344-7	电子商务物流基础与实务	邓之宏	38	2010	课件、习题答案
3	978-7-301-12474-1	电子商务原理	王　震	34	2008	课件
4	978-7-301-12346-1	电子商务案例教程	龚　民	24	2010	课件、习题答案
5	978-7-301-12320-1	网络营销基础与应用	张冠凤	28	2008	课件、习题答案
6	978-7-301-18604-6	电子商务概论（第 2 版）	于巧娥	33	2012	课件、习题答案

【专业基础课与应用技术类】

序号	书号	书名	作者	定价	出版日期	配套情况
1	978-7-301-13569-3	新编计算机应用基础案例教程	郭丽春	30	2009	课件、习题答案
2	978-7-301-18511-7	计算机应用基础案例教程(第 2 版)	孙文力	32	2011	课件、习题答案
3	978-7-301-16046-6	计算机专业英语教程(第 2 版)	李　莉	26	2010	课件、答案
4	978-7-301-19803-2	计算机专业英语	徐　娜	30	2012	课件、素材、答案